U0296289

大数据技术丛书

Storm Applied: Strategies for real-time event processing

Storm应用实践

实时事务处理之策略

肖恩 T. 艾伦（Sean T. Allen）
[美] 马修·扬科夫斯基（Matthew Jankowski） 著
彼得·巴蒂罗纳（Peter Pathirana）

罗聪翼 龚成志 译

机械工业出版社
China Machine Press

图书在版编目（CIP）数据

Storm 应用实践：实时事务处理之策略 /（美）肖恩 T. 艾伦（Sean T. Allen）等著；罗聪翼，龚成志译 . —北京：机械工业出版社，2017.12

（大数据技术丛书）

书名原文：Storm Applied：Strategies for real-time event processing

ISBN 978-7-111-58621-0

I.S… II.①肖… ②罗… ③龚… III. 数据处理软件 IV. TP274

中国版本图书馆 CIP 数据核字（2017）第 297304 号

本书版权登记号：图字 01-2015-8162

Storm 应用实践：实时事务处理之策略

出版发行：机械工业出版社（北京市西城区百万庄大街 22 号 邮政编码：100037）

责任编辑：唐晓琳　　　　　　　　　　　　责任校对：殷　虹

印　　刷：北京兆成印刷有限公司　　　　　版　　次：2018 年 1 月第 1 版第 1 次印刷

开　　本：186mm×240mm　1/16　　　　　印　　张：15.5

书　　号：ISBN 978-7-111-58621-0　　　　定　　价：69.00 元

凡购本书，如有缺页、倒页、脱页，由本社发行部调换

客服热线：（010）88379426　88361066　　　投稿热线：（010）88379604

购书热线：（010）68326294　88379649　68995259　　读者信箱：hzit@hzbook.com

版权所有·侵权必究

封底无防伪标均为盗版

本书法律顾问：北京大成律师事务所　韩光 / 邹晓东

　　大数据和物联网创业的时机已经越来越成熟，大数据相关技术也呈现出贬值效应，但这里说的贬值不是指不去钻研带来的落后，而是技术不再成为这个行业的独门利器。成熟的技术和方案已经降低了这个行业的准入门槛，我们要做的就是赶紧抓住机会切入互联网创业的下半场。

　　如果互联网的上半场是基于人口红利和流量红利在广度上进行扩展，那么下半场就应该将焦点放在深度扩展上。在面对业务去寻找解决方案的时候，我们本质上要做的应该是理解问题、提出问题，这是最难的事情，因为只有好的问题才能找到好的答案，然后才是如何用数据来实现解决问题的路径。所以学会如何分析和利用大数据对业务产生帮助才是关键，也就是说，要想提出好问题是非常困难的，通俗点讲就是要学会化繁为简。

　　在物联网行业中，数据扮演的角色是推动服务和功能，提供判断和解决问题的支撑。工业互联网对数据的低容错性和高实时性要求，让数据的价值拥有短期和长期之分。短期来讲，数据给予了最传统的统计和分析价值，比如基于单变量的描述性分析和多维度的分类聚合应用，在同方云我们常将这类数据应用于一些大型装备的维保支撑，开发的远程诊断工具提高了过程控制的效率。但大数据真正的价值发挥还需要更大的能量，积累的越多，可以挖掘的价值才越大，只有通过长期地反复尝试和对目标问题的调整，才能发现业务发展的规律，让数据在未来的预测上发挥其长期价值。所以团队中我们常说的一句话，就是"大数据不是告诉你1000台风机在做什么，而是应该告诉你第1001台风机在哪里"。

　　因此，大数据真正的机会是学会如何分析和使用数据，让其释放和体现自身的价值，而不是因为用了多么先进的技术和复杂的算法，才能发挥它的价值。我的统计学老师曾告诉我："事物发展背后的逻辑永远是最简单的，统计学发展这么多年，就没有出现过复杂算法战胜了简单算法，没有简单的模型就没有复杂的模型，由大到小，才是分治递归的基础。"

所以本书最好的一点，就是用最简单的语言把问题讲清楚，帮助你理解并学会使用 Storm 来辅助解决实际中遇到的问题，基于详尽的案例讲解，覆盖 Storm 最有效的应用场景，支撑你在选型上做出合理的判断。以授之以渔的方式，让你在技术与业务之间游刃有余，将更多的精力放在问题定义和数据分析上。本书倡导的就是要学会以"What"而不是"How"的策略来思考问题，把那些计算和处理的过程都交给 Storm 来代劳吧！

感谢机械工业出版社华章公司的副总编杨福川先生对本书的高度重视，感谢责编王春华和唐晓琳老师的日夜工作，提高了本译著的整体翻译质量，本书出版过程中参与服务的还有多位台前幕后的工作人员，对此予以特别感谢！

感谢和我一同翻译本书的龚成志先生，他对技术的热爱和严谨支撑了本书的专业性，也很荣幸能和他一起共事。感谢我的妻子李洁，在过去的几个月中支持我的翻译工作，帮助我完成了大量的审阅工作，还有在此期间出生的可爱女儿雪桐，感谢她活泼可爱的笑容，消除了我一切的疲惫。感谢父母家人对我的鼓励，感谢同方云计算的领导对我的信任，感谢我的团队陪我一起度过多少次不知白天与黑夜的攻关和冲刺！

虽然我已经竭尽全力尽量准确地描述书中的技术要点，也进行了多轮的审校和通读，但仍难免有疏漏之处，如读者发现任何不理想之处，望能不吝赐教。

罗聪翼

2017 年 8 月成都

2016 年我主导了一个物联网项目：重型采矿设备的实时监控系统，需要对工业流数据进行实时处理，主要是对大型设备的各项状态数据进行过滤以及计算。设计之初我选择使用 Kafka 作为数据总线，并用 Kafka 的消费接口直接订阅消息完成计算处理。最开始的时候由于单机数据量比较小，并且只接入了几十台设备，业务逻辑也相对简单，只是简单的状态监控，一切计算都处理得称心得手，系统状态表现得非常良好稳定。

不过随着业务的发展，接入设备量越来越多，监控点位增多以及监控频次的需求提升，数据量越来越大，业务逻辑也开始越来越复杂，而此时我们才意识到当初低估了这些重型工业设备！整个系统的并发性能出现了严重的问题，并且代码也越来越难以维护，必须将整个系统进行重构。

在做方案调研时，复盘了之前流数据在实际业务中带来的压力和困难，我决定重新选择一个实时流处理框架，并且要求在重构结束后能保证业务的平滑迁移。这时市面上可供选择的实时计算框架已经有很多种了，经过初步调研发现，Storm 提供的功能应该正是我所需要的：一个可扩展的高性能流式处理框架！

在重构期间，我从公司的书架上翻到了本书的原版英文书，阅读之后发现，其从实际案例出发，由简到繁，逐步深入和清晰地讲解了 Storm 的相关概念，以及如何有效地借助 Storm 解决现实中的问题。书中的案例帮助我快速地理解了 Storm 的各个技术要点，而且恰好还解决了当时遇到的一些实际问题。在这本书的帮助下，团队顺利完成了整个系统的重构工作，到目前为止，系统的性能与稳定性还没有发现太大的问题，达到了重构的预期效果。所以当好友罗聪翼邀请我一同参与本书的翻译工作时，我义不容辞地答应了他！

如果你先放下本书，退远一步以上帝视角来看目前的计算机应用，就会发现大数据在整个信息技术中其实越来越抢眼，Storm 已经成为主流的流式数据处理技术之一，但凡一提到流式处理，大家都会想到 Storm。

所以为了让读者更容易跟上技术的发展潮流，本书尽可能采取通俗易懂的方式，不讲高深的概念，从实际例子出发，逐步加深你对 Storm 的理解。正是如此，每读完一章你都能更进一步认识 Storm 的各项技术要点，逐步学会如何使用 Storm 解决实际问题。当完成整本书的阅读后，你就应该能够解决足够复杂的流式计算相关问题了。

另外，本书还结合了代码驱动的学习方法，对 Storm 技术进行了操作讲解，从最开始的概念到后面的案例解析，都是逐步展开的，让读者在循序渐进的实际操作中巩固知识点，哪怕你从来都没有接触过流式处理，也能在练习中逐步掌握 Storm 的相关知识。所以建议对于没有接触过 Storm 的读者，一定要从第 1 章开始顺序学习，并对每段代码都要运行一次，千万别跳过这些步骤！

在此我要特别感谢我的这位朋友，也就是本书另外一位译者罗聪翼，感谢他邀请我一起参与本书的翻译工作。我在翻译过程中由于各种原因曾多次想放弃，正因为他的鼓励和支持，我才能完成全部的翻译工作。

龚成志

2017 年 8 月

序 *Foreword*

"重写后端真是太难了!"

就从这说起吧,听到我那位聪明靠谱的同事 Keith Bourgoin 发出的抱怨,而我俩已经在 Parse.ly 的分析后台上忙活一年多了,我们称呼这个系统叫"PTrack"。

Parse.ly 使用 Python 来构建,所以我们在设计系统时,可以很轻松地使用一些社区中常用的分布式计算工具,例如 Multiprocessing 和 Celery。尽管我们很熟悉这些工具,但实际上每 3 个月,数据量都会翻倍,而我们不得不在各系统间突破瓶颈,这里必须想点其他办法了。

于是,我们非常小心地对后端做了重写,使用轻量级 Python 进程来处理数据,而进程间使用 ZeroMQ 通信。鉴于 Python 语言的创造者将下一代语言命名为"Python3000",我们戏称新系统为"PTrack3000",即使大家还不清楚这个新系统是否真的可以解决之前的问题。

基于 ZeroMQ,我们认为它可以在每秒中交换更多的消息至各进程中,还可以确保系统间的运行更轻量。整个设计确实赢得了运行性能和效率,却在数据的稳定性上出现了问题。

而此时一件有意思的事件出现了,我们一直在公开市场中跟进的初创项目 BackType[⊖] 被 Twitter 收购了,而它被收购后的第一件事,就是将其流处理架构 Storm 正式对外发布。

我和 Keith 仔细研究了相关文档和代码,发现 Storm 正是我们想要的解决方案!

它也在内部使用到了 ZeroMQ,可以分别和其他工具叠加,共同组成并行处理运算,简化了整个操作,并提供了更清晰可靠的数据模型。尽管它是用 Java 写的,但文档中还是给出了大量其他语言的范例,以便支撑与框架间的兼容应用,例如 Python。就这样,我们很

⊖ 在 Storm 发布之前,我的团队发表了文章"BackType 数据工程师的秘密"(2011 年):http://readwrite.com/2011/01/12/secrets-of-backtypes-data-engineers。

快就实现了基于 Storm 的 Parse.ly 数据分析后台改造，并命名为"PTrack9000！"。

那时 Storm 的原作者 Nathan Marz 也花了大量的时间去维护技术社区，包括参与各交流会、维护博客和用户论坛[一]。在早期阶段，Storm 的相关资料十分稀缺，你不得不在每个网站中去一点点地探索和整理思路。

我真希望在 2011 年就能看到类似你手上这本书，尽管当时 Storm 的文档已经十分完善，但还是缺乏实用类的案例，特别是与生产实施相关。接下来的 3 年里，尽管 Storm 在技术圈内十分热门，但直到 2014 年年底，市面上依然缺少一本实用类书籍！

一直没有人花精力去整理 Storm 的组件应用细节，Storm 的代码逻辑，如何优化拓扑性能，以及如何在生产环境中部署这些集群。现在，Sean、Matthew 和 Peter 一起合作完成的这本书，就将他们过去在 TheLadders 的项目实践经验都整理归纳出来，并完整呈现。这无疑是一本指导 Storm 用户实践应用的权威指南！

他们的表述清晰简洁，并配上大量图例说明，还附带了应用代码演示，你可以在短时间内学到我们团队过去花了多年才总结出来的 Storm 知识精华，这不仅省掉了你大量花在摸索上的时间，还避免了你一个人独自在电脑面前，被重构代码中的各种问题反复折磨。

我相信在完整学习本书之后，如果你同事再跟你讲"重写后端真是太难了"的时候，你可以自信地告诉他："这次绝对不会！"

祝阅读愉快！

Andrew Montalenti

Parse.ly 联合创始人 & 首席技术官[二]

适用于 Storm 的 Python 包 streamparse 的创建者[三]

[一] Nathan Marz 在他的博客上写下文章 "Apache Storm 的过去和反思（2014 年）"，描述他的布道之路：http://nathanmarz.com/blog/history-of-apache-storm-and-lessons-learned.html。

[二] Parse.ly 应用于数字可视化的网页版分析系统基于 Storm 构建：http://parse.ly。

[三] 要在 Storm 上使用 Python，你可以在 Github 上参考项目 streamparse：https://github.com/Parsely/streamparse。

前　言 *Preface*

在 TheLadders，我们从 Storm 刚发布时就开始使用（那时的版本号还是 0.5.x）。刚开始，我们只在一些非关键的业务流程上部署 Storm，在很长的一段时间里，我们的 Storm 集群都一直处于持续运行的状态，且十分稳定。正因为没出过什么问题，所以我们也没花太多的心思在上面。直到需要应对更多业务时，我们意识到 Storm 刚好是最合适的解决方案，可结果在实施的过程中暴露出了各种各样的问题。例如，我们需要在生产环境中去应对资源争夺，缺乏对底层运行原理的充分认知，不断寻找优化性能的次优方案，面临缺少可视化的系统运行状态监控，等等。

这促使我们花费大量的时间和精力去研究本书中即将呈现的内容。在学习理解 Storm 的过程中，我们多次翻阅了所有可找得到的文档，深入研究相关源代码，整理最适合的 Storm 解决方案，不断总结"最佳实践"，并且我们还增加了自定义的监控系统，便于更有效地排查故障和优化方案。

你可以在网上轻松查到有关 Storm 的原理文档，但我们发现，市面上依然缺少可以基于生产环境，指导使用 Storm 的实践应用文档。我们为此在博客上撰写了大量有关 Storm 的使用经验，所以当 Manning 找到我们希望合作一本 Storm 书籍时，大家一拍即合。我们有太多的知识想和大家一起分享，希望可以帮助大家少走我们曾走过的弯路，避开一些我们曾踩过的坑。

虽然我们分享出来的内容主要是基于在生产环境中，如何对 Storm 集群做优化、调试和故障排查，但我们更希望强调这里对 Storm 原理所需要的深入理解，同时展示出 Storm 的灵活性和广泛适用性，即使我们仅能代表众多使用 Storm 公司中的一员。

在本书中，我们将尽可能演示基于 Storm 下不同类型的应用案例，讲解 Storm 的核心概念，以便更容易理解如何在生产环境中执行优化、调试和故障排查。希望这种形式能适用于不同层次的读者，无论是刚接触 Storm 的新人，还是拥有丰富经验而且遇到过和我们有相似经历的开发者。

本书绝对是一个团队协作的结晶，无论是来自 Manning 的伙伴，还是来自 TheLadders 的同事，大家都从最开始就尽可能地支持我们，耐心地协助我们完成测试和验证所有想法。

无论你的 Storm 使用经验处于什么样的层次，都希望本书能对你有所帮助，我们也很享受撰写本书的过程，因为每一天我们都学到了更多关于 Storm 的知识。

致　谢 *Acknowledgements*

感谢 TheLadders 所有为我们提供反馈和支持的同事，无论如何，这都是一本属于集体的书，指导着我们在集群上实现更多更酷的功能。

也感谢来自 Manning 并为本书撰写提供大量帮助的伙伴，这是一个很棒的团队，在合作期间我们从他们身上学到了很多关于写作的知识。特别感谢编辑 Dan Maharry，从第 1 章开始一直到最后一章完成，他为第一次写书的我们提供了大量的帮助，指导我们在错误和挫折中成长。

感谢所有参与本书的技术审校人员，感谢他们贡献了自己私人的时间来核实书中的各技术要点：Antonios Tsaltas，Eugene Dvorkin，Gavin Whyte，Gianluca Righetto，Ioamis Polyzos，John Guthrie，Jon Miller，Kasper Madsen，Lars Francke，Lokesh Kumar，Lorcon Coyle，Mahmoud Alnahlawi，Massimo Ilario，Michael Noll，Muthusamy Manigandan，Rodrigo Abreau，Romit Singhai，Satish Devarapalli，Shay Elkin，Sorbo Bagchi 以及 Tanguy Leroux。其中我要着重感谢 Michael Rose，感谢他为本书提供了大量高质量的反馈，可以说是本书最重要的技术审校人员。

感谢那些创造了 Storm 的人，没有他们，我们就不会有日夜奋斗的理由！我们还会坚持使用 Storm，也期待未来 Storm 可以带来更新的改进。

感谢 Andrew Montalenti 在我们早期手稿中提供的反馈，这给了我们很大的启发，并支撑我们完成了本书，他写的推荐序也很棒，我们没办法要求更多了。

最后还要感谢 Eleanor Roosevelt，她那句被大量错误引用的励志名言"美国在哪里都讲速度，燥热、肮脏、惹是生非的速度"，鼓舞着我们在困难中前进，持续地学习 Storm。

我们在看颁奖仪式时学到的一件事情，就是一定要感谢一路走来帮助我们的每一个人。

Sean Allen

感谢 Chas Emerick，如果不是因为和他激烈的争论，我可能根本不会下决心来写一本书，如果没有他的付出，可能就不会有人有机会读到这本书了。Stephanie，感谢他在我每次都想放弃的时候鼓励我坚持下去。Kathy Sierra，感谢他在 Twitter 上和我沟通，让我能梳理清晰写作的思路。感谢 Matt Chesler 和 Doug Grove，他们帮助纠正了第 7 章的写作方向。感谢在 TheLadders 向我咨询问题的伙伴，是他们帮助我完成了第 8 章。感谢 Tom Santero，帮我审阅了我在分布式系统上的一些细节。感谢 Matt，帮我做了大量写书期间必须要做但我又不想做的事情。

Matthew Jankowski

首先感谢我的妻子 Megan，她是我永恒的动力来源，无论写书会占用多少时间，她都表现出无限的耐心，给予我坚定的支持。可以说没有她，我是无法完成本书的。还有我的女儿 Rylan，感谢她出生在写作的这段时间里，她给了我很大的启迪，也许她到现在还根本没意识到吧。感谢我的家人、朋友和同事，感谢他们的无限支持和建议。感谢 Sean 和 Peter 在刚开始听到这个想法后，就愿意一起参与到本书的创作，这的确是一段漫长的经历，感谢有他们一起一路走来。

关于本书 *About this book*

大数据的概念日趋流行，能用于处理实时流数据的工具显得尤其重要，Apache Storm 就是这样一个能处理无限流数据的工具。

本书不仅供新手入门，也不只针对高阶学习。尽管理解大数据技术以及分布式系统可以帮助阅读，但我们并不希望这是作为阅读本书的前提条件。我们尽可能尝试迎合新人或是熟悉该领域的读者，本书最初的目的就在于呈现如何在生产环境中应用 Storm 的"最佳实践"，但为了更深刻地了解 Storm 的应用，一些基础知识还是有必要预习的，所以我们希望本书的内容可以面向不同经验层次的工程师。

如果你是刚开始学习 Storm 的新人，那么我们建议先阅读第 1 ～ 4 章，并且确保要全面理解，因为这几章包含了后面所需要的全部基础概念知识。如果你是有 Storm 应用经验的读者，那希望后面的章节会对你们更有帮助。总之，设计开发基于 Storm 的解决方案仅仅是个开始，在生产环境中实践这些方案才是我们需要在 Storm 上思考的重点。

本书的另外一个目的就是希望尽可能描述 Storm 的应用领域，基于此我们选择了一些典型的用户场景，希望对于理解未覆盖到的用户场景可以起到举一反三的作用。我们在选择用户场景的时候也做了不同难度的区分，希望至少能有一种可以适用于你当前正在使用的 Storm 场景。

本书旨在关注 Storm 的运行方式，而我们意识到 Storm 需要和许多不同的技术一起使用，包括不同的消息队列实现以及数据库操作实现等，所以在讲解每种用户场景的时候，我们会很谨慎地选择使用到的技术。我们不希望花太多精力在技术选型上，从而忽视了 Storm 使用上的重点讲解，所以你看到的每一个演示都默认使用的是 Java 语言。如果将案例中的应用切换到使用另外一门语言，这么做其实很容易，但我们还是希望明确一点，那就是本书的核心讲解并不在这些上面（事实上，我们在自己写的拓扑上大量使用了 Scala）。

路线图

第 1 章介绍大数据和 Storm 在大数据中所处的地位，该章的目的是展示一个选择 Storm 的理由和时机，一些关于大数据应用的关键特性，各类用于处理大数据的工具，以及明确 Storm 的工具类型。

第 2 章借助一个对某 GitHub 库提交数的统计案例，解释 Storm 的核心概念。该章将建立学习 Storm 的相关术语基础，尝试一小段代码来学习建立 Storm 工程，而这个案例中的概念也将贯穿本书。

第 3 章讲解在 Storm 下设计拓扑结构的最佳实践，同时以一个社交热力图的应用为例，展示了如何将问题基于 Storm 的结构来做分解，以便适用于程序的上下文实现部署。该章还讨论了如何处理不稳定的数据源，或者是不可靠的外部服务。同时在该章中介绍的首字节并行性，也将成为后续章节中的重点，最后在该章中还深入讨论了高级拓扑设计范式。

第 4 章以一个信用卡的授权系统为例，探讨 Storm 如何确保消息以上下文的形式传输，阐述 Storm 的实现机制，并且如何基于一套方案的部署，提供不同层面的可靠性支持。同时该章在最后做一个总结，说明如何在 Storm 的拓扑结构上，实现这种不同层次的可靠性支持。

第 5 章涵盖 Storm 集群的相关细节，还将讨论 Storm 集群的各类组件，Storm 集群如何提供容错机制，以及如何配置一个 Storm 集群，并在 Storm 集群生产环境中部署并启动拓扑。该章的提示内容将重点解释 Storm 的 UI 部分，因为后面的章节会越来越多地涉及 Storm UI 中的相关操作。

第 6 章阐述在 Storm 的拓扑结构中，基于一个限时抢购系统的应用案例，如何实现反复调优的过程。同时还讨论如何与外部系统协作，以及会对现有拓扑结构产生的影响。最后，我们将借助 Storm 现有的指标收集 API，讲解如何建立你的自定义指标。

第 7 章涵盖在同时使用多拓扑的时候，Storm 集群可能发生的各种冲突。我们将从一个拓扑中出现资源冲突的情况开始，逐步展开至拓扑间的系统资源冲突，以及 Storm 进程和其他进程甚至是操作系统之间的系统资源冲突分析，该章将带你领略 Storm 集群的完整应用效果。

第 8 章深入讲解 Storm，在完整理解后，你基本上就能应对各种情况下的调试了。还深入讲解 Storm 的并行化和执行器的中心单元，Storm 的内部缓存调用方式，溢出的前提条件，如何优化这些缓冲配置等，最后讨论 Storm 的调试日志输出。

第 9 章讲解 Trident 架构，它是一个基于 Storm 的上层抽象应用架构，同时演示基于它开发一个互联网广播应用。还解释 Trident 结构的优势，以及什么情况下你会使用到它。我们会比较一个常规的 Storm 拓扑和一个基于 Trident 结构的拓扑，分析两者之间的区别。该章还将涉及 Storm 的分布式远程过程调用（DRPC）组件，以及如何借助它来实现拓扑的状态查询。最后，演示一个完整的 Trident 拓扑部署，以及如何实现该结构的扩展。

代码的下载和使用规范

本书中的所有代码可以在 https://github.com/Storm-Applied 中下载，包含以下章节中涉及的源代码。

❑ 第 2 章，GitHub 的提交次数计数。
❑ 第 3 章，社交热力图。
❑ 第 4 章，信用卡授权。
❑ 第 6 章，限时抢购系统。
❑ 第 9 章，互联网广播应用的播放日志统计。

很多源代码都以代码清单的方式展示，以提供完整的代码段。有些代码清单会加以注释，用于配合书中的功能讲解部分。在其他地方，只在需要的地方才会演示代码片段。无论是代码清单还是片段，我们都通过对字体加粗，用来强调这段代码正是文中配合解释的那一段。

软件要求

软件要求如下所示：

❑ 解决方案采用的版本是 Storm 0.9.3。
❑ 全部方案编程使用的语言为 Java 6。
❑ 代码的编译和打包使用的是 Maven 3.2.0。

原书封面插图标题为"来自克罗地亚达尔马提亚的克拉维尔男人",这是一幅传统的克罗地亚服饰展示图,由 19 世纪中期的 Nikola Arsenovic 创作,于 2003 年由克罗地亚位于斯普利特的人种学博物馆出版。该插图也是由一名来自斯普利特人种学博物馆的管理员在一片废墟中发现的,出土地点位于中世纪时期罗马城市的核心地带,也是公元 304 年 Diocletian 统治时期的帝国疗养宫殿所在地。这本彩色画册描绘了克罗地亚不同区域的人物画像,包含了各式各样的民族服饰和日常生活写照。

克拉维尔是一个位于克罗地亚杜布罗夫尼克东南部的狭小地区,地处于斯涅日卡山和亚得里亚海之间的狭窄区域,紧邻蒙特内格罗。图中的人物扛着自己的步枪,身上还别着手枪和匕首,枪套塞在他那宽大的腰带之间。从他警惕的架势和紧绷的神情上可以看出,他应该是在守卫着边境,或者是在提防偷猎者。他服饰上最有特色的一点,就是他那双印有复杂花纹设计的亮红色袜子,这是典型的达尔马提亚当地服饰风格。

人们的穿着打扮和生活方式在过去的 200 年里发生了天翻地覆的变化,而地区之间的多样性在时间的作用下逐渐被模糊淡化了,所以现在基本很难再说出不同大陆上原住民之间的区别,更别提相隔不远的不同村落和城镇。也许我们已经舍弃了追求文化之间的差异性,在尝试以更广泛的生活方式,来拥抱更为丰富多彩的个人生活和快节奏的科技类生活。

同样地,在这个难以分辨不同计算机书籍的时代,Manning 试图以两个世纪前的不同区域生活方式作为封面,将过去丰富多彩的场景引入至今,来赞美当下现代计算机技术不断创新和敢为人先的精神。

目 录 *Contents*

Storm 简介

本章要点：

❏ Storm 是什么

❏ 大数据的定义

❏ 大数据工具

❏ Storm 如何应用于大数据场景

❏ 选择 Storm 的理由

Apache Storm 是一个分布式实时计算框架，适用于处理无边界的流数据。将 Storm 与你当前使用的队列和持久化技术相结合，就能实现多种处理和转换流数据的方式。

还跟得上吧？有一部分读者很聪明，已经听懂这是什么意思了，不过好像还有些人正在寻找适合表达当前迷茫状态的网络动图吧。上面的描述信息量确实很大，所以如果你一时无法掌握其全部含义，别担心，我们将会用本章余下部分来准确解释我们想表达的意思。

为了更准确地了解 Storm 是什么，如何使用，那么你需要先明白 Storm 适用于怎样的大数据应用场景。它可以与哪些技术共同使用？它可以替代哪些技术？为了回答这样的问题，我们需要一些上下文说明。

1.1　什么是大数据

为了谈论大数据以及理解 Storm 适用于怎样的大数据应用场景，我们需要对"大数据"的定义达成一个共识。因为现在市面上有许多关于大数据的定义，每个定义都有其独特的角度，下面就先说说我们的吧。

1.1.1 大数据的四大特性

大数据有四个公认的特性：体量（Volume）、速度（Velocity）、多样性（Variety）和真实性（Veracity）⊖。

体量

体量是大数据最显著的特性，也是人们听到大数据这个词在脑海中的第一印象。数据每天源源不断地从不同的数据源产出：这些数据可以是人们在社交网络中产生的数据，可以是软件本身产生的数据（如网站访问记录、应用日志等），也可以是用户自我创建的数据，例如 Wikipedia（维基百科），但这些都只是数据最表层的展示。

当人们谈到大体量时，首先会想到 Google（谷歌）、Facebook（脸书）和 Twitter（推特）这类公司。是的，这些都是处理超大规模数据的公司，相信你还能说出更多类似的公司。但还有很多没有如此大体量数据的公司呢？它们大多采用较单一的数据维度，根本称不上叫大数据，可这些公司也在使用 Storm，这又是为什么呢？那我们就来说说第二个特性所起的作用：速度。

速度

速度决定了数据流入系统时的节奏，也决定了数据的数量以及数据流的连续性。数据量（也许只是一个访客浏览你网站时，点击一系列链接时产生的数据）可能相当小，但是其流入系统的速率可能会非常快。速度是一个非常重要的指标，它决定了你是否可以足够快地处理涌入的数据，并让其创造价值，而不是你仅仅因为拥有多少数据，就能等价于拥有价值。数据量可能是 TB 级别（数据存储单位，1TB=1024GB），也可能是由 500 万个 URL（统一资源定位符）组成的小量数据。问题的重点是你是否可以在数据失效前，就完成有价值的信息解析。

至此为止，我们已经讨论了体量和速度两个特性，它们分别描述了数据的数量以及数据流入系统的效率。在许多案例中，数据可能来自多个数据源，因此这引出了其另一个特性：多样性。

多样性

提到多样性，让我们先回过头来看如何将数据的价值释放出来。通常，数据来自于不同的数据源，通过组合的方式让数据形成有意义的输出。刚开始的时候，你的数据可能来自 Google Analytics（一款由谷歌公司开发的分析平台），或者是一些附属类日志，更常见的是来自一些关系型数据库。可以参考以下几种思路去抽炼数据，以便形成具备指代意义的数据输出：

Q：谁是我的最佳客户？

A：新墨西哥的林狼队。

⊖ http://en.wikipedia.org/wiki/Big_data。

Q：他们经常购买些什么？

A：一些颜料，但大部分情况下都是些大型器材。

Q：我可以分别查看每一个客户，看看他们都喜欢的商品以及提供这些商品的商家吗？

A：这取决于你查询和转换数据的动作有多快了。

即使我们现在不用担心大规模的数据量、快速的数据涌入频率，以及多样化的数据源，我们也需要考虑输入系统的数据准确性，所以最后一个需要关心的属性就是：真实性。

真实性

真实性定义了数据的输入和输出正确性，大部分情况下我们都希望数据是绝对精确的，但有时也会容忍一个"差不多"的误差精度。许多算法都支持高精度的估算，但面对大数据处理时，常需要去实现较低运算量的需求（例如 Hyberloglog）。例如，如果要计算一个大型热门网站的页面展示时间，根本没必要去做精确抓取，求个大致时间段就行了。所以我们需要在准确性和资源消耗之间考虑平衡，这也是大数据系统最具标志性的功能特性。

那么基于体量、速度、多样性和真实性的定义，我们也对大数据有了一个大致的了解。下一步，就是需要寻找一种可以处理这种大数据的工具了。

1.1.2　大数据工具

为了处理大数据的这些特性（体量、速度、多样性、真实性），已经诞生了大量的工具。在这个大数据的生态中，不同工具扮演了不同的角色，分别应对不同的需求。

- ❏ 数据处理：这些工具主要用于基于指定的计算方式，让数据集释放出有价值的信息。
- ❏ 数据传输：这些工具主要用于将数据收集并提取至数据处理系统，或者在不同组件之间执行数据的传输。数据格式可以不限，但最终它们都会共用一套消息总线（或者称之为消息队列），例如 Kafka、Flume、Scribe 和 Scoop。
- ❏ 数据存储：这些工具主要用于在不同阶段的数据处理期间，为数据集提供存储服务，它们可以是分布式的文件系统，例如分布式文件系统 HDFS（Hadoop Distributed File System）或者 GlusterFS 以及 Cassandra 这类 NoSQL 结构的数据库。

我们将专注讲解数据处理层，因为 Storm 是一款用于数据处理的工具。为了理解它，你需要知道什么是数据处理工具。它们大致可以分为两个主要层级：批（batch）处理和流（stream）处理。最近又新增了一种介于两者之间的衍生层：基于流的微型批处理（micro-batch）层。

批处理

我们假设一个场景中最简单的数据维度：一个网页上的单次点击。想象一下，同一时间内可能会产生数以万计的点击量，这些点击汇集起来就成为一个批数据，接下来这些数据将一起被执行处理操作。图 1.1 展示了数据如何流入面向批处理的工具。

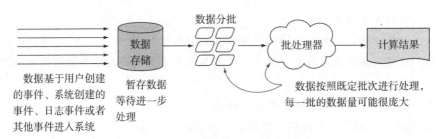

图 1.1 数据流向和批处理器

这个批处理数据案例从基于网站的日志数据中抽炼出用户的访问行为。我们需要拥有一个固定的数据池，这样才可以持续地获取分析结果。更重要的一点，就是需要注意工具在这个流程中扮演的角色。因为这一批数据可以是轻量数据，也可以是海量大数据，所以在开发这些数据的批处理器时，一定要有个全局的画面，而不能仅着眼在一个单点数据上。一个早期的用户行为数据分析是无法建立在一个单点数据维度上的，你需要基于其他数据维度去建立上下文关系（即其他访问的 URL 链接地址）。换句话说，批处理允许你对数据按照不同维度执行连接、合并或者聚合操作，这也是为什么批处理模式目前被广泛应用于机器学习的算法上。

批处理的另外一个特性，就是在所有数据处理流程全部完成之前，你是无法得到一个最终答案的。哪怕是最初期导入结点的运算数据，也无法在全部计算执行完成之前查看到。批次数据量越大，就需要面对越多的合并、聚合和连接操作运算，这里的消耗代价相当高。因为该批数据的规模一定程度上决定了处理的时间，也就是你获取结果需要等待的时间。如果结论是非常紧急的，那么就需要更优的解决方案，例如流数据处理。

流处理

一个流数据处理器扮演的角色建立在一个无边界的流数据之上。如图 1.2 所示，就是数据如何流入一个流处理系统。

一个流数据处理器可以持续地处理数据（因此才称之为流数据），而一般会要求这些数据快速产生有效结论，当然，这并不是流数据的绝对实用场景，也不是流处理的前提条件。为什么可以持续地向流处理器中灌入无边界的数据流

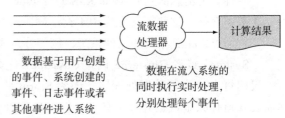

图 1.2 数据流向和流处理

呢？因为这些流数据本身是由一个消息总线来引导的，这样按照指定方向，数据就可以持续趁热处理，而且还能同时获取数据结论。不同于批处理，这里对数据维度没有明确定义的起点和终点，它是一直持续的过程。

为了实现立即输出结果，系统会依次对单点的简单数据执行处理。海量数据按照流的方式输入，系统因为会依次处理，那么很容易实现数据的并行二级处理，即数据在创建之

后即可输出结果。试想基于 Twitter 的推文流执行情绪分析，你不需要在推文与推文之间做连接或关联操作，所有的处理都是单点的。当然，你也可以使用基于拥有上下文关系的数据集，其数据一般由历史推文来组成，称之为训练集。但因为这些推文属于已经发生的历史数据，不需要去编造，所以就避免了基于当前数据所做的昂贵的聚合操作，数据可以按照时间点做持续的处理。因此不像批处理系统，在一个流处理应用系统中，每一个时间点上的计算结束，你都能获取一个有效的结论。

但是流处理并不局限于在同一个时间点处理单一数据，我们以 Twitter 最重要的一个功能 "热门话题" 为例，它基于每个时间窗口，对当前的推文执行计算，并展示在右侧的一个小窗里。我们定义 "热门" 是基于两个时间窗口之间的推文热度比对，显然基于一个截止时间点的批数据计算，相比按序执行运算，一定存在一定层次的延迟（因为只有时间窗口关闭之后，在这期间产生的推文才会被认定为完整的数据集）。类似，其他形式的缓存、连接、合并或者聚合流计算也会产生一定的延迟。所以在延迟的引入和数据的准确性之间，一定存在某种交替，一个较大间隔的时间窗口（或者需要更多连接、合并和聚合操作的数据）可以基于某种算法提供一个更精确的处理结果，但代价就是存在一定延迟。通常在流数据系统中，我们可以控制计算延迟在毫秒级、秒级或者最多分钟级别，超出这些情况的案例更适合采用批处理来处理。

我们刚才假定了两种场景来基于推文使用流处理系统，实际上流入 Twitter 系统的推文数据量是惊人的，而 Twitter 系统需要能够立即告诉用户，他所在区域的人都在讨论什么，那么 Twitter 需要的不仅仅是处理大体量的数据，还需要确保高速率的数据处理（也就是说低延迟率）。Twitter 有一个庞大且永不间断的推文流，所有的用户话题数据需要做实时解析，这真的是一项伟大的工程。事实上，我们将在第 3 章中去构建一个类似的热门话题案例。

基于流的微型批处理层

最近几年为了应对类似 "热门话题" 这样的需求，诞生出了大量的工具。这些微型批处理工具和流处理工具有一些类似，它们都应用于处理无边界的流数据。但不同于流处理器可以允许你访问每个结点内的数据，微型批处理器是按批次输入数据，然后一段时间后按批次输出数据。这就使得这种微型批处理的框架不适合单点单维度的数据一个个处理的需求。当然，这里还规避了单点批处理数据量所带来的延迟效率，它让整个基于流的数据批处理变得更轻松灵活了。

1.2　Storm 如何应用于大数据应用场景

那么 Storm 到底适用于中间的哪个环节呢？回到本章最开始时下的定义，我们讲：

Storm 是一个分布式实时计算框架，适用于处理无边界的流数据。

所以说 Storm 是一个基于流处理的工具，原理十分清晰简单，就是可以无限制地接收流数据，并执行一定规则的处理。Storm 也是一个分布式的系统，允许根据情况实时地添加设备来增加运算能力。另外，Storm 还可以实现类似 Trident 的框架，允许你在流数据中执行微型批处理操作。

什么是实时？

当我们在本书中提到术语**实时**时，这具体意味着什么呢？从技术层面上讲，应该是**接近实时**这样的描述会更准确。在软件系统中，实时的定义其实是基于系统设置的运算时间截点，它反映了系统对一个特定事件的响应时长。正常情况下，这个延迟率可能是毫秒级的（或者至少低于秒级），所以对于用户的感受来说几乎是无延迟反馈的。在 Storm 的上下文中，实时（低于秒级）和近实时（基于用户场景的秒级或者分钟级）的延迟都是可行的。

那本章开始时定义中的第二句又怎么解释呢？

将 Storm 与你当前使用的队列和持久化技术相结合，就能实现多种处理和转换流数据的方式。

接下来在书中提到的 Storm 流数据源都是极其灵活的，可以来自任何形式，通常是一个队列系统。但 Storm 不会对流数据的来源做任何限制（我们在自己的场景中通常使用 Kafka 和 RabbitMQ），同样 Storm 也不会限制流数据转化输出的去向。我们在很多场景中，会将运算结果存放在一个数据库中，以备稍后的调用，但最终的结果可能会被推送至不同的独立队列，甚至是指向其他系统（也许还是一个 Storm 拓扑），用于进一步处理。

重点在于，可以将 Storm 直接插入到你现成的架构中，而本书的目标就是指导你如何实现这样的操作，如图 1.3 所示，就是一个假想的推文流处理模式。

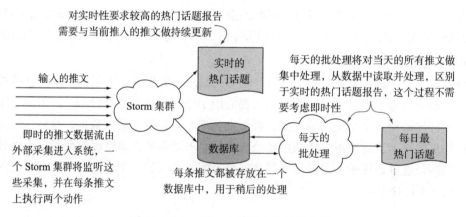

图 1.3　Storm 在一个系统中的应用范例

这种高度抽象的解决方案重点就在于假想性，我们希望借此来向你展示 Storm 的系统植入性，以及批处理和流处理工具的共存可行性形态。

那么还有什么技术可以应用在 Storm 上呢？如图 1.4 所示，部分回答了这个问题。图中演示了一个针对小型采样可实现的技术架构，其中你可以看到 Storm 的灵活性，可以直接插入系统并开始工作。

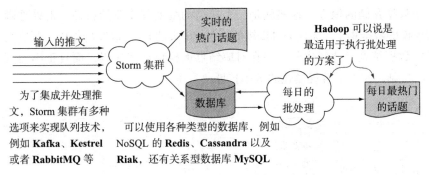

图 1.4　Storm 与其他技术结合的应用范例

对于我们的队列系统，其实有很多技术方案可以选择，包括 Kafka、Kestrel 以及 RabbitMQ。对于数据库，我们可以选择 Redis、Cassandra 或者 Riak，还有只能作为最基础选项的 MySQL。回过头再看看，我们已经覆盖了包括 Hadoop 集群在内的解决方案，可以实现我们需要的"每日最热门话题"计算分析报告了。

现在，希望你对 Storm 的适用和应用情况可以有一个清晰的理解。可以广泛地应用各种技术配合 Storm 完善系统设计，包括 Hadoop。稍等，我们有解释 Storm 是如何与 Hadoop 搭配工作的吗？

Storm 与其他常用工具之间的对比

在和很多工程师交流的时候，Storm 和 Hadoop 经常会出现在同一段对话里。我们先不谈工具，先看看一般我们会面临什么样的问题，然后再看看如何选择具备解决问题特性的工具。大部分情况下，你可能会发现单个工具是无法解决全部问题的，事实上，一般要采取正确的搭配才能实现解决对应的场景。

接下来我们将展示一系列的大数据工具，并分别和 Storm 做对比，找到这些工具与 Storm 之间最大的区别，但也请不要仅基于这些比对就做出选择。

Apache Hadoop

Hadoop 在过去基本上是批处理系统的代名词，随着 Hadoop 的第二代版本发布，它不仅在系统层面更加完善，还可以说是逐渐成为一个具备大数据处理能力的应用平台。它的批处理组件称为 Hadoop MapReduce，作业调度器和集群资源管理器的组件叫做 YARN，分布式文件系统叫 HDFS。其他各种大数据工具可以分别基于 YARN 来管理集群和 HDFS，组成数据存储的后端。在本书的其余部分里，一旦涉及讨论 Hadoop，我们提到的都会是 MapReduce 组件，并且会明确地指出都基于 YARN 和 HDFS。

如图 1.5 所示，这里展示了数据是如何灌入 Hadoop 并执行批处理的，数据的存储是基于 HDFS 的分布式文件系统，一旦与问题相关的批数据完成识别后，MapReduce 组件将对每个批次都运行一次加工计算，当 MapReduce 启动计算的时候，代码将滚动到下一个结点，也就是数据存储的地方。这些就是一个典型的批处理作业的特性，批处理脚本通常都使用在大规模的数据集上（无论是 TB 级的还是 PB 级的），在这些场景中，很容易在分布式文件系统的数据结点上调度代码，并在对应结点上执行这些代码，而且正因为其采用了数据本地化的机制，实现了可规模化的效率扩展。

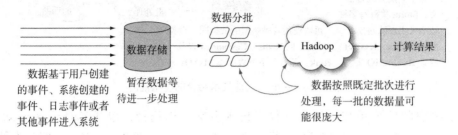

图 1.5　Hadoop 的数据流入原理

Storm

Storm 是一个执行实时计算的标准框架，允许你基于数据传输运行额外的功能，而 Hadoop 不能。图 1.6 展示了数据是如何灌入 Storm 的。

在之前我们曾提到，Storm 将数据按照类别导入到流处理工具中，并维持这些类别上的特性，包括低延迟率和快速的处理过程。事实上，它也没办法再快了。

图 1.6　Storm 以及数据流入的方式

无论 Hadoop 如何将代码在数据上执行移动运算，Storm 做的是将数据指向代码。这在流数据处理的系统中显得更为合理，因为数据集是没办法预估的，它和批处理作业不同，数据集可以持续不断地指向这些代码。

另外，Storm 基于一个完善的架构设计，在出现意外的时候，可以提供一套非常重要的消息处理保护机制。Storm 基于的是自己的集群资源管理系统，但有非官方资料显示，Yahoo 曾在 Storm 上运行了 Hadoop 的第二代 YARN 资源管理器，使得资源可以在 Hadoop 集群之间共享。

Apache Spark

和 Hadoop 的 MapReduce 类似，Spark 是一个类似的批处理工具，也能运行在 Hadoop 的 YARN 资源管理器之上。有意思的一点就是，Spark 允许你在中间或是结尾处，将数据缓存至内存中（有必要也可以将输出保存到磁盘上）。这种特性最有价值的一点，就是特别适用于在一个相同的数据集上反复执行运算，并且能将上一次运算按照一定算法保留，作为下一次运算的输入。

Spark Streaming

和 Storm 类似，Spark Streaming 用于处理无边界的流数据，但不同点在于，Spark Streaming 不会将数据按照类别导入到流处理工具中，取而代之的是将其导入到微型批处理工具中。Spark Streaming 是建立在 Spark 之上的，它需要将输入的流数据标记成一个个数据批次，以便执行操作。也就是说，它更类似 Storm 的 Trident 框架，而不是 Storm 本身。因此 Spark Streaming 将无法实现较低的延迟率，因为它不是按照 Storm 的同时间点上同时处理的方式来操作的，但在性能上更接近于 Trident。

Spark 的缓存机制同样适用于 Spark Streaming，如果需要使用缓存，你需要在 Storm 组件中建立并维护你自己的内存缓存（这其实不难，也很常用），但 Storm 在内部却没有提供这样的机制。

Apache Samza

Samza 是一个新兴的流数据处理系统，是由 LinkedIn（领英）团队打造，效果完全和 Storm 不相上下。但你依然会发现一些区别，这里无论是 Storm 还是 Spark 或者 Spark Streaming，它们都运行在基于 YARN 的资源管理器上，而 Samza 则是与 YARN 系统分开独立运行的。

Samza 有一个简单且易于理解的并行模型，Storm 的并行模型允许你在更细的维度上去调试并行性。在 Samza 中，你的作业（job）在工作流中的每一阶段（step）都是独立的实体（entity），你需要使用 Kafka 来连接这些实体。在 Storm 中，所有的阶段都是由一个内部系统来连接的（通常为 Netty 或者 ZeroMQ），这样的好处就是可以降低延迟率。Samza 有一个优点，就是可以在 Kafka 队列之间安插检查点，并且允许多个独立的用户来访问这个队列。

正如我们前面提到的，这不仅仅是在大量工具之间做权衡和选择，更重要的是，你可以在使用一个批处理工具的同时，配合使用一些流处理工具。事实上，在使用一个面向批处理的系统的同时，搭配一个面向流处理的系统，正是由 Storm 原作者 Nathan Marz 在《大数据系统构建：可拓展实时数据系统构建原理与最佳实践》（机械工业出版社，2016 年）一书中讲到大数据处理工作的目标。

1.3　为什么你希望使用 Storm

现在我们已经大致解释了 Storm 在大数据场景应用中的位置，接下来就讨论下为什么你要使用 Storm 吧。在本书中，我们都一直试图告诉你 Storm 的一些最具吸引力的属性：

❑ 它可以广泛用于各类用户场景中。

❑ 它可以和不同技术协同工作。

❑ 它具备可扩展性，Storm 可以轻松将工作分解至不同线程上，并分派至不同 JVM（Java 虚拟机）上，甚至是不同的物理机上，而这些还不需要在你的代码上做任何调整（只需要修改配置就可以了）。

❏ 它可以确保每个输入的数据至少会被处理一次。

❏ 它相当健壮，你也可以称之为高容错性。Storm 中有四个主要的组件，在大部分时间里，摧毁任何一个组件都不会中断数据的处理。

❏ 它与使用的编程语言无关，如果你的程序能在 JVM 上执行，它就可以在 Storm 上轻松执行。即使没法在 JVM 上执行，如果你能在一个 *nix 命令行中调用它，它也可以在 Storm 上正常运行（尽管在本书中，我们将限定于使用 JVM 和 Java）。

我想你们一定会发现这样的描述相当令人印象深刻，Storm 对于我们来说，已经不仅仅是一个用于处理扩展的工具，而且更适用于容错处理和消息保障处理。我们有各种各样的 Storm 拓扑（Storm 有一大段代码来指定任务的分配），在一台独立的计算机上由一个 Python 脚本就能实现全部运行。而如果这个脚本崩溃了，Storm 此时将展现出强大的容错能力，并选择自动重启，然后从崩溃的那个时间点继续执行。所以，即使是凌晨 3 点的时候你也不会收到一个报警信息，也不需要在早上 9 点的时候，给研发副总解释为什么某个系统出现了宕机。Storm 最棒的一点就在于此，它可以基于容错机制提供更轻松的扩展操作。

了解完这些知识，我想你已经准备好学习 Storm 的核心概念了，因为掌握好这些基础概念，将作为我们后续讨论一切内容的前提。

1.4 小结

在本章中，你学到了

❏ Storm 是一个可以持续运行的流处理工具，它将监听一个流数据，并且在这些数据上执行不同类型的处理。Storm 可以与现有的很多技术一起集成，为流处理提供具有价值的解决方案。

❏ 大数据的定义要掌握其四个重要特性：体量（数据量）、速度（数据流入系统的速度）、多样性（不同类型的数据）、真实性（数据的准确性）。

❏ 有三个主要类型的工具来处理大数据：批处理、流处理以及基于流的微型批处理。

❏ Storm 的优势包括其可扩展性，对每个消息至少处理一次，健壮性，以及支持任何语言来实现开发。

Storm 核心概念

本章要点：

❏ Storm 核心概念和术语

❏ 实现你第一个 Storm 程序的基础代码

一旦理解了 Storm 的核心概念，你就会觉得它们其实很简单，但想要掌握还是有些难度的。刚入门的时候你可能会很难理解执行器（executor）和任务（task），因为你可能会同时接触大量新概念。所以本书采用了一种循序渐进的方式，尽量避免你在同一时间接触大量新的概念。但这可能会造成某些概念解释不够"完整"，不过在后面的内容中，我们会延伸各知识点并尽可能给出完整准确的解释。当你将各部分的知识点连贯起来，就能理解该知识点的全部细节了。

2.1 问题定义：GitHub 提交数监控看板

让我们先从一个大家都熟悉的话题开始吧：GitHub 的代码管理。相信大多数开发人员都熟悉 GitHub，无论是用于管理个人项目，还是用于工作或者用来与其他开源项目交互。

我们的第一个演示项目就是要创建一个监控看板，用来监控某个代码仓库中提交操作最活跃的开发者，并实时显示提交数的统计。这个统计计数有一些实时性的需求，只要有开发者对这个仓库做了任何变动操作，那么该用户对应的计数必须立即更新。图 2.1 展示了本示例项目的界面。

这个监控看板非常简单，它包含了一个列表，第一列将显示对本代码仓库有提交操作的开发者的邮箱，第二列显示对应开发者提交数的实时统计。在讨论怎么借助 Storm 解决这个问题之前，我们先要分解将会用到的数据。

2.1.1 数据：起点和终点

在这个场景中，假定 GitHub 为每一个代码库都提供了一个实时的数据流，其中包含了开发者的提交消息。流数据中的每一条提交数据字符串包含一个提交 ID，紧跟一个空格作为分隔符，然后是提交者邮箱。代码清单 2.1 展示了该数据流中 10 条独立提交的数据范例。

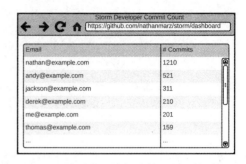

图 2.1 用于统计代码库提交情况的监控看板界面

代码清单 2.1 GitHub 提交数据源中的数据范例

```
b20ea50 nathan@example.com
064874b andy@example.com
28e4f8e andy@example.com
9a3e07f andy@example.com
cbb9cd1 nathan@example.com
0f663d2 jackson@example.com
0a4b984 nathan@example.com
1915ca4 derek@example.com
```

这个数据源就是本项目的数据起点，我们将从这个数据流开始，最后将每个邮箱的提交总数实时地展现在界面上。为了简化问题，我们可以理解需要做的是在内存中保留一个 map（映射）表结构，表中的主键是开发者的邮箱，对应的值是该开发者的提交统计总数。那么这个表的结构应该如下代码所示：

```
Map<String, Integer> countsByEmail = new HashMap<String, Integer>();
```

既然现在完成了数据的定义，接下来我们需要定义的就是每一步操作步骤，并确保经过这些步骤之后，映射表能正确响应提交数统计。

2.1.2 分解问题

已知我们的目标是从一个提交数据源中，统计出每个开发者的提交数，然后将提交者的 email 和提交统计数存在内存的映射表中。但是到目前为止，我们还没有明确定义如何达成这个目标，所以现在需要先将问题分解成为一系列更小的步骤，这会对我们设计进一步实现有所帮助。首先把这些步骤定义为组件，它可以接收输入的数据，或者在输入数据上做一些计算操作，然后产生输出数据。将这些组件连在一起，最终就可以构成数据从起点到终点的计算路径。针对本问题，我们提出了下面三个组件的设计：

1. 第一个组件从实时数据源中读取提交数据的摘要信息，并输出一个简单包含提交内容的消息。

2. 第二个组件接收产生的单个提交消息，并提取出其中开发者的 email，输出该 email 账号。

3. 第三个组件接收开发者的 email 账号，然后在内存映射表中查找主键为该 email 的对应字段，更新其中提交数的值。

　　在本章中，我们将把问题分解为多个组件。在下一章中，我们将更深入讨论如何将这些组件在 Storm 中实现。但在此之前，请仔细审视图 2.2，它展示了每个组件以及它们的输入和输出效果。

　　图 2.2 展示了我们的基本方案，包括如何从数据源中获取数据，并将计数统计结果存在内存映射表中。所以最终我们只需要三个组件，每个组件都仅包含一个简单的功能。现在，我们已经解决了问题定义，并整理了解决方案的思路，那么就可以在 Storm 环境下去构思如何实现了。

图 2.2　提交计数问题通过定义输入输出而分解为一系列步骤

2.2　Storm 基础概念

　　为了帮助你理解 Storm 中的核心概念，我们先来回顾一下 Storm 中的常用术语。对于本章中的示例项目，首先来看看 Storm 中最基本的组件：拓扑（topology）。

2.2.1　拓扑

　　为了更好理解什么是拓扑，我们先回到示例工程中。想象一下，将几个结点用有向边直接连起来，就组成一个简单的线形图，再试想如果其中每个结点代表一个简单的处理或者计算过程，每条边代表上一个结点的处理结果并传递到下一个结点作为其输入，如图 2.3 所示，清晰展示了我们刚才的描述。

　　Storm 拓扑就是这样的一个计算图，结点（node）代表一些独立的计算，边（edge）代表结点间数据的传递。我们通过向这个图注入一些数据来达到我们的目标，这具体代表什么含义呢？我们接着回到案例中来，详细展示刚才讨论的内容。

　　经过对案例问题的模块化分解，我们可以基于拓扑的定义，将模块和组件一一匹配上去。图 2.4

图 2.3　拓扑是由表示计算的结点与表示计算结果的边组成的图

展示了这种对应关系。

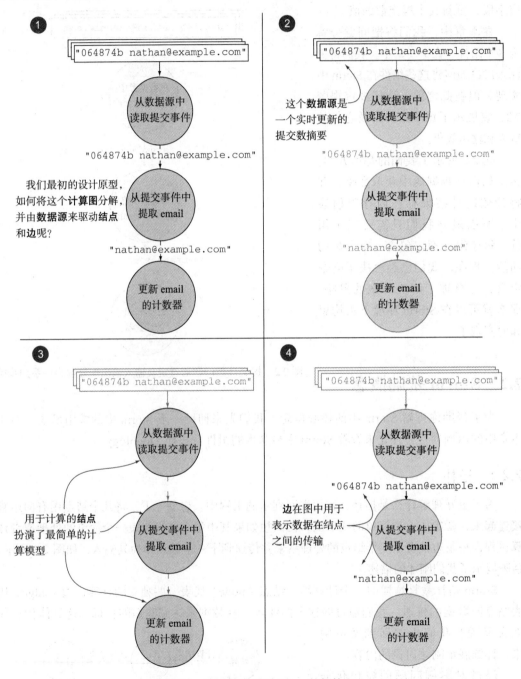

图 2.4　将设计应用到 Storm 的拓扑上

我们在定义拓扑时提到的每个概念，都可以在案例的设计中找到对应关系。事实上，真实的拓扑会由大量的结点和边组成，并由提供连续数据流的数据源来驱动，所以我们的设计非常契合 Storm 的框架。那么现在，既然理解了什么是拓扑，我们就继续深入到拓扑中，看看每个独立的组件吧。

2.2.2　元组

元组（tuple）是拓扑中结点之间传输数据的形式，它本身是一个有序的数值序列，其中每个数值都会被赋予一个命名。一个结点可以创建元组，然后发送（可选）至任意其他结点，这个发送元组到任意结点的过程，称作发射（emit）一个元组。

有一个很重要的问题需要注意，就是上面提到元组中每个值都被赋予了一个命名，但这并不意味着一个元组是一个键值对列表。因为如果是键值对列表，那将意味着键名也是元组的一部分，但实际上，一个元组只是一系列数值的列表，Storm 本身提供了一种机制来为列表中的每个数值赋予命名，我们将在本章后面讨论这些命名的具体赋值方式。

在本书的剩余部分中，当在图中展示元组时，由于列表中与数值关联的命名十分重要，所以我们约定元组包含了名称和数值，如图 2.5 所示。

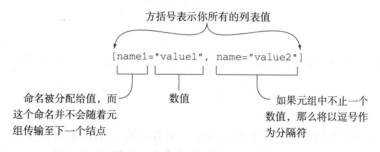

图 2.5　本书中元组内的显示格式

鉴于我们约定了元组的标准格式，那么就可以定义拓扑中两种类型的元组了：

❑ 提交消息中包含提交 ID 和开发者的 email 地址。

❑ 开发者的 email 地址。

我们需要为这两种元组分别命名，例如可以分别命名为"commit"和"email"（具体怎样命名将在后面的代码中提到）。图 2.6 展示了元组在拓扑中的位置。

同一个元组中值的类型是动态的，并且不需要提前声明。但是 Storm 需要知道如何对这些值执行序列化，以便让它可以在拓扑的结点间实现元组的传递。Storm 已经知道如何去序列化原语类型，但如果是自定义的类型，那需要你提供对应自定义的序列化方法，如果自定义方法不存在，那么就需要回调标准的 Java 序列化方法。

我们很快就讨论关于这部分的代码，但目前最重要的是理解 Storm 中的术语和不同概念之间的关系。当你已经理解了元组概念之后，下一步就可以学习 Storm 核心的抽象概念了：stream（流）。

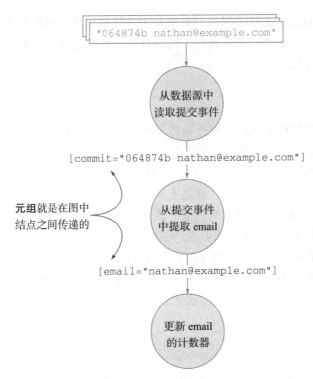

图 2.6　在拓扑中的两个元组：一个是用于处理提交的消息，另一个用于处理 email

2.2.3　流

根据 Storm 维基中的描述，一个流是一个"无边界的元组序列"，这是关于流最恰当的解释。在拓扑中，一个流是拓扑中两个结点间一个无边界的元组序列。一个拓扑可以包含任意数量的流，除了拓扑中第一个结点是从数据源读取数据外，每个结点可以接收一个或多个流作为输入。通常结点会计算或转换这些输入流中的元组，然后发射新的元组，从而创建新的输出流，这些输出流会作为后续结点的输入流，以此类推。

在 GitHub 提交统计的拓扑中有两个流，第一个流的起始结点不断从数据源读取提交消息，并向终止结点发射带有提交消息的元组，终止结点则从中提取出 email 信息。第二个流的起始结点为提取的 email 信息，这个结点将把提取出的 email 地址作为新的输入流，并成为最后一个结点的输入流，而最后这个结点将负责更新内存中映射表内的统计数据。图 2.7 展示了完整的流程演示。

这个 GitHub 提交数统计的 Storm 场景仅仅是一个非常简单的链式流（多个流连接在一起）。

复杂流

数据流不可能总像我们这个场景中的流那么简单，如图 2.8 所示，该图展示了一个拥有四个不同流的拓扑。其中第一个结点发射的元组会被两个后续结点消费，这就形成了两个不同的流，而两个后续结点各自发射元组产生的流，将形成各自新的输出流。

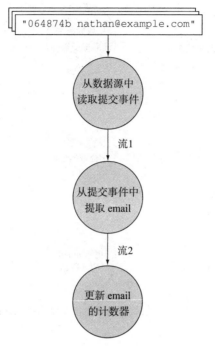

图 2.7　认识拓扑中的两个流

这些无边界的流采取不同方式执行创建、分裂或者重新连接的操作，可以实现无穷无尽的组合。本书后面的例子会深入讨论各种复杂的流，以及为什么要这样设计一个元组。而现在，我们继续演示这个入门范例，接下来将讨论一下拓扑的输入数据源。

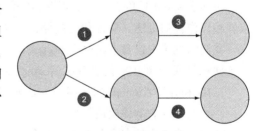

图 2.8　拥有四个流的拓扑

2.2.4　spout

一个 spout 是拓扑的流数据源头，spout 通常会从外部数据源读取数据并且向拓扑中发射元组，它可以实现监听包括消息队列、数据库或者任何其他数据输入源。在我们的例子中，spout 监听的是 GitHub 中代码仓库的提交消息，并将这些实时数据灌入 Storm 拓扑中，如图 2.9 所示。

spout 没有对数据处理的过程，它们仅仅作为数据流的源头，从数据源读取数据，然后向 bolt 类型的结点发射元组。

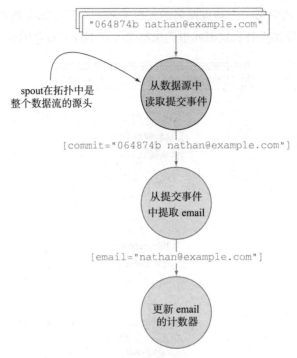

图 2.9　一个从数据源读取提交消息的 spout

2.2.5　bolt

不同于 spout 只负责监听数据源，bolt 可以完成从输入流的元组接收，对元组进行计算或转换操作，如过滤、聚合和连接等，以及可能会发射新的元组形成输出流。

我们的例子中包含下面两个 bolt：

❑ 从提交的消息中提取开发者 email 地址的 bolt，这个 bolt 从输入流中接收包含提交 ID 和开发者 email 的元组，并从元组中提取 email 地址，发射只包含 email 地址的新元组作为它的输出流。

❑ 更新内存中映射表的 bolt，这个 bolt 从输入流中接收仅包含 email 地址的元组。因为这个 bolt 只更新内存中的映射表，不发射新的元组，所以它不会产生输出流。

上述 bolt 的展示效果如图 2.10 所示。

我们例子中的 bolt 都十分简单，在本书后面的章节中，你会创建做更复杂转换操作的 bolt，包括从多个输入流读取数据，然后产生多个输出流。但首先你要明白 bolt 和 spout 在实际中是如何工作的。

bolt 和 spout 是如何工作的

如图 2.9 和图 2.10 所示，spout 和 bolt 都显示为一个独立的组件，仅从逻辑视角看这是没问题的，但当讨论到它们是如何工作的时候，就需要更深入地理解和认识了。在一个运行的拓扑中，通常有大量的 bolt 和 spout 实例并行运行。如图 2.11 所示，从提交消息中提取 email 的 bolt 和更新内存映射表的 bolt 就分别有三个实例在运行，请注意观察，一个独立的 bolt 实例是怎样向另一个单独的 bolt 实例发射元组的。

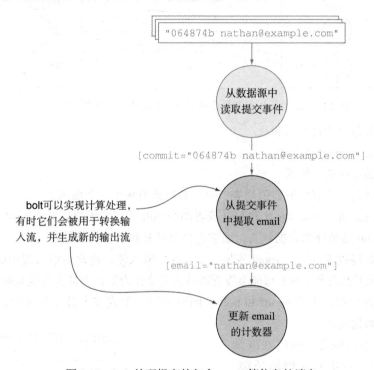

图 2.10　bolt 处理提交的包含 email 等信息的消息

如图 2.11 所示，这仅仅是一种 bolt 之间发送元组的场景，在现实应用中，则更像是如图 2.12 所示，左侧的每个 bolt 实例都会向右侧 bolt 中多个实例发射元组。

图 2.11　通常情况下 bolt 会有多个实例向另外一个 bolt 中的多个实例发射元组

通过对 spout 和 bolt 实例的分解，非常有助于理解 Storm。在深入了解下一个概念之前，我们先来总结一下已经学到的概念重点：

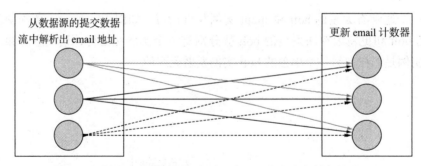

图 2.12　每个 bolt 实例都会向下一个 bolt 中多个实例发射元组

❏ 一个拓扑包含大量结点和边。

❏ 结点代表 spout 或者 bolt。

❏ 边代表结点间的元组流。

❏ 一个元组是一个有序的数值列表，每个数值都被赋予一个命名。

❏ 一个数据流是一个在 spout 和 bolt 或者两个 bolt 之间的无边界元组序列。

❏ 一个 spout 是拓扑的数据源头，通常它会监听某些活动的数据源。

❏ 一个 bolt 接收来自一个 spout 或另一个 bolt 的输入流，通常对输入流中的元组进行一些计算或转换操作。bolt 可能会发射新的元组来作为拓扑中某些其他 bolt 的输入流。

❏ 在实际运行中，每个 spout 和 bolt 会同时运行一个或多个独立的实例，并行地进行相应的数据处理。

因为有很多的概念，所以在继续向下学习之前，一定要先理解透彻。准备好了吗？不错！在演示代码之前，我们还需要了解一个重要的概念：流分组（stream grouping）。

2.2.6　流分组

到目前为止，你已经理解了一个数据流是存在于 spout 和 bolt 或两个 bolt 之间的无边界元组序列，那么流分组就定义了元组是如何在 spout 和 bolt 实例之间进行传送。这样说意味着什么呢？回顾一下我们的示例拓扑，这个拓扑包含两个流，其中每个流都会定义自己的流分组，并告诉 Storm 需要如何在 spout 和 bolt 实例间传递元组，如图 2.13 所示。

每个流都有自己的流分组，这些流分组定义了元组是如何在 spout 和 bolt 之间进行发送的

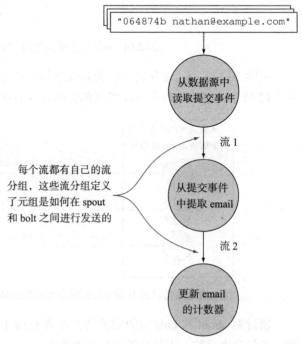

图 2.13　拓扑中的每个流都有其自己的分组

Storm 提供了几种类型的流分组，本书会提到其中的大部分类型。在本章中，我们先来考虑其中的两种：随机（shuffle）分组和字段（field）分组。

随机分组

spout 和第一个 bolt 之间使用的是随机分组，这里的随机分组是一种将元组随机分发到 bolt 实例中的一种分组形式，如图 2.14 所示。

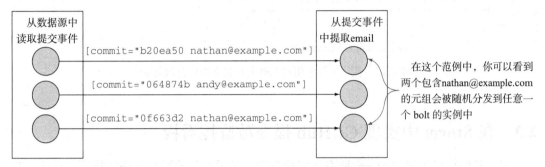

图 2.14　在 spout 与第一个 bolt 之间使用随机分组

在示例中的这一部分，由于我们并不关心 spout 是如何发射元组到 bolt 实例的，所以选择了随机分组来随机分发元组。使用随机分组时，需要确保每个 bolt 实例能接收到尽可能数量相等的元组，以便在 bolt 实例之间实现负载均衡。需要注意的是，随机分组采用的是随机策略而不是轮询策略，所以并不能保证严格的均分。

随机分组在你对数据如何分发上没有特殊需求的场景下是非常有用的。但当你遇到随机分发数据到 bolt 实例不能满足你需求的场景时，例如在我们的示例中，负责提取 email 地址的 bolt 在向负责更新内存映射表的 bolt 发射元组时，就不能使用随机分组，这时我们需要另外一种类型的流分组来解决这个问题。

字段分组

负责提取 email 地址的 bolt 和负责更新内存映射表的 bolt 之间就需要使用字段分组，因为字段分组能保证将特定字段上值相同的元组发射到同一个 bolt 实例。为了理解为什么第二个流需要用字段分组，我们来看下使用内存映射表是如何记录每个 email 账户对应的提交总数结果的。

每个 bolt 实例会有自己的内存映射表来记录 email/commit 配对统计结果，所以必须将相同 email 账号的元组发送到相同的 bolt 实例中，才能准确更新所有 bolt 实例中的每个 email 计数器，而字段分组提供的正是这样的功能，如图 2.15 所示。

在这个例子中，由于决定使用内存映射表来记录提交数的统计值，使得我们必须使用字段分组。当然，我们也可以考虑使用一种能够在多个 bolt 实例之间，通过共享数据结构的方式来记录统计值，这样也能满足需求。在第 3 章和后面章节中，我们会探索如何设计和实现这种想法。但现在，我们得先专注在如何通过代码来让我们现在设计的拓扑运转起来。

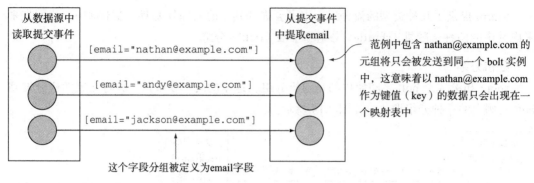

图 2.15　使用字段分组的 bolt 拥有独立的内存映射表

2.3　在 Storm 中实现 GitHub 提交数监控看板

现在我们已经了解完 Storm 所有重要的概念，是时候开始写自己的拓扑了。在这一节里，我们将先介绍 Storm 的相关接口（interface）和类（class）的代码，然后通过理解 Storm API 的结构，全面帮助你熟悉拓扑的相关代码。

在介绍完 bolt 与 spout 的代码之后，我们就可以将两部分代码合并了。如果你还记得前面的讨论，我们的拓扑还包含流与流分组，那么 spout 和 bolt 的代码将只是其中一小部分，你仍然需要去定义元组在哪里产生，如何在组件之间进行发射。在对拓扑构建的讨论中，你将遇到 Storm 的配置选项问题，大部分会在后续做更加详细的讲解。

最后，在通过定义流和流分组之后，就可以把拓扑的所有组件完整串在一起了。接下来我们将演示如何在本地运行你的拓扑，你也可以通过测试运行的方式，验证是否一切都运转正常。在接触代码之前，我们得先学习如何设置基础 Storm 工程。

2.3.1　建立一个 Storm 工程

获取 Storm JARs 包的最简单方法就是使用 Apache Maven。

> **注意** 其他建立 Storm 工程的方法可以从 http://storm.apache.org/documentation/Creating-a-new-Storm-project.html 中查找到，但是 Maven 是目前为止最简单高效的。你可以从 http://maven.apache.org/ 查看 Maven 的相关信息。

如代码清单 2.2 所示，列出了这个工程的 pom.xml 文件内容。

代码清单 2.2　pom.xml

```
<project>
  ..
  <dependencies>
  ..
```

```
<dependency>
    <groupId>org.apache.storm</groupId>
    <artifactId>storm-core</artifactId>
    <version>0.9.3</version>
    <!-- <scope>provided</scope> -->
</dependency>
..
    </dependencies>
</project>
```

这是在撰写本书过程中
最新的 Storm 版本

在一个真实集群中部署拓扑时，
scope 参数需要设置为 provided，
但是这里为了便于学习和理解，我
们可以先注释掉

一旦把这些代码添加到你的 pom.xml 文件中，那么你就拥有了在本机编写并运行拓扑的所有环境依赖。

2.3.2　实现 spout

由于 spout 是数据进入拓扑的地方，所以我们先编写这部分的代码。在进入编码之前，我们先来看看 Storm 中 spout 的通用接口和类结构。图 2.16 展示了相关类层级。

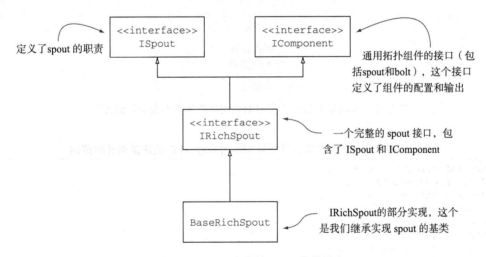

图 2.16　Storm 中有关 spout 类的层次

在我们的设计中，spout 基于 GitHub 的 API 监听某指定 GitHub 项目仓库的动态，并将变动情况发射为元组，每个元组包含针对该仓库的全部提交消息，如图 2.17 所示。

配置一个 spout 去监听实时的提交数据流，涉及大量的额外工作，这对于理解基本代码而言，会明显分散我们的精力和重点。所以，我们的 spout 会采取以下方式模拟真实的提交流：从一个文件中读取提交消息，基于文件中每一行，持续发射一个个元组。当然也不要担心，后面章节中我们再来完善 spout 以支持实时的数据流输入采集，但现在仅需要关注基础功能。紧接着 spout 类文件的 changelog.txt 文件包含了所期望格式的提交消息（如代码清单 2.3 所示）。

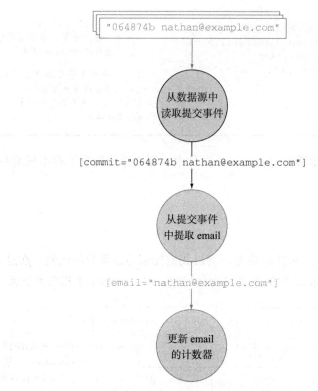

图 2.17   spout 监听提交消息并且为每次产生新的提交发射元组

代码清单 2.3   一个简单的数据源 changelog.txt 以及期望格式的范例

```
b20ea50 nathan@example.com
064874b andy@example.com
28e4f8e andy@example.com
9a3e07f andy@example.com
cbb9cd1 nathan@example.com
0f663d2 jackson@example.com
0a4b984 nathan@example.com
1915ca4 derek@example.com
```

既然我们已经定义了数据源，那么便可以将视线转移到 spout 的代码实现上了，代码如代码清单 2.4 所示。

代码清单 2.4   CommitFeedListener.java

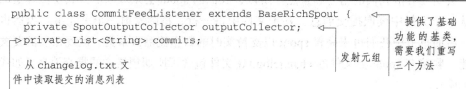

```
@Override
public void declareOutputFields(OutputFieldsDeclarer declarer) {
    declarer.declare(new Fields("commit"));
}

@Override
public void open(Map configMap,
                 TopologyContext context,
                 SpoutOutputCollector outputCollector) {
    this.outputCollector = outputCollector;

    try {
        commits = IOUtils.readLines(
            ClassLoader.getSystemResourceAsStream("changelog.txt"),
            Charset.defaultCharset().name()
        );
    } catch (IOException e) {
        throw new RuntimeException(e);
    }
}

@Override
public void nextTuple() {
    for (String commit : commits) {
        outputCollector.emit(new Values(commit));
    }
}
}
```

为 spout 发射的所有元组定义字段命名

表示 spout 发射一个命名为 commit 的字段

在 Storm 准备运行 spout 时调用

读取 changelog.txt 的内容到字符串列表中

当 spout 准备读取下一个元组的时候，由 Storm 调用

为每个提交消息发射一个元组

　　spout 代码有相当多的内容需要说明，我们首先继承了 BaseRichSpout，这里有三个方法需要重写。第一个方法是 declareOutputFields，还记得本章前面部分，我们曾提到 Storm 是如何为元组命名的么？现在就到这里了。declareOutputFields 方法定义了 spout 发射的元组中值的命名，为发射的元组中值命名的类是 Fields，它的构造函数可以创建多个不同的字符串，每个字符串就是发射元组中值的名称。Fields 类构造函数中的命名顺序，必须和发射元组中值的顺序匹配，而元组中值的顺序则由 Values 类来定义。因为 spout 中发射的元组只有一个简单的值，所以这里只需要将一个简单的参数 commit 传递给 Fields 即可。

　　第二个需要重写的方法是 open，这个方法是我们将 changelog.txt 文件中的内容读取出来并存放到我们的字符串列表。如果我们需要重写的 spout 接入的是实时在线的数据流，例如一个消息队列，那么 open 方法就是用来配置连接数据源的地方，在第 3 章中将讨论更多相关细节。

　　最后一个需要重写的方法是 nextTuple，当 Storm 准备好由 spout 读取数据，并发射出一个新元组时会调用这个方法，通常 Storm 会按特定的周期来定时调用。在我们的例子中，每当调用 nextTuple，我们都将为列表中的每个值发射一个新元组，但如果从一个在线的实时数据源中读取数据，比如从消息队列中获取数据，那么只有当数据源准备好一个完整数据之后，才会触发发射一个新元组。

你也会注意到这里出现了一个 SpoutOutputCollector 类，它是用于实现你经常在 spout 和 bolt 中用到的输出收集器，负责发射元组或者让元组失效。

现在我们已经清楚了 spout 是如何从数据源获取提交数据，并且为每个提交数据发射一个新的元组，那接下来我们就看看实现从提交消息中提取 email，并更新内存映射表中统计计数的代码部分。

2.3.3 实现 bolt

我们已经实现了 spout 作为数据流的源头，那么接下来就该实现 bolt 部分了，图 2.18 展示了 Storm 中 bolt 相关的通用接口和类结构。

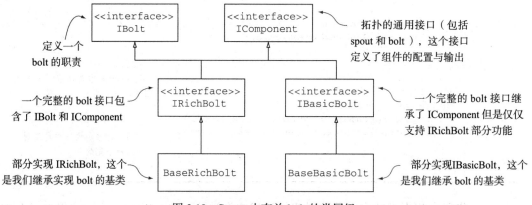

图 2.18 Storm 中有关 bolt 的类层级

你会注意到图 2.18 中所展示的 bolt 相关类层级要比 spout 复杂得多，原因是相比 spout，Storm 为 bolt 提供了一些额外的功能实现（包括 IBasicBolt/BaseBasicBolt），其包含了开发者使用 IRichBolt 时会经常用到的功能，这种方式会使得我们对 bolt 的实现更简化。但 IBasicBolt 的简化设计也带来了弊端，那就是不能直接通过 IRichBolt 调用其中提供的各项丰富功能。在第 4 章中，我们会详细讨论 BaseRichBolt 和 BaseBasicBolt 的区别，以及该选择使用哪种方式。在本章中，我们只是使用了 BaseBasicBolt，因为我们的 bolt 功能非常简单直接。

回顾一下我们的设计，拓扑中有两个 bolt，如图 2.19 所示。一个 bolt 从元组中接收完整的提交消息，从中提取出 email 地址，然后发射包含 email 地址的元组；另一个 bolt 维护一个内存映射表，并在映射表中更新提交的计数器。

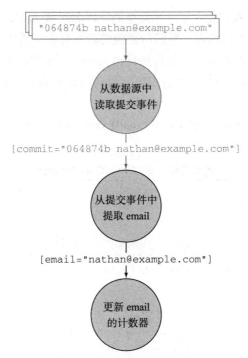

图 2.19　在我们拓扑中的两个 bolt：第一个从提交的消息中提取 email，第二个在内存中维护 email 的计数器

我们来看看这两个 bolt 的代码实现，代码清单 2.5 展示了 EmailExtractor.java 的部分。

代码清单 2.5　EmailExtractor.java

```
public class EmailExtractor extends BaseBasicBolt {          继承 BaseBasicBolt
  @Override                                                    类的一个简单实现
  public void declareOutputFields(OutputFieldsDeclarer declarer) {
    declarer.declare(new Fields("email"));                   声明 bolt 发射的
  }                                                            元组中字段的命名为
                                                               email
  @Override
  public void execute(Tuple tuple,                           当一个元组被
                      BasicOutputCollector outputCollector) {  发射至这个 bolt
    String commit = tuple.getStringByField("commit");        上时调用
    String[] parts = commit.split(" ");
    outputCollector.emit(new Values(parts[1]));              获取字段命名
  }                                                           为 commit 的值
}               发射一个包含
                email 的新元组
```

我们为所有 bolt 发射出的元组定义字段名称

EmailExtractor.java 的实现非常精简，这也是为什么我们会选择继承 BaseBasicBolt。如果你仔细看代码，会发现其中有很多跟 spout 代码相似的地方，那就是声明发射元组中值命

名的方法是类似的。这里我们定义了一个简单的字段名叫做 email。

就 bolt 中的 execute 方法而言，我们所要做的就是分割字符串以及提取 email 地址，然后发射包含 email 地址的新元组。还记得在讨论 spout 代码时提到的输出收集器吗？这里的 BasicOutputCollector 就与之类似，它会发射元组到拓扑中的下一个 bolt，也就是实现 email 计数器的 bolt。

完成 email 计数器的 bolt 代码结构和 EmailExtractor.java 类似，但多了一些额外的设置和实现，如代码清单 2.6 所示。

代码清单 2.6 EmailCounter.java

```
public class EmailCounter extends BaseBasicBolt {          ◁─── 继承 BaseBasicBolt
  private Map<String, Integer> counts;                          的简单实现
                                              内存中对
  @Override                                   应 email
  public void declareOutputFields(OutputFieldsDeclarer declarer) {
    // This bolt does not emit anything and therefore does   和统计计数
    // not declare any output fields.                         器的映射表
  }

  @Override
  public void prepare(Map config,
                      TopologyContext context) {          ◁─── Storm 在这个
    counts = new HashMap<String, Integer>();                   bolt 准备运行时
  }                                                            调用

  @Override
  public void execute(Tuple tuple,
                      BasicOutputCollector outputCollector) {
    String email = tuple.getStringByField("email");       ◁─── 获取字段
    counts.put(email, countFor(email) + 1);                    命名为 email
    printCounts();                                             的值
  }

  private Integer countFor(String email) {
    Integer count = counts.get(email);
    return count == null ? 0 : count;
  }

  private void printCounts() {
    for (String email : counts.keySet()) {
      System.out.println(
        String.format("%s has count of %s", email, counts.get(email)));
    }
  }
}
```

这里我们同样继承了 BaseBasicBolt 类，尽管 EmailCounter.java 比 EmailExtractor.java 要复杂一些，但还是可以直接使用 BaseBasicBolt 的现有方法。你唯一可能会注意到的区别就是我们重写了 prepare 方法。这个方法会在 Storm 准备运行 bolt 之前调用，包括要完成 bolt 所有的配置工作。在我们的例子中，这个准备工作就是初始化内存的映射表。

谈到内存的映射表，你会注意到这是一个私有的成员变量，并且属于某个特定的 bolt

实例。这听起来有些熟悉，因为我们在 2.2.6 节中提到过，这也是我们为什么一定要在两个 bolt 之间对流使用字段分组策略的原因。

所以至此，我们已经完成了 spout 和两个 bolt 的编码，那接下来怎么做呢？我们需要设法告诉 Storm 数据流的位置以及每个流的分组策略。我想你肯定希望尽快让这个拓扑运行起来，那么现在就先将所有的代码都汇总起来吧。

2.3.4　集成各个部分组成拓扑

我们的 spout 和 bolt 代码单独来看是无法运行的，需要先构建拓扑，并定义流和 spout 以及 bolt 之间的流分组策略。在此之后，我们就可以运行一个测试来判断拓扑是否能正常工作。Storm 提供了你所需要的所有类，如下所示：

- ❑ TopologyBuilder，这个类用来将 spout 和 bolt 代码片段合并在一起，并定义流和流分组策略。
- ❑ Config，这个类用来定义拓扑层的配置。
- ❑ StormTopology，这个类是由 TopologyBuilder 构建出来的，并且会被提交到集群上运行。
- ❑ LocalCluster，这个类将在本地模拟一个 Storm 集群，使得我们可以轻松实现拓扑的运行测试。

理解了这些类，我们接下来就要构建拓扑，并提交到本地集群进行测试，如代码清单 2.7 所示。

代码清单 2.7　LocalTopologyRunner.java

```
public class LocalTopologyRunner {
  private static final int TEN_MINUTES = 600000;

  public static void main(String[] args) {
    TopologyBuilder builder = new TopologyBuilder();

    builder.setSpout("commit-feed-listener", new CommitFeedListener());

    builder
      .setBolt("email-extractor", new EmailExtractor())
      .shuffleGrouping("commit-feed-listener");

    builder
      .setBolt("email-counter", new EmailCounter())
      .fieldsGrouping("email-extractor", new Fields("email"));

    Config config = new Config();
    config.setDebug(true);

    StormTopology topology = builder.createTopology();
```

用于将 spout 与 bolts 连到一起

在本地运行拓扑的 main 方法

在拓扑上增加 ID 是 "commit-feed-listener" 的提交消息监听器

在拓扑上增加 ID 是 "email-extractor" 的 email 提取器

定义在提交消息监听器与 email 提取器之间的数据流

在拓扑上增加 ID 是 "email-counter" 的 email 计数器

定义在 email 提取器与 email 计数器之间的数据流

创建拓扑

拓扑层的
配置类，为
了保持可调
试，开启了
debug 选项

```
LocalCluster cluster = new LocalCluster();
cluster.submitTopology("github-commit-count-topology",
    config,
    topology);

Utils.sleep(TEN_MINUTES);
cluster.killTopology("github-commit-count-topology");
cluster.shutdown();
    }
}
```

定义可在内存中
运行的本地集群

提交拓扑
和其配置到
本地集群

杀掉拓扑进程

关闭本地集群

你可以认为 main 方法中的代码分为三部分。第一部分，我们将构建拓扑，并告诉 Storm 数据流的位置，以及定义每个数据流的流分组策略。第二部分，我们创建配置，在示例中，我们打开了 debug 的日志选项，其实还有很多其他的选项可以在这里配置，在本书后面章节中会做进一步讨论。第三部分，我们将生成拓扑，并连同配置一起提交到本地集群中执行运行。这里我们只在本地集群里运行大约十分钟，并持续地将 changelog.txt 中的每个提交消息发射为元组，这样的话足够为拓扑带来大量的数据计算和处理。

如果我们用 java-jar 命令来运行 LocalTopologyRunner.java 中的 main 方法，那么就会从控制台上看到大量 debug 日志，日志将显示 spout 创建元组以及这些元组被 bolt 处理的过程。到此为止，你已经成功构建你的第一个拓扑啦！在本章中，我们学习了大量基础知识，但其中还有很多知识点还需要做更深入的讨论。第 3 章将阐述怎么去设计一个优秀的拓扑，以及一些设计中可以借鉴的最佳实践。

2.4　小结

在本章中，你学到了

❏ 一个拓扑是一个结点图集，图中的每个结点都代表一个独立进程或计算处理，每条边代表一个计算的输出，亦或者是作为另一个计算的输入。

❏ 元组是一个有序的数值序列，其中每个数值都被赋予一个命名，同时元组也代表在两个组件之间传递的数据。

❏ 在两个组件之间传递的元组流称为数据流。

❏ spout 是数据流的源头，它们唯一的目的就是从一个数据源读取数据，并且发射元组作为输出流到数据流中。

❏ bolt 是拓扑中实现核心业务逻辑的地方，执行过滤、聚合、连接或与数据库交互等操作。

❏ spout 和 bolt（统称组件）都可以执行一个或多个实例，并向其他 bolt 实例发射元组。

❏ 数据流的流分组策略决定了组件中实例间的数据流传输行为。

❏ 实现 spout 和 bolt 的代码只是完成拓扑的一小部分，还需要将各部分组件的配置和实现合在一起，并且完整定义数据流和流分组策略。

❏ 在本地模式运行拓扑是测试它是否能正常运行的最快捷方式。

第 3 章 *Chapter 3*

拓扑设计

本章要点:

❏ 分解问题以适应 Storm 架构
❏ 处理不可靠的数据源
❏ 集成外部服务和数据存储
❏ 了解 Storm 拓扑内部的并行机制
❏ 关于拓扑设计的最佳实践

在前面的章节中,我们通过构建一个简单的拓扑结构,实现了统计 GitHub 项目提交数的功能。把它分解成 Storm 的两个主要组件,即 spout 和 bolt,但这里我们并不需要关心其细节以及原理。在本章中,我们将扩展这些 Storm 的基本概念,展示如何基于 Storm 进行解决方案的建模和设计。你将学习有关分析问题的策略,这些都可以帮助你最终实现一个完整设计:如何基于问题构建可以解决问题的工作流模型。

此外更重要的是,你将学习 Storm 如何实现扩展性(或工作单元的并行性处理),因为这会影响你将要采取何种解决方案,同时我们还将探讨如何在拓扑上获取更快处理速度的设计策略。

在阅读完本章后,你不仅能学会如何尽快分解问题并考虑将方案应用于 Storm 上,还能学到如何判断 Storm 是否是合适的解决方案,还是反而将问题复杂化了。本章还将帮你更深入地理解拓扑设计,从而有能力预判一些大数据问题的解决方案。

让我们从探索如何设计拓扑开始,然后学习使用列出的步骤,来分解现实世界中的问题场景。

3.1 拓扑设计方法

设计拓扑一般可以分解为以下五个步骤：

1. 定义问题 / 构造一个概念上的解决方案。这一步是对要处理的问题先有一个清晰的理解，同时这里还要记录任何可能的潜在需求（包括处理速度的需求，这在大数据问题中是常见的衡量标准）。另外，这一步还包含要对解决方案进行初步建模（不是用于实现的），来阐述问题的核心诉求。

2. 将解决方案映射到 Storm 中。在这一步中，可以遵循一套规则或方法论，来分解提出的问题并形成解决方案，评估如何将其映射到 Storm 技术相关原语（即 Storm 概念）上。在这个阶段，你会实现第一个拓扑设计，这个设计将按照后面的步骤进行优化和修正。

3. 实现初始方案。在这一步中，每个相关组件都将被实现并完成部署。

4. 扩展拓扑。在这一步中，你将利用 Storm 提供的相关工具，对拓扑能力实施扩容。

5. 一边观察一边优化。最后，一旦拓扑运行起来，你需要一边观察其工作情况一边来做相应调整。在这一步中，你可能会面临需求的变动，所以在完成新增需求的同时，可能涉及一些额外的调试来保证运行效率不受影响。

接下来，我们将通过对一个现实中的问题，运用以上这些步骤来演示如何分解问题。这里将实现一个基于社交活跃度的热力图，其中会包含大量涉及拓扑设计的常见问题。

3.2 问题定义：一个社交热力图

试想这样一个场景，某个周六的夜晚，你在一个酒吧喝酒，跟你朋友一起享受美好的夜生活。当喝完了第三杯后，你开始觉得是不是应该换一个地方了。要不换个酒吧？但外面这么多酒吧，你该怎么选呢？作为一个社交活跃分子，当然是要选择一个最热门的场所来结束今晚的派对。此时的你肯定不想去寻找身边由时尚杂志评选出最棒的那家，因为这都是上周的评选结果了，你想要的是此时此刻（而不是前一个小时，也不是上一周）最热闹的。你是朋友圈中最潮的时尚分子，所以有责任让大家欢度一个令人难忘的夜晚。

也许这个人不是你，但至少能代表一类社交用户吧？那么我们怎么能帮到这类人呢？如果我们可以用图形化的方式来标识出他要寻找的答案，那就非常理想了：也就是说用一个地图将周围实时活动密度最高的酒吧标记为最佳选择。我们可以使用一个热力图去覆盖像纽约或旧金山这样的大规模城市，一般来说，在选择一个热闹酒吧时，最好在相近的地方有几个选择，以防万一。

热力图的其他案例研究

哪种问题最适合使用热力图来实现可视化呢？例如，需要对一个基于区域位置（或类似地理）相关的数据集比对数据之间关系的时候，热力图此时可作为一个非常合适的方案。

❑ 加州蔓延的山火、即将席卷东海岸的飓风或者爆发的某种疾病，都可以借助建模生成的热力图来为居民提供预警。

❑ 在选举日，你可能想知道

- 哪个选区参与投票的人数最多？你可以对投票人数建模，并在热力图上描绘显示民众参与投票的积极性。
- 你也可以用不同颜色对政党、候选人或议题进行建模，并描绘在热力图上，通过颜色的深度来反映投票数。

我们已经对问题做了一个大致定义，接下来，我们需要先在概念上构建一个解决方案。

构建概念性解决方案

我们应该从哪里下手呢？很多社交网络都提供了一个签到功能，假定我们可以连接到一个专门收集各个酒吧签到数据的数据中心，这些数据会记录签到所在酒吧的地址，这也就给了我们一个数据的起点，但一定还需要为数据设定一个终点。假定我们的目标是实现一个叠加热力图的地图，上面标识了附近最热门的酒吧。图 3.1 就展示了将不同地点的签到数据汇聚起来形成热力图的效果。

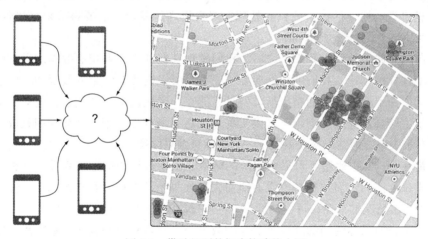

图 3.1　借助签到数据来构建热力图

所以我们需要借助 Storm 来解决的问题，就演变成如何将签到数据转换（或聚合）成数据集，并借助热力图的方式展示出来的问题。

3.3　将解决方案映射至 Storm 的逻辑

最好的方法是先考虑流经系统的数据的特性，当我们对数据流所包含的特性有足够理解后，对需求的理解也会更清晰，明白接下来应该如何在系统上建立实施。

3.3.1　考虑数据流本身施加的要求

我们已经找到一个能提供酒吧签到地址的数据中心，但是这个签到数据流并不能代表进入酒吧的每个人，而且签到数据也并不能代表一个地方的真实人数，所以我们最好把它当做基于现实的采样值，因为并不一定每个消费者到酒吧后都会签到。所以此时我们不得不提出这样一个问题，签到数据是否真能支撑解决问题？对这个例子而言，我们至少可以假定签到数据跟这些地方的实际人数成正比。

所以我们知道如下前提：

❏ 签到数据仅仅是真实场景中的数据采样，而且数据不完整。

❏ 二者一定程度上成正比关系。

注意 这里假设数据量足够大，大到足以忽略小部分数据的缺失，而且数据丢失是不定期的，不会持续丢失导致服务不可用，所以这些假设可以一定程度上支撑我们处理不可靠的数据源。

我们对数据流有了初步的认识：一个基于签到信息的数据流与真实数据存在一定正比关系，但不是完整的签到数据流。然后呢？我们知道用户希望在第一时间内获取最新的热门活动信息推送。换句话说，我们对处理速度有极高的要求，需要将结果尽快告诉用户，因为时效性决定了此刻数据的价值。

经过在对数据流的分析和思考之后，我们发现其实并不需要担心数据的丢失问题，因此可以得出这样的结论：我们的数据源并不完整，所以需要对结果的精度做一些取均值处理，因为这里并不要求太高的精确度。但是它能在一定比例上具备代表性这对于确定热门性就足够了。结合对速度的需求，可以实现尽快将结果推送给用户，那我们就成功了！即使数据存在丢失率，但结果很快就被下一刻的运算结果给覆盖了。

这就是在 Storm 中使用不可靠数据源的场景，由于数据源的不可靠性，你也就没有在处理上有重试的能力，而数据源也没有能力去回放每个数据点。在本案例中，使用签到数据来实现对真实情况的采样，可以模拟一个不完整数据集的可用性。

相比之下，如果你使用的是一个可靠的数据源，它将具备回放失效数据点的能力。但如果速度比精度更重要，你也就不会考虑使用可靠数据源的这种回放能力了。而如果能接受近似结果，那你也可以把一个可靠的数据源当做不可靠的数据源看待，选择性地忽视它提供的任何可靠性指标。

注意 我们将在第 4 章讲到可靠数据源及其容错性。

定义完数据源，下一步就是定义每个独立的数据点，并如何在我们的方案中完成传输，这些都将在下一小节中进行讨论。

3.3.2 将数据点表示为元组

接下来就要定义数据流中的独立数据点，如果将数据从起点和终点结合起来看，这其实非常简单。首先从数据源开始，这些数据包含了活动的酒吧地址信息，接着还需要知道签到的时间。因此输入数据点内容如下：

```
[time="9:00:07 PM", address="287 Hudson St New York NY 10013"]
```

这就是签到发生的时间和地点，这个数据会成为输入元组，也会是 spout 的发射值。回忆一下第 2 章中讲到的，元组其实是一个 Storm 数据点的原语，而 spout 则是一个元组流的数据源。

我们的最终目标是建立基于酒吧活跃度的热力图，所以最终需要的是可以在地图上表示时间和坐标的数据点。可以设置一个时间间隔（例如 9:00:00 PM 到 9:00:15 PM 之间，以 15s 递增），获取在此间隔期间的坐标数值。然后在热力图上显示的时候，可以先获取最新的可用时间间隔值，而地图上的坐标可以按照经纬度来表示（例如（40.7142° N，74.0064° W）表示了纽约的位置），其中（40.7142° N，74.0064° W）的标准格式是（40.7142，−74.0064）。但在同一个时间窗口内，可能存在多个坐标分别表示不同的签到坐标，所以需要将时间间隔和窗口期间的坐标值建立为列表形式，最终输出的数据点格式应该是这样的：

```
[time-interval="9:00:00 PM to 9:00:15 PM",
 hotzones=List((40.719908,-73.987277),(40.72612,-74.001396))]
```

这个数据点就包含了在一个时间间隔之内，两个不同签到酒吧的地址信息。

如果在同一时间点在同一个酒吧有两个或多个签到记录呢？那么坐标值就重叠了，该怎么办？一种方式是对同一时间间隔内同一个坐标的签到进行计数，这包含了如何基于一定角度和精度定义坐标的相似度。如果不这么做，可以保留时间间隔内的所有坐标点，哪怕是重复的。通过将这些坐标叠加到热力图上，可以让地图在生成热力图时执行逐层叠加（而不是对事件计数）。

最终的数据流终点数据应该是这样的格式：

```
[time-interval="9:00:00 PM to 9:00:15 PM",
 hotzones=List((40.719908,-73.987277),
               (40.72612,-74.001396),
               (40.719908,-73.987277))]
```

请注意，第一组坐标是重复的，这也是最后可以用于创建热力图的元组数据。以时间间隔来分组，将该时间间隔内的全部坐标都存在元组内，这样做的好处是：

❏ 允许我们利用 Google Maps API（由谷歌地图提供的服务接口）快速构建一个热力图，热力图可以直接叠加在现有的 Google Map（谷歌地图）上。

❏ 我们可以回到任意时间段，来观测那个时间段内的热力图。

确定数据起始格式和最终格式只是整个方案中的一部分，我们还需要确定数据是怎么从 A 点传输至 B 点的。

3.3.3 确定拓扑组成的步骤

设计 Storm 拓扑时可以分为以下三步：

1. 确认输入数据点，以及怎么将它们表示为元组。

2. 确定解决问题需要的最终数据点，以及怎么把它们表示成元组。

3. 在输入元组和最终元组之间，补充完整的数据处理方法。

我们已经知道了输入端和输出端的数据格式，如下所示。

输入元组：

```
[time="9:00:07 PM", address="287 Hudson St New York NY 10013"]
```

最终元组：

```
[time-interval="9:00:00 PM to 9:00:15 PM",
 hotzones=List((40.719908,-73.987277),
               (40.72612,-74.001396),
               (40.719908,-73.987277))]
```

按照这个路径，我们需要将酒吧的地址转换成最终的元组，图 3.2 演示了如何将问题分解为一系列的操作。

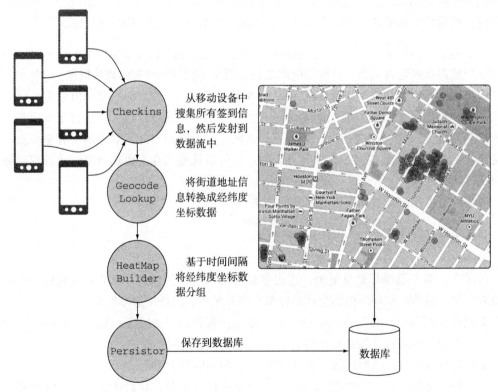

图 3.2　通过一系列操作将数据从输入元组转换为最终元组

让我们来一步一步地理解如何将这些过程参数化到 Storm 原语中进行实现的（这里可以认为 Storm 原语等价于 Storm 的技术概念）。

使用 spout 和 bolt 的操作

我们已经设计了一系列的操作，将输入元组转换为输出元组。那么接下来我们就看看如何通过这四个步骤，将这些处理动作映射到 Storm 原语中。

❑ Checkins（签到）：这是输入到拓扑的数据源元组，所以从 Storm 的概念上讲，这就是 spout。在这个示例中，因为我们使用不可靠的数据源，所以构建的是一个没有失败重试功能的 spout。第4章将深入讨论失败处理的方案。

❑ GeocodeLookup（地理查询）：这里将基于输入元组，借助 Google Maps 的 Geocoding API（地图服务接口），将街道地址转换为经纬度坐标数据，形成拓扑中的第一个 bolt。

❑ HeatMapBuilder（热力图生成器）：这是拓扑中第二个 bolt，它会在内存中保存一个数据结构，按照时间段来分组存放输入的元组数据。在当前时间段结束进入下个时间窗口时，它将把存储的坐标列表发射出来。

❑ Persistor（持久化处理器）：这是第三个也是最后一个 bolt，它将对最终的元组数据执行持久化操作，并存储到数据库中。

图 3.3 提供了一个将设计映射到 Storm 概念的说明。

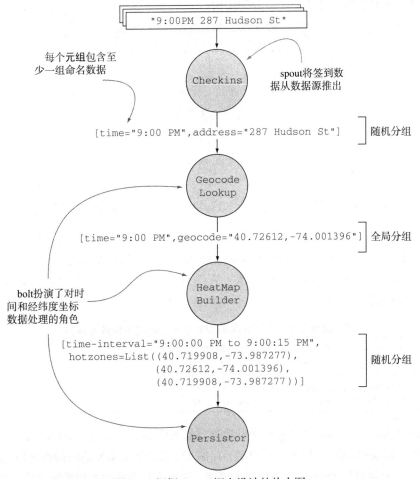

图 3.3 根据 Storm 概念设计的热力图

到目前为止，我们已经讨论了元组、spout 和 bolt，如图 3.3 所示，我们唯一没有讨论的就是对每个数据流执行的分组操作。接下来就针对每个分组数据，讨论其内部更多细节，以及如何在 Storm 拓扑中编写代码。

3.4 设计的初步实现

既然已经完成了设计，那么接下来就要着手实现各个组件了。和我们在第 2 章中讨论的一样，首先从 spout 和 bolt 的代码开始，然后再将其他配置等部分合并起来，再稍后对每个组件做调整优化，以便提升它们的运行效率，同时找到它们的缺陷。

3.4.1 spout：从数据源读取数据

在我们的设计中，spout 将监听基于社交签到的数据源，然后为每个签到数据发射一个元组。图 3.4 展示了拓扑设计中这部分的结构。

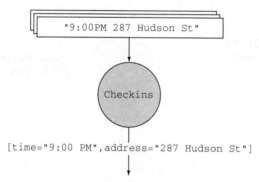

图 3.4　spout 将监听基于社交签到的数据源，然后为每个签到数据发射一个元组

为了实现本章的案例效果，使用一个文本文件作为签到数据源。为了将这些数据灌入到 Storm 拓扑中，需要写一个 spout 来读取这些文件，然后按行来发射元组。这个文件命名为 checkins.txt，保存在 spout 的 class（类）文件目录下，它将以特定列表格式来存储签到列表（详见代码清单 3.1）。

代码清单 3.1　范例数据源 checkins.txt 的部分数据摘要

```
1382904793783, 287 Hudson St New York NY 10013
1382904793784, 155 Varick St New York NY 10013
1382904793785, 222 W Houston St New York NY 10013
1382904793786, 5 Spring St New York NY 10013
1382904793787, 148 West 4th St New York NY 10013
```

代码清单 3.2 展示了 spout 所需的签到数据信息文件 checkins.txt。因为输入的元组是时间和地址，所以需要将时间以 Long（长整型）存储（使其具备 UNIX 的时间戳可以记录毫秒级数据的能力），将地址以 String（字符串型）存储，文本文件中这两个数据采用逗号来隔开。

代码清单 3.2　Checkins.java

使用 List
（列表）来存储
从 checkins.
txt 文件读取
的静态数据

使用 Apache
通用 IO API 从
checkins.txt
中读取行数据，
然后保存至内
存中的 List 里

索引指南
下一条需
要发射的条
目数据（如
果已经读取
到文件最末
端，则执行
回收）

```java
public class Checkins extends BaseRichSpout {
  private List<String> checkins;
  private int nextEmitIndex;
  private SpoutOutputCollector outputCollector;

  @Override
  public void declareOutputFields(OutputFieldsDeclarer declarer) {
    declarer.declare(new Fields("time", "address"));
  }

  @Override
  public void open(Map config,
                   TopologyContext topologyContext,
                   SpoutOutputCollector spoutOutputCollector) {
    this.outputCollector = spoutOutputCollector;
    this.nextEmitIndex = 0;

    try {
      checkins =
        IOUtils.readLines(ClassLoader.getSystemResourceAsStream("checkins.txt"),
                          Charset.defaultCharset().name());
    } catch (IOException e) {
      throw new RuntimeException(e);
    }
  }

  @Override
  public void nextTuple() {
    String checkin = checkins.get(nextEmitIndex);
    String[] parts = checkin.split(",");
    Long time = Long.valueOf(parts[0]);
    String address = parts[1];
    outputCollector.emit(new Values(time, address));

    nextEmitIndex = (nextEmitIndex + 1) % checkins.size();
  }
}
```

Checkins spout 是
继承 BaseRichSpout
的子类

nextEmitIndex 将用于定位
列表中的当前位置，因为我们稍后
需要回收 checkins 的静态列表

向 Storm 声明该 spout
会发射一个包含时间和地
址两个字段的元组

当 Storm 向 spout 请
求下一个元组时，需要从
内存 List 中查询下一个
checkin 数据，并解析
为时间和地址组件

利用在 open 方法里
提供的 SpoutOutput-
Collector 来发射字段
至指定目标

因为我们使用的是不可靠数据源，所以 spout 的实现比较简单，没有必要标识哪个元组发射成功或失败，更不需要为失败的元组提供容错支持。这不仅简化了 spout 的部署，还移除了一些 Storm 内部需要的记录机制，提升了整体的运行速度。在容错是非必要的情况下，可以定义一个服务等级协议（Service-Level Agreement，SLA），它允许我们根据意愿抛弃数据，接受一个即使已知不可靠的数据源。这样维护起来更轻松，不用担心数据点的缺失。

3.4.2　bolt：连接至外部服务

拓扑中的第一个 bolt 将用于接收发射过来的 Checkins 元组数据，并通过查询谷歌地图的解析服务器，将地址转换成坐标值。图 3.5 展示了我们现在部署的 bolt 设计。

这个 bolt 的代码如代码清单 3.3 所示，调用的谷歌地图服务 Java API 地址是 https://code.google.com/p/geocoder-java/。

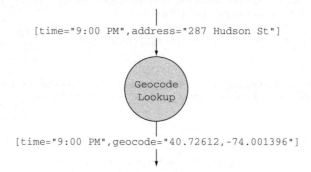

图 3.5　GeocodeLookup bolt 用于接收发射过来的 Checkins 元组数据，将地址转换成坐标值

代码清单 3.3　GeocodeLookup.java

```
public class GeocodeLookup extends BaseBasicBolt {          GeocodeLookup bolt 是
  private Geocoder geocoder;                                继承 BaseBasicBolt 的子类

  @Override
  public void declareOutputFields(OutputFieldsDeclarer fieldsDeclarer) {
    fieldsDeclarer.declare(new Fields("time", "geocode"));
  }                                                         通知 Storm 此
                                                            bolt 会发射两个
  @Override                                                 字段：时间和坐标
  public void prepare(Map config,
                      TopologyContext context) {
    geocoder = new Geocoder();
  }                                                         初始化 Google Geocoder

  @Override
  public void execute(Tuple tuple,
                      BasicOutputCollector outputCollector) {
    String address = tuple.getStringByField("address");     从 Checkins
    Long time = tuple.getLongByField("time");               spout 发送过
                                                            来的元组中提取
    GeocoderRequest request = new GeocoderRequestBuilder()  时间和地址字段
      .setAddress(address)
      .setLanguage("en")
      .getGeocoderRequest();                                使用元组中的地址
    GeocodeResponse response = geocoder.geocode(request);   数据查询谷歌地图的
    GeocoderStatus status = response.getStatus();           解析接口
    if (GeocoderStatus.OK.equals(status)) {
      GeocoderResult firstResult = response.getResults().get(0);  基于时间标
      LatLng latLng = firstResult.getGeometry().getLocation();    准来发射由谷
      outputCollector.emit(new Values(time, latLng));             歌地图解析接
    }                                                             口返回的第一
  }                                                               个结果
}
```

我们这里尽可能地简化与谷歌地图解析接口（Geocoding API）之间的交互，但在现实应用中，还有必要去处理报错和异常返回值。另外，谷歌的地图解析接口设置了严格的访

问配额, 它并不适合大数据应用。如果要实现基于大数据的类似应用, 而且依然考虑选用谷歌的地图服务, 那你可能需要从谷歌获取更高配额的访问权限。另外, 你还可以考虑将数据缓存至本地, 避免频繁地调用谷歌的 API 服务。

我们现在就得到了每个签到动作发生的时间和经纬度坐标数据, 那么输入元组格式

```
[time="9:00:07 PM", address="287 Hudson St New York NY 10013"]
```

将被转换为下面的输出格式

```
[time="9:00 PM", geocode="40.72612,-74.001396"]
```

这个经过处理的数据将组成新的元组, 并发送到下一个 bolt, 然后按照时间频率进行分组处理, 具体方式如下。

3.4.3 bolt: 将数据寄放在内存里

接下来, 需要构建热力图生成需求的数据结构, 该 bolt 的设计如图 3.6 所示。

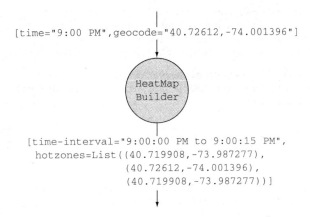

```
[time="9:00 PM",geocode="40.72612,-74.001396"]
```

HeatMap
Builder

```
[time-interval="9:00:00 PM to 9:00:15 PM",
 hotzones=List((40.719908,-73.987277),
               (40.72612,-74.001396),
               (40.719908,-73.987277))]
```

图 3.6 热力图生成器 bolt 将接收到包含时间和地理坐标数据的元组, 解析并发射一个包含时间间隔和地理坐标列表的元组

这里什么样的数据结构最适合呢? 我们已经从 GeocodeLookup bolt 取得了解析后的元组数据, 其格式为 [time="9:00 PM", geocode="40.72612,-74.001396"]。接下来我们就需要根据时间间隔对这些数据做分组操作, 例如设定一个 15s 的时间间隔, 那么输出的元组数据格式就应该是这样的: [time-interval="9:00:00 PM to 9:00:15 PM", hotzones= List((40.719908,-73.987277),(40.72612,-74.001396),(40.719908,-73.987277))]。

为了将经纬度坐标数据按时间来分组, 需要在内存中构建一个数据结构, 并将收到的输入元组按照时间来分段保存, 可以使用映射来建模:

```
Map<Long, List<LatLng>> heatmaps;
```

这里的键值映射将基于初始时的时间间隔。我们不用考虑时间间隔的结束点, 因为时间间隔都是一样长的。而值集则是对应于时间间隔内的坐标列表 (包含重复的数据, 或者接

近的数据，因为这将用于展示热力图上的热区）。

按照以下三个步骤来构建热力图：

1. 将接收到的元组收集到内存映射表中。

2. 配置这个 bolt 以便能基于一个固定频率来接收数据。

3. 将聚合的热力图数据基于时间间隔，发送到 Persistor bolt，并保存到数据库中。

接下来就分别展开每一步，然后再将它们组合在一起，首先是代码清单 3.4。

代码清单 3.4　HeatMapBuilder.java 第一步：将接收到的元组收集到内存映射表中

```
private Map<Long, List<LatLng>> heatmaps;

@Override
public void prepare(Map config,
                    TopologyContext context) {          初始化内存映射
  heatmaps = new HashMap<Long, List<LatLng>>();    ◁
}

@Override
public void execute(Tuple tuple,
                    BasicOutputCollector outputCollector) {
  Long time = tuple.getLongByField("time");
  LatLng geocode = (LatLng) tuple.getValueByField("geocode");    选择元组落
                                                                  入的时间间隔
  Long timeInterval = selectTimeInterval(time);    ◁
  List<LatLng> checkins = getCheckinsForInterval(timeInterval);
  checkins.add(geocode);                                    ◁
}                                                      基于时间间隔指标
                                                       将经纬度坐标数据添
private Long selectTimeInterval(Long time) {            加到签到列表中
  return time / (15 * 1000);
}

private List<LatLng> getCheckinsForInterval(Long timeInterval) {
  List<LatLng> hotzones = heatmaps.get(timeInterval);
  if (hotzones == null) {
    hotzones = new ArrayList<LatLng>();
    heatmaps.put(timeInterval, hotzones);
  }
  return hotzones;
}
```

采集元组的绝对时间点是由第一次签到时间点和时间的间隔长度值来决定的，这里设置的是 15 秒。例如，如果签到的时间点是 9:00:07.535 PM，那么这个点的数据点将被划入 9:00:00.000–9:00:15.000 PM 的区间内。我们需要提取时间段的开始时间就是 9:00:00.000 PM。

现在我们就要将获取的元组导入热力图中，并且周期性地检测然后发射新的经纬度坐标数据过来，推动数据可以以 bolt 的形式不断持续化到数据库中。

心跳元组

有时候你可能需要周期性地去触发一个动作，例如收集一批数据，或者对数据库执行一些存储操作。Storm 提供了这样一个功能，叫做心跳元组（tick tuple），专门负责类似这样的事件。心跳元组经过配置之后，可以按照用户定义的频率以及时间点，在 bolt 上周期性地调用 execute 方法。你要做的是检查该元组是否需要被定义为由系统周期性触发的动作，还是一个普通的元组。正常情况下的拓扑元组只负责将数据按默认的流模式处理传输，而心跳元组则是基于系统的心跳触发来传输数据，这样看来是否是心跳元组其实是很好区分的。所以如代码清单 3.5 所示，展示了如何在 HeatMapBuilder 这个 bolt 中，配置并处理心跳元组的代码。

代码清单 3.5　HeatMapBuilder.java 第二步：配置这个 bolt 以便能基于一个固定频率来接收数据

```
@Override
public Map<String, Object> getComponentConfiguration() {
  Config conf = new Config();
  conf.put(Config.TOPOLOGY_TICK_TUPLE_FREQ_SECS, 60);
  return conf;
}

@Override
public void execute(Tuple tuple,
                    BasicOutputCollector outputCollector) {
  if (isTickTuple(tuple)) {
    // . . . take periodic action
  } else {
    Long time = tuple.getLongByField("time");
    LatLng geocode = (LatLng) tuple.getValueByField("geocode");

    Long timeInterval = selectTimeInterval(time);
    List<LatLng> checkins = getCheckinsForInterval(timeInterval);
    checkins.add(geocode);
  }
}

private boolean isTickTuple(Tuple tuple) {
  String sourceComponent = tuple.getSourceComponent();
  String sourceStreamId = tuple.getSourceStreamId();
  return sourceComponent.equals(Constants.SYSTEM_COMPONENT_ID)
      && sourceStreamId.equals(Constants.SYSTEM_TICK_STREAM_ID);
}
```

重写这个方法以便更灵活地配置组件运行方式（此例中为心跳元组的频率）

如果我们需要调用一个心跳元组，那么需要在这里做些修改；如果是常规的元组，维持原样

心跳元组是很好识别的，因为它依靠系统组件来实现心跳流的发射，而不是使用我们自己拓扑上实现默认流而定义的组件

注意看代码清单 3.5 中的代码，你会注意到一部分心跳元组是在 bolt 层中配置的，由 getComponentConfiguration 来实现，而案例中的心跳元组仅限发送至该 bolt 的实例。

心跳元组的发射频率

我们配置的心跳元组是按照每 60 秒的频次来发射一次数据，但这并不意味这它一定会精确地每 60 秒执行一次发射，这里采取了一种最佳能效机制。发送至 bolt 的心跳元组将和其他元组一起按队列排序，等待队列最前面的 bolt 完成 execute() 方法的调用。而一个 bolt 也不一定会按照心跳元组的频率来执行，因为如果流数据中其他元组的执行存在较高的延

迟，那么该 bolt 将继续在队列中等待。

我们可以使用心跳元组来作为一个时间段的选择信号，当我们没有新的输入坐标时，可以将它发射至 bolt，以便队列中的下一个 bolt 可以进入执行（见代码清单 3.6）。

代码清单 3.6　HeatMapBuilder.java 第三步：将聚合的热力图数据基于时间维度发射

```
@Override
public void execute(Tuple tuple,
                         BasicOutputCollector outputCollector) {
  if (isTickTuple(tuple)) {
    emitHeatmap(outputCollector);
  } else {
    Long time = tuple.getLongByField("time");
    LatLng geocode = (LatLng) tuple.getValueByField("geocode");

    Long timeInterval = selectTimeInterval(time);
    List<LatLng> checkins = getCheckinsForInterval(timeInterval);
    checkins.add(geocode);
  }
}

private void emitHeatmap(BasicOutputCollector outputCollector) {
  Long now = System.currentTimeMillis();
  Long emitUpToTimeInterval = selectTimeInterval(now);
  Set<Long> timeIntervalsAvailable = heatmaps.keySet();
  for (Long timeInterval : timeIntervalsAvailable) {
    if (timeInterval <= emitUpToTimeInterval) {
      List<LatLng> hotzones = heatmaps.remove(timeInterval);
      outputCollector.emit(new Values(timeInterval, hotzones));
    }
  }
}

private Long selectTimeInterval(Long time) {
  return time / (15 * 1000);
}
```

如果我们拥有一个心跳元组，可以将其理解为判断一个控制热力图发射的信号 ←

对于我们所有参与运算的时间段，如果其中某一段已经计算完成，那么就将其从内存中的数据结构里移除，然后发射出去 →

发射出去的热力图都被默认包含先于当前时间段的签到数据，这也是为什么我们将当前的时间段放入方法 selectTimeInterval()，并获得返回的当前时间段初始时间点

步骤 1、2 和 3 给出了一个完整的 HeatMapBuilder 实现，演示了如何处理内存中的映射，以及如何使用 Storm 的内置心跳元组按照指定的时间段来发送元组。完成这段部署之后，我们接下来就看看如何持久化 HeatMapBuilder 发射的元组。

线程安全

我们将坐标收集起来并保存在内存的映射表中，但这只是基于一个常规 HashMap（散列表）映射创建出来的实例。Storm 具备高度扩展性，有大量的元组加入到这个映射表中，同时我们又周期性地从中移除一部分。那么像这样在内存中对数据结构的修改，是否存在线程上的安全问题呢？

答案是一定的，由于 execute() 同一时间只会执行一个元组的处理，所以在线程级是安

全的。无论是常规的流数据，还是一个心跳元组，只会有一个 JVM 线程在执行，并且基于 bolt 的实例来进行代码的实现。那么在一个给定的 bolt 实例中，就不会存在多个线程并发的情况。

那这是否意味着你永远不需要担心线程安全导致的 bolt 冲突呢？不是，在特定情况下你还是需要考虑的。

有这样一种场景，当元组在 bolt 之间传递时，如何实现元组上的值可以在不同线程上执行序列化呢。举个例子，当你在发射内存中的数据结构时，没有复制就直接在另外一个线程上执行序列化，而正在此时这个数据发生了变化，那么系统会抛出一个名为 ConcurrentModificationException 的异常。因此理论上讲，任何发射到 OutputCollector 上的数据，都应该避免出现类似情况，而其中一种方式就是确保数据不可变更。

另外一种方法，就是你可以基于 bolt 的方法 execute() 创建自有线程。举个例子，如果不是使用心跳元组的实例，而是建立了一个在后台周期性发射热力图的线程，那么此时你必须关注线程的安全性，因为在你的 bolt 上可能会同时运行你自己的线程以及 Storm 线程。

3.4.4　bolt：持久化存储到数据库

我们已经得到了最终可支持生成热力图的元组，那么此时，我们已经可以将数据持久化到数据库了。基于网页使用 JavaScript 开发的应用，可以从数据库直接读取热力图数据，然后借助谷歌的地图接口服务绘制出可视化的地理效果图。我们设计中的最后一个 bolt 如图 3.7 所示。

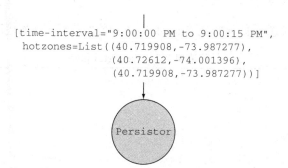

图 3.7　Persistor bolt 基于时间间隔接收元组信息，其中包含了地理的列表数据，然后将数据持久化到数据库存储中

因为我们基于时间段来存储并访问热力图，那么可以直接使用键 – 值的数据模型来实现存储。在这个案例中，我们将采取 Redis，当然其他类似支持键 – 值模型的数据库也可以（例如 Membase、Memcached 或者 Riak）。我们将基于时间间隔将热力图数据存储为 JSON 格式，列表化表示坐标，然后使用 Jedis 作为 Java 的客户端，调用 Redis 和 Jackson JSON 库来实现从热力图到 JSON 格式的转换。

NoSQL 或者其他与 Storm 协作的数据库

讨论处理海量数据相关的 NoSQL 等数据存储解决方案，已经超出了本书的范围，但至少你也得确保自己在最开始选择数据存储方案时，找到的是最合适的方案。

对于很多人来说，通常都会在选择方案的时候问自己："我到底应该选哪一个 NoSQL 解决方案呢？"，但这样思考是不合适的，相反，你要考虑的更应该是你需要实现的功能，以及这些功能对数据存储方案的需求。

你可以按照以下思路来整理自己的需求和问题：

❏ 随机读还是随机写

❏ 顺序读还是顺序写

❏ 高读吞吐还是高写吞吐

❏ 数据写入后是否会更新

❏ 哪些才是符合你数据存取模式的存储模型

  ● 列 / 列簇导向

  ● 键 – 值模式

  ● 文档型导向

  ● 有对象集合 / 无对象集合

❏ 对一致性和可用性的要求程度

一旦你可以确定需求方案，那么就可以很容易找到适合的方案，无论是 NoSQL、NewSQL 或者是其他。当然，不存在一种万能的 NoSQL 方案，也没有最完美匹配 Storm 的解决方案，一切都需要基于需求来定。

那么，就让我们来看看如何实现 NoSQL 写入功能的代码吧（如代码清单 3.7 所示）。

代码清单 3.7　Persistor.java

```
public class Persistor extends BaseBasicBolt {
  private final Logger logger = LoggerFactory.getLogger(Persistor.class);

  private Jedis jedis;
  private ObjectMapper objectMapper;
  @Override
  public void prepare(Map stormConf,
                      TopologyContext context) {
    jedis = new Jedis("localhost");
    objectMapper = new ObjectMapper();
  }

  @Override
  public void execute(Tuple tuple,
                      BasicOutputCollector outputCollector) {
    Long timeInterval = tuple.getLongByField("time-interval");
    List<LatLng> hz = (List<LatLng>) tuple.getValueByField("hotzones");
    List<String> hotzones = asListOfStrings(hz);
```

实例化一个 Jedis 对象，然后将它连接至运行在本地的 Redis 上

实例化 JSON ObjectMapper 对象用于热力图的序列化

将经纬度数据由列表按照格式（latitude, longitude）转换为字符串

基于时间
段将热力图
的 JSON 写
入 Redis
的键值

序列化坐
标列表（从当
前的 String
格式转换至
JSON 格式）

```
      try {
        String key = "checkins-" + timeInterval;
        String value = objectMapper.writeValueAsString(hotzones);
        jedis.set(key, value);
      } catch (Exception e) {
        logger.error("Error persisting for time: " + timeInterval, e);
      }
    }

    private List<String> asListOfStrings(List<LatLng> hotzones) {
      List<String> hotzonesStandard = new ArrayList<String>(hotzones.size());
      for (LatLng geoCoordinate : hotzones) {
        hotzonesStandard.add(geoCoordinate.toUrlValue());
      }
      return hotzonesStandard;
    }

    @Override
    public void cleanup() {
      if (jedis.isConnected()) {
        jedis.quit();
      }
    }

    @Override
    public void declareOutputFields(OutputFieldsDeclarer declarer) {
      // No output fields to be declared
    }
  }
```

我们不对任何数
据库失败操作做重
试，因为这是一个
不可靠的流

当 Storm 的拓扑
停止之后，关闭与
Redis 的连接

这是最后一个 bolt，所以就不
会有新的元组从中发射过来，也就
是说不会有新的字段需要申明了

调用 Redis 其实非常简单，它非常适合我们这个案例的数据存储。但对于较大规模的海量数据应用或者数据集，就有必要考虑其他类型的数据存储了。有一点需要注意的是，因为我们处理的是不可靠的数据流，那么在数据库运行时一旦报错，只会做简单的日志记录。而当我们在处理可靠的数据流时，一旦有些错误是可以重试的（例如超时），我们就会考虑如何去再执行一次，更多解释详见第 4 章。

3.4.5　定义组件间的流分组策略

在第 2 章中，我们学到了两种方式来连接拓扑结构，随机分组和字段分组，这里复习一下：

❑ 你可以使用随机分组来分发元组至各组件，结果将会是随机且均匀展开。

❑ 你可以使用字段分组来确保元组基于选定字段的值总是发送到指定的下一个 bolt 实例中。

一个随机分组结构应该分别被应用在 Checkins 与 GeocodeLookup 和 HeatMapBuilder 与 Persistor 之间的流数据上。

但我们需要将整个流数据都从 GeocodeLookup 的 bolt，发送至 HeatMapBuilder 的

bolt。如果从 GeocodeLookup 发出的不同元组最终是汇聚到的是不同的 HeatMapBuilder 实例中，我们就无法基于时间段来对其执行分组了，因为它们自己就可以分发至不同的 HeatMapBuilder 中。这里就需要引入全局分组（global grouping）了，它可以确保所有的元组流都将各自汇聚至一个指定的 HeatMapBuilder 实例中，特别是当整个元组流在汇聚至 HeatMapBuilder 的过程中，处于最低优先级的任务 ID（由 Storm 在内部分发）。这样当所有元组都汇聚在一起的时候，我们就可以更轻松地基于时间段，将对应时间段内的元组进行分组了。

> **注意** 如果不使用全局分组的时候，你也可以使用一个单独的 HeatMapBuilder 实例 bolt 来实现随机分组。因为只有一个，所以这样也能保证它们都能汇聚到一个相同的 HeatMapBuilder 实例中。但我们更倾向在代码中就要明确指出，使用全局分组来清楚地传达所需的行为。另外，全局分组的开销也很低，因为它不需要选取一个随机的实例，然后再将它发射到一个随机的群组中。

那么就让我们来看看如何定义这些流的分组模式，以及如何在代码中实现，并且在拓扑上执行起来。

3.4.6 在本地集群模式中构建一个拓扑

我们就快完成了，接下来只需要将所有都结合在一起，然后放在一个本地的集群拓扑上执行就可以了，就像我们在第 2 章中介绍的那样。但在这一章里，我们将基于一个 LocalTopologyRunner 类来运行所有代码，其中代码分为两个类：一个类用于构建拓扑，另外一个类用于运行拓扑。这是一个常用的方式，你很快就能在本章中发现它的好处了，到了第 4 和第 5 章我们再来学习它的原理。

下面的代码将演示如何构建拓扑。

代码清单 3.8　HeatmapTopologyBuilder.java

将拓扑中的 bolt 和 spout 按顺序串起来，在这里的拓扑中，组件都以串行的形式按照顺序连接起来

```
public class HeatmapTopologyBuilder {
  public StormTopology build() {
    TopologyBuilder builder = new TopologyBuilder();

    builder.setSpout("checkins", new Checkins());
    builder.setBolt("geocode-lookup", new GeocodeLookup())
        .shuffleGrouping("checkins");
    builder.setBolt("heatmap-builder", new HeatMapBuilder())
        .globalGrouping("geocode-lookup");
    builder.setBolt("persistor", new Persistor())
        .shuffleGrouping("heatmap-builder");

    return builder.createTopology();
  }
}
```

我们使用全局分组来连接 HeatMapBuilder 到 Checkins

这两个 bolt 使用了随机分组来连接它们上一个对应的组件，那么这些 bolt 将按照随机形式均匀接收输入的元组

了解了定义拓扑的代码，接下来就要了解如何基于 LocalTopologyRunner 来实现部署。

代码清单 3.9　LocalTopologyRunner.java

```
public class LocalTopologyRunner {
  public static void main(String[] args) {
    Config config = new Config();

    StormTopology topology = HeatmapTopologyBuilder.build();

    LocalCluster localCluster = new LocalCluster();
    localCluster.submitTopology("local-heatmap", config, topology);
  }
}
```

一个包含最简单 main()
方法的 Java 类，用于启动
拓扑

调用 Storm
的默认 config
配置，不做任何
调整

创建一个
本地集群

提交拓扑并且在本
地集群模式中运行它

现在我们就有了一个运行中的拓扑，我们可以从我们的 spout 中读取签到数据，然后在最后，基于时间段将这些数据持久化到 Redis 中，并完成热力图拓扑的部署。我们唯一剩下的工作就是基于 JavaScript 应用程序来读取 Redis 中的数据，然后使用热力图的叠加功能，借助谷歌的地图服务接口来创建可视化的效果。

这个简单的代码是可以运行，但是否支持扩展呢？效率是否足够高效呢？让我们再深挖一下。

3.5　扩展拓扑

让我们回顾一下，这里已经实现了一个运行中的拓扑，它的原理大致如图 3.8 所示。

那么这里就有一个问题，因为现在创建的拓扑将以串行的形式工作，基于时间点来处理签到数据，这种方式并不具备网络化扩展。如果我们就这样上线，那么客户一定不会满意的，因为一旦运行起来，必定出现堵塞的情况，运维团队也会抱怨，很有可能还会影响投资人。

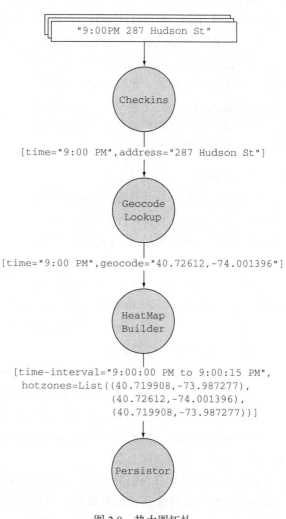

图 3.8　热力图拓扑

什么是网络化扩展

一个具备网络化扩展的系统，需要具备不通过停机就可以基于网络集群化实现运算能力的扩展。当一个用户喜欢你的产品，然后一传十十传百，服务和需求将会是成指数级增长，而这也常被称为是需求的网络化扩展。

我们需要同一时间处理多个签到数据，那么就需要在拓扑中引入并发机制。Storm 中一个最吸引人的特性，就是它可以轻松地实现并发流程来处理类似热力图这样的需求。让我们再来看看拓扑中的各部分，它们都是如何实现并发的。还是先从签到说起。

3.5.1 理解 Storm 中的并行机制

Storm 有额外的原语，就像是提供了一个旋钮开关来调整扩展性。如果你不碰它们，拓扑依然会正常工作，但组件或多或少会形成线性工作机制。对于只处理一些小型的流数据，这样是可行的，但对于像热力图这样的基于大数据处理的拓扑，我们就希望在上面杜绝处理能力的瓶颈。在本节中，你将学到两个原语来控制系统的扩展，下一章我们再考虑其他类型的扩展方法。

并行性触点

已知我们需要尽快处理签到数据，所以需要通过在 spout 上实现并行机制来处理所有的签到数据。这里需要关注的拓扑区域如图 3.9 所示。

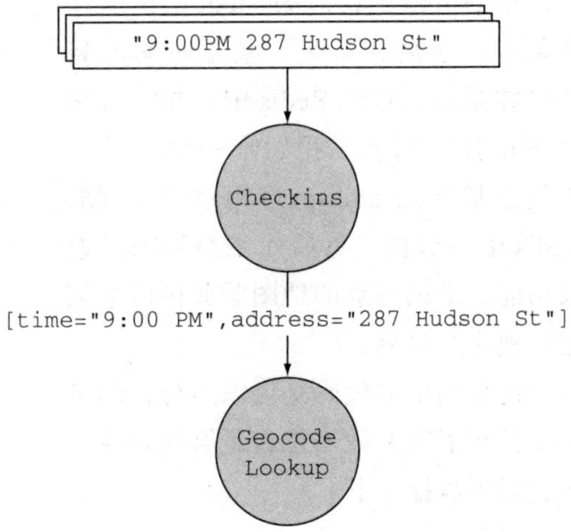

Storm 可以让你在定义 spout 和 bolt 时，

图 3.9　在 Checkins 的 spout 上考虑增加并行性机制

设置一个并行性触点（parallelism hint）。在代码中，我们将转换以下代码

```
builder.setSpout("checkins", new Checkins());
```

至新的 spout 上，代码如下：

```
builder.setSpout("checkins", new Checkins(), 4);
```

我们在 setspout 上额外传递的一个参数就是并发设置，称之为并行性触点。那什么是并行性触点呢？就目前来说，我们可以认为并行性触点是在告知 Storm 需要创建多少个处理签到数据的 spout。在这个例子中，我们创建了四个实例来实现 spout，其实它还有很多作用，这里我们先用到这一点。

那么现在当我们在运行拓扑时，就可以同时处理四个签到数据了，但仅仅靠增加拓扑中的 spout 和 bolt 数量是远远不够的，因为拓扑中的并行性是基于输入和输出的，所以当 Checkins spout 可以同时处理多个签到数据时，GeocodeLookup bolt 仍在串联执行。将四个签到数据同时发送到一个 GeocodeLookup 实例是不合理的，如图 3.10 所示，就是我们目前遇到的问题。

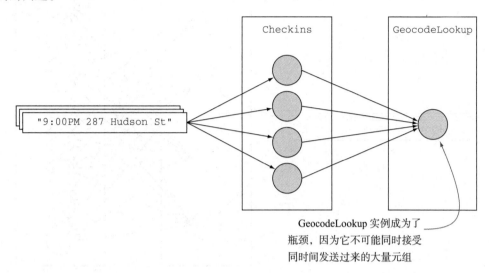

GeocodeLookup 实例成为了
瓶颈，因为它不可能同时接受
同时间发送过来的大量元组

图 3.10　四个 Checkins 实例同时发射元组至一个 GeocodeLookup 实例的结果就是 GeocodeLookup 实例
　　　　成为了整体中的瓶颈部分

　　现在，我们就像是造了一辆马戏团的小丑车，所有的小丑都想从同一个车门挤上去。这个瓶颈问题必须想办法解决，我们可以在地理查询的 bolt 上试试并发优化，与处理签到的并发模式类似，我们可以采取同样的方式来为地理查询 bolt 增加并发特性，将以下代码

```
builder.setBolt("geocode-lookup", new GeocodeLookup());
```

修改为

```
builder.setBolt("geocode-lookup", new GeocodeLookup(), 4);
```

　　现在我们就为每个 Checkins 实例都对应创建了一个 GeocodeLookup 实例，但 GeocodeLookup 需要花费更多的时间在接收签到数据，处理完成后再发送给我们的下一个 bolt，因此我们可能需要进一步优化成这样：

```
builder.setBolt("geocode-lookup", new GeocodeLookup(), 8);
```

　　那么现在，即使 GeocodeLookup 需要花费两倍的时间来处理签到数据，元组也能顺利而快速地通过系统运算，效果如图 3.11 所示。

　　进展到这里，我们还需要考虑的是：我们的应用接下来会发生什么情况？通过这种扩展机制，我们在保证数据量增大的同时实现了系统的扩展，还避免了任何停机行为，至少不会频繁地出现服务掉线吧。感谢 Storm 提供了这样的一种模式。前面我们很粗略地定义了并行性触点，现在有必要详细展开说明一下，包括两个还没来得及说明的概念：执行器（executor）和任务（task）。

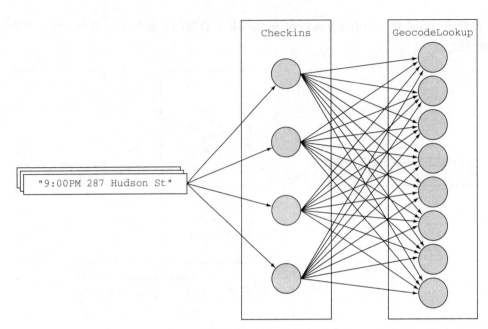

图 3.11　四个 Checkins 实例发射元组至八个 GeocodeLookup 实例

执行器和任务

什么是执行器和任务呢？如果要深入得理解，还需要对 Storm 的集群和其各组件先有个完整了解。尽管我们在第 5 章才会开始聊 Storm 的集群，但这里可以先对 Storm 的集群做一个简单的介绍，有助于你在拓扑如何进行扩展的层面上，理解执行器和任务可以起到的作用。

到目前为止，我们已经让 spout 和 bolt 可以作为一个或多实例运行起来了。每一个实例总是需要在某个系统上运行的，对吧？那么这里一定有一个类似虚拟机这样的环境（也许是物理机），我们称这样的机器为一个工作结点（worker node），尽管工作结点不是 Storm 上运行的唯一一类结点，但它主要用于为 spout 和 bolt 提供逻辑层执行。因为 Storm 是运行在 JVM 上的，所以每一个工作结点都会基于 JVM 来执行 spout 和 bolt。以上内容的逻辑图解析如图 3.12 所示。

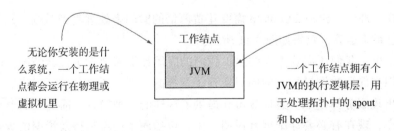

图 3.12　一个工作结点会运行在一个物理或虚拟机上的 JVM，用于执行 spout 和 bolt 的逻辑层

再说说工作结点，重要的是你已经知道它是运行在 JVM 上，用于执行 spout 和 bolt 的实例，那么我们就一定要再次提出这样的问题：什么是执行器和任务呢？执行器就是一个 JVM 上的执行线程，而任务则是在执行线程上运行的 spout 和 bolt 实例，这几者之间的关系如图 3.13 所示。

所以就是这么简单，执行器就是一个 JVM 的线程，任务就是一个运行线程上的 spout 或 bolt 的实例，但凡本章中讨论到扩展能力的时候，我们都指的是调整执行器或任务的数量。Storm 提供了另外一套机制来改变工作结点和 JVM 的数量，我们将在第 6 章和第 7 章中详细讨论。

让我们再来看看代码，到底是如何实现并行性触点的。和设置 GeocodeLookup 类似，我们将并行性触点设置为 8，相当于告知 Storm 需要创建 8 个执行器（线程），然后再运行 8 个 GeocodeLookup 任务（实例），代码如下：

```
builder.setBolt("geocode-lookup", new GeocodeLookup(), 8)
```

默认情况下，并行性触点将同时设置执行器和任务，并配置为同样的参数值。我们也可以通过以下方法来重写 setNumTasks() 方法修改任务数。

```
builder.setBolt("geocode-lookup", new GeocodeLookup(), 8).setNumTasks(8)
```

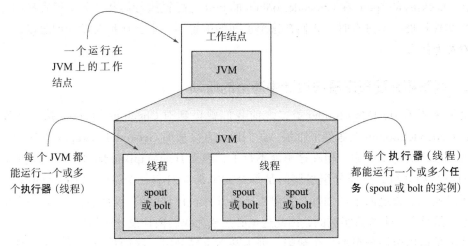

图 3.13　运行在一个 JVM 上的执行器（线程）和任务（spout 或 bolt 的实例）的结构

那么为什么要提供这样的选项来分别设置任务和执行器的数量呢？在回答这个问题之前，先回顾一下已经完成的部分。我们已经讨论了如何在不停机的情况下，实现热力图的绘制能力扩展，那么最快的方式是什么呢？答案是增加并行性。幸运的是，Storm 提供的功能允许我们基于拓扑快速地动态调整执行器（线程）的数量，以便提高并行性，具体解释将在第 6 章中详细讨论。

那么对于我们的 GeocodeLookup bolt 来说，跑在 8 个线程上的 8 个实例意味着什么呢？事实上，这些实例大部分时间都是在等待网络通信 I/O。我们假定 GeocodeLookup 在未来会成为一个聚焦点，可能面临扩展的需求，那么我们就需要对这种可行性增加一段代码：

```
builder.setBolt("geocode-lookup", new GeocodeLookup(), 8).setNumTasks(64)
```

现在我们就有 64 个 GeocodeLookup 任务（实例）跑在 8 个执行器（线程）上了，由于是为了增加 GeocodeLookup 的并行性，所以我们可能需要持续增加执行器的数量，直到达到 64 个，而且在整个过程中还不需要让拓扑中断停机。重复一遍：没有让拓扑终端停机哦！之前我们也提到过这一点，在稍后的章节中将详细讨论如何实现这些的细节。但这里的关键点在于需要明白执行器（线程）的数量，可以在一个运行的拓扑上动态地调整。

Storm 将并行性分别配置到执行器和任务中，来用于处理我们手上这类 GeocodeLookup bolt 的场景。为了进一步说明原理，我们先回到一个字段分组的定义上：

> 字段分组是流数据分组中的一类，它将拥有相同字段的元组定向发射至具备同样字段的 bolt 实例上。

基于这个定义，我们可以从中发现答案其实蕴含在其中。由于元组采取了一致的散列模式，可以让一个 bolt 的集合都能实现字段分组。为了保证具备相同数据的键值最终发射至对应的 bolt，bolt 的数量就不允许改变。如果变了，那么元组可能会流入到不同的 bolt，而这也将导致字段分组的目的失效。

在 Checkins 的 spout 和 GeocodeLookup 的 bolt 上配置执行器和任务是很容易的，都可以用来实现扩展。不过有时，我们在这个上面的配置不一定会让扩展设计如愿以偿，接下来就看看为什么。

3.5.2 调整拓扑配置来解决设计中遗留的瓶颈

接下来看看 HeatMapBuilder 类，之前我们曾提到对 Checkins 的 spout 执行并发优化时，在 GeocodeLookup 上遇到了瓶颈，我们通过直接增加 GeocodeLookup 上对应的 bolt 并行性触点来解决这个问题。但在这里就不行了，因为 HeatMapBuilder 的上一级连接的 bolt 调用的是全局分组，全局分组强调的是每个元组都要对应一个指定的 HeatMapBuilder 实例，所以就无法通过简单增加并行性触点来提升并行性性能的。也就是说，在整个流处理流程上，是只有一个激活实例的，因此这也必然成为我们拓扑设计中的一个瓶颈。

这也是运用全局分组的一个缺陷，因为基于全局分组，我们具备了可扩展的能力，但也引入了将整个元组流都涌入到一个指定 bolt 实例的瓶颈。

那么我们能做什么呢？如何在拓扑里面对这部分实现并发优化呢？如果真的无法对该 bolt 实现并发，那去优化后面的环节也就没什么意义了，所以这就是整个拓扑的瓶颈点，而且无法在现有的设计上去做调整。当我们遇到类似这样的问题时，最好的方式是站远一点，从拓扑设计的整体上看，我们还有没有其他办法去解决这个问题。

对于无法在 HeatMapBuilder 上实现并发的理由，主要是因为元组都需要进入同一个实例，才能完成下一步的处理，而全部进入同一个实例的原因，又是为了确保元组可以按照指定的时间段来实现分组。所以如果我们能有另外一种办法，来实现元组可以基于时间段的分组，进入具备相同字段的实例执行处理，那么我们就能创建更多个 HeatMapBuilder 的实例了。

所以现在，我们就需要确保 HeatMapBuilder bolt 可以实现两个目的：

❑ 确定为一个输入的元组指定时间段。

❑ 基于时间段分组元组。

如果这两个动作可以由两个不同的 bolt 来完成，那么我们就能基本上解决问题了。先看看如何让 HeatMapBuilder bolt 实现确定一个输入元组的时间段，代码如代码清单 3.10 所示。

代码清单 3.10　HeatMapBuilder.java 中如何确认元组所处的时间段

```java
public void execute(Tuple tuple,
                    BasicOutputCollector outputCollector) {
  if (isTickTuple(tuple)) {
    emitHeatmap(outputCollector);
  } else {
    Long time = tuple.getLongByField("time");
    LatLng geocode = (LatLng) tuple.getValueByField("geocode");

    Long timeInterval = selectTimeInterval(time);
    List<LatLng> checkins = getCheckinsForInterval(timeInterval);
    checkins.add(geocode);
  }
}

private Long selectTimeInterval(Long time) {
  return time / (15 * 1000);
}
```

HeatMapBuilder 主要接收到来自签到的时间数据，以及来自 GeocodeLookup 的经纬度数据，那么我们将从 GeocodeLookup 发出的元组中提取时间段的任务，放到另外一个 bolt 中来处理，并命名为 TimeIntervalExtractor，用于专项处理时间段的划分以及来自 HeatMapBuilder 的坐标轴数据，代码如代码清单 3.11 所示。

代码清单 3.11　TimeIntervalExtractor.java

```java
public class TimeIntervalExtractor extends BaseBasicBolt {
  @Override
  public void declareOutputFields(OutputFieldsDeclarer declarer) {
    declarer.declare(new Fields("time-interval", "geocode"));
  }

  @Override
  public void execute(Tuple tuple,
                      BasicOutputCollector outputCollector) {
    Long time = tuple.getLongByField("time");
    LatLng geocode = (LatLng) tuple.getValueByField("geocode");

    Long timeInterval = time / (15 * 1000);
    outputCollector.emit(new Values(timeInterval, geocode));
  }
}
```

计算时间段以及该时间段内发射的经纬度坐标数据（而不是基于时间来计算经纬度坐标数据），并提交至 HeatMapBuilder

那么为了引入 TimeIntervalExtractor，我们也需要在 HeatMapBuilder 中做一些调整，由于不再基于输入元组来对时间分段，那么我们需要更新 bolt 的 execute() 方法，用于直接接收时间段，代码如代码清单 3.12 所示：

代码清单 3.12 更新 HeatMapBuilder.java 中的 execute() 方法，用于直接处理时间段

```
@Override
public void execute(Tuple tuple,
                    BasicOutputCollector outputCollector) {
  if (isTickTuple(tuple)) {
    emitHeatmap(outputCollector);
  } else {
    Long timeInterval = tuple.getLongByField("time-interval");
    LatLng geocode = (LatLng) tuple.getValueByField("geocode");

    List<LatLng> checkins = getCheckinsForInterval(timeInterval);
    checkins.add(geocode);
  }
}
```

那么现在，我们的拓扑结构中将包含以下几个组件：

❑ Checkins spout，用于发射时间和地址。

❑ GeocodeLookup bolt，用于发射时间和经纬度坐标。

❑ TimeIntervalExtractor bolt，用于发射时间间隔段和经纬度坐标。

❑ HeatMapBuilder bolt，用于发射时间间隔段和基于时间分组的坐标列表。

❑ Persistor bolt，因为这是拓扑中最后一个 bolt 了，所以不执行发射操作。

如图 3.14 所示，我们基于这些调整更新了拓扑设计。

现在，当我们将 HeatMapBuilder 连接至 TimeIntervalExtractor 时，就不需要再做任何全局分组操作了。

现在我们已经实现了时间段的分组，接下来要确保的就是让相同的 HeatMapBuilder 实例可以接收全部基于指定时间段分组的值。由于这里需要担心的是不同的时间段如何分别进入对应的不同实例中，所以我们可以使用字段分组来完成。字段分组是基于一个指定的字段来实现对值的分组，然后基于指定字段将元组发射到对应的 bolt 实例中。我们能实现的就是基于时间段对元组也实现分组，然后将它们发送到不同的 HeatMapBuilder 实例中，因此就实现了分段式的并发机制。如图 3.15 所示，基于流的分组模式对 spout 和 bolt 进行调整更新。

让我们再看看 HeatmapTopologyBuilder 代码中需要添加的部分，用于和新的 TimeIntervalExtractor 协同，实现对整个流的分组化传输改造，见代码清单 3.13。

如代码清单 3.13 所示，我们已经完全移除了全局分组，使用了一系列的随机分组和一个简单的字段分组来实现基于时间分段做处理。

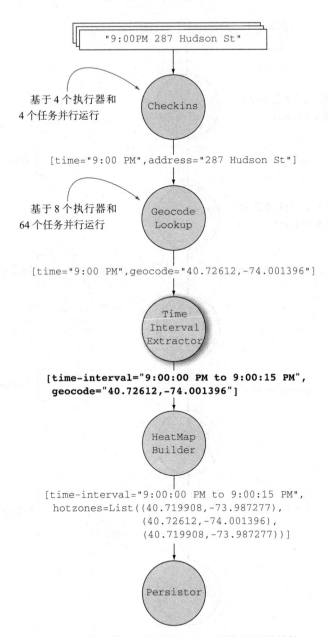

图 3.14 基于 TimeIntervalExtractor 更新的拓扑结构

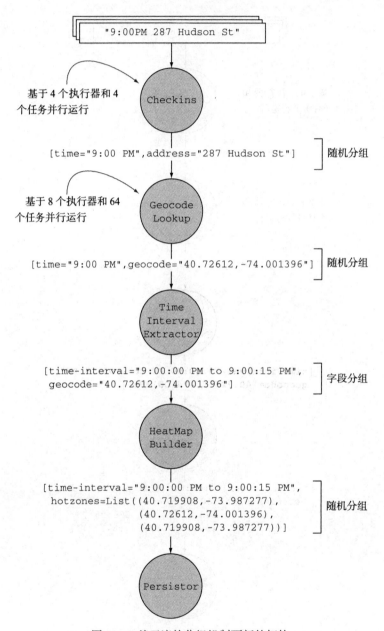

图 3.15　基于流的分组机制更新的拓扑

代码清单 3.13　需要新加到 HeatmapTopologyBuilder.java 上的 bolt

```
public class HeatmapTopologyBuilder {
 public StormTopology build() {
   TopologyBuilder builder = new TopologyBuilder();

   builder.setSpout("checkins", new Checkins(), 4);
   builder.setBolt("geocode-lookup", new GeocodeLookup(), 8)
          .setNumTasks(64)
          .shuffleGrouping("checkins");
   builder.setBolt("time-interval-extractor", new TimeIntervalExtractor())
          .shuffleGrouping("geocode-lookup");
   builder.setBolt("heatmap-builder", new HeatMapBuilder())
          .fieldsGrouping("time-interval-extractor",
                          new Fields("time-interval"));
   builder.setBolt("persistor", new Persistor())
          .shuffleGrouping("heatmap-builder");

   return builder.createTopology();
 }
}
```

新的 bolt 将放在 GeocodeLookup 和 HeatMapBuilder 之间，基于随机分组与 GeocodeLookup 绑定起来，因为元组的随机分派在这里是可以接受的

HeatMapBuilder 现在可以接受来自新 bolt 的元组了，我们将其修改为字段分组，以便在上面实现并行性

全局分组

我们仅修改了很小一部分，用字段分组来替换了全局分组，就实现了对 bolt 的能力扩展，那么什么情况下，以及什么样的现实场景，才适合使用全局分组呢？千万不要小看全局分组，实际上如果在合适的地方使用它，它将发挥强大的特性。

在这个案例中，我们在实现聚合（aggregation）（将经纬度坐标数据基于时间段分组）的时候选择了使用全局分组，而在这种聚合场景中，我们面对的是处理一个不断增大的数据集，所以无法在真正意义上实现聚合。但如果在后期再使用全局分组实现聚合，那它面对的其实是更小的元组流，而在这种数据规模下，就非常适合基于需求进行预聚合（preaggregation）。

如果你需要查看全部流中的元组，那么全局分组就更有用了。你要做的就是先基于某种规则（随机分组或字段分组）对数据执行聚合，然后对聚合进行全局分组，从而获得一个完整的元组视图：

```
builder.setBolt("aggregation-bolt", new AggregationBolt(), 10)
       .shuffleGrouping("previous-bolt");
builder.setBolt("world-view-bolt", new WorldViewBolt())
       .globalGrouping("aggregation-bolt");
```

在这个案例中，AggregationBolt 就实现了扩展，并且还能聚焦于更小的数据集处理。而 WorldViewBolt 就基于来自 AggregationBolt 发送过来的聚合元组，通过全局分组实现了对整体流的展示。我们不需要对 WorldViewBolt 实现扩展，因为它的目标对象是个小规模的数据集。

对 TimeIntervalExtractor 实现并行性其实很简单，首先，我们给它设置一个和 Checkins spout 相同的并发数，这样就和 GeocodeLookup bolt 一样，不需要在外部服务上出现等待的

情况了，代码如下：

```
builder.setBolt("time-interval-extractor", new TimeIntervalExtractor(), 4)
    .shuffleGrouping("geocode-lookup");
```

接下来，我们在拓扑上清除掉一些阻塞点，代码如下：

```
builder.setBolt("heatmap-builder", new HeatMapBuilder(), 4)
    .fieldsGrouping("time-interval-extractor", new Fields("time-interval"));
```

最后，我们再来看看 Persistor。和 GeocodeLookup 类似，我们也需要在其上面实现扩展性，能在执行器上添加更多的任务，理由和之前讨论在 GeocodeLookup 上这么做一样，代码如下：

```
builder.setBolt("persistor", new Persistor(), 1)
    .setNumTasks(4)
    .shuffleGrouping("heatmap-builder");
```

我们基于以上调整后的并发结果如图 3.16 所示。

看上去好像我们已经完成了对整个拓扑的扩展性调整，但真的就完成了吗？目前，我们已经对拓扑中的每个组件（确切地说应该是每个 spout 和 bolt）都配置了并发机制，让每个 spout 和 bolt 都具备了并发特性，但这并不代表整个系统就具备并发性了，接下来看看原因。

3.5.3　调整拓扑以解决数据流中固有的瓶颈

我们已经对拓扑上的每个组件实现了并发设置，拓扑上的每个元组也都具备了技术层面上的分组机制（分别采取了随机分组、字段分组以及全局分组），但不幸的是，这样的设置还不具备并发高效性。

尽管我们可以对 HeatMapBuilder 做一些小的调整，来实现并行性，但我们却忽略了流数据本身对并行性的影响。我们将流入的数据按照 15 秒进行了分段，每个分段其实就作为一个元组，而这也正恰恰是问题的核心。对于 15 秒的窗口期，所有流入的元组数据都会汇聚到一个 HeatMapBuilder bolt 实例上，当然这里可以通过对 HeatMapBuilder 的优化实现技术上的并行性，但从实际性能上讲这并不具备有效性。流入拓扑的数据本身其实可能蕴含一些本质上的缺陷，导致无法在扩展上找到着力点。所以我们需要养成质疑的习惯，先去了解流入你拓扑结构的数据本身。

那么应该如何实现真正的并发呢？基于时间来分段的做法是没有问题的，因为这是基于热力图的创建机制而来。我们要做的是在时间分段的层面上，再做进一步的分组，以便改善基于时间段和城市数据来构建热力图的上层解决方案。当我们可以对城市进行分组时，那么就能将基于给定时间段的数据，依次分配至不同区域的 HeatMapBuilder 实例上。为了实现这个层面上的分组，我们首先需要在 GeocodeLookup 的输出元组上，新增一个 city 的字段，如代码清单 3.14 所示。

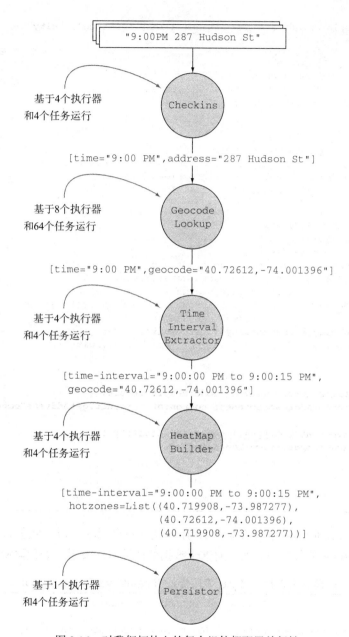

图 3.16 对我们拓扑上的每个组件都配置并行性

代码清单 3.14 在 GeocodeLookup.java 的输出元组上新增 city 字段

```
public class GeocodeLookup extends BaseBasicBolt {
  private Geocoder geocoder;

  @Override
  public void declareOutputFields(OutputFieldsDeclarer fieldsDeclarer) {
```

```
      fieldsDeclarer.declare(new Fields("time", "geocode", "city"));
    }

    @Override
    public void prepare(Map config,
                        TopologyContext context) {
      geocoder = new Geocoder();
    }

    @Override
    public void execute(Tuple tuple,
                        BasicOutputCollector outputCollector) {
      String address = tuple.getStringByField("address");
      Long time = tuple.getLongByField("time");

      GeocoderRequest request = new GeocoderRequestBuilder()
        .setAddress(address)
        .setLanguage("en")
        .getGeocoderRequest();
      GeocodeResponse response = geocoder.geocode(request);
      GeocoderStatus status = response.getStatus();
      if (GeocoderStatus.OK.equals(status)) {
        GeocoderResult firstResult = response.getResults().get(0);
        LatLng latLng = firstResult.getGeometry().getLocation();
        String city = extractCity(firstResult);
        outputCollector.emit(new Values(time, latLng, city));
      }
    }

    private String extractCity(GeocoderResult result) {
      for (GeocoderAddressComponent component : result.getAddressComponents())
      {
        if (component.getTypes().contains("locality"))
          return component.getLongName();
      }
      return "";
    }
  }
```

在这个 bolt 上发出的数据中增加 city 作为一个额外的字段

从已有的地理数据中提取城市的名称

那么现在 GeocodeLookup 将在输出元组中包含一个 city 字段，我们接下来需要更新 TimeIntervalExtractor 部分代码，实现对这个数据的读取以及发射，如代码清单 3.15 所示。

代码清单 3.15　将 city 字段传入 TimeIntervalExtractor.java

```
public class TimeIntervalExtractor extends BaseBasicBolt {
  @Override
  public void declareOutputFields(OutputFieldsDeclarer declarer) {
    declarer.declare(new Fields("time-interval", "geocode", "city"));
  }
  @Override
  public void execute(Tuple tuple,
                      BasicOutputCollector outputCollector) {
    Long time = tuple.getLongByField("time");
    LatLng geocode = (LatLng) tuple.getValueByField("geocode");
    String city = tuple.getStringByField("city");

    Long timeInterval = time / (15 * 1000);
```

```
        outputCollector.emit(new Values(timeInterval, geocode, city));
    }
}
```

最后，我们还需要更新 HeatmapTopologyBuilder，使得 TimeIntervalExtractor 和 HeatMap-Builder 之间的数据，在字段上都能基于时间段和城市维度执行分组，如代码清单 3.16 所示。

代码清单 3.16　在 HeatmapTopologyBuilder.java 上增加二级群组

```
public class HeatmapTopologyBuilder {
  public StormTopology build() {
    TopologyBuilder builder = new TopologyBuilder();

    builder.setSpout("checkins", new Checkins(), 4);
    builder.setBolt("geocode-lookup", new GeocodeLookup(), 8)
        .setNumTasks(64)
        .shuffleGrouping("checkins");
    builder.setBolt("time-interval-extractor", new TimeIntervalExtractor(), 4)
        .shuffleGrouping("geocode-lookup");
    builder.setBolt("heatmap-builder", new HeatMapBuilder(), 4)
        .fieldsGrouping("time-interval-extractor",
                        new Fields("time-interval", "city"));    ← 二级群组可以提升
    builder.setBolt("persistor", new Persistor(), 1)                HeatmapBuilder
        .setNumTasks(4)                                            的并行性性能
        .shuffleGrouping("heatmap-builder");

    return builder.createTopology();
  }
}
```

那么现在我们完成的拓扑将不仅仅具备技术层面上的并行性，还具备了可实施的有效性。经过一系列的改动，更新之后的拓扑结构和元组传输路径如图 3.17 所示。

我们已经基本上覆盖了 Storm 拓扑结构上并发机制的基础知识，这里为了更好地理解拓扑上每个组件的工作原理，构建出了一个假想案例。现实中对于拓扑的优化还有很多工作需要做，包括调节额外的并发参数，以及如何基于实际观测指标对系统进行优化。在本书稍后合适的时候，我们会细讲这些点。在本章中，我们需要做的就是建立一个能构建 Storm 拓扑结构的基础知识体系，如果要具备真正意义上对拓扑做扩展优化的能力，还需要更深地理解拓扑中的每一个组件，以及它们的设计原理。

3.6　拓扑的设计范式

让我们复盘一下如何设计热力图拓扑的：

1. 检查我们的数据流，确定初期的输入元组形态，然后基于需要实现的目标，确定输出元组的形态（即最终目标元组）。

2. 创建一系列的处理机制（如 bolt），将输入元组传递至输出元组。

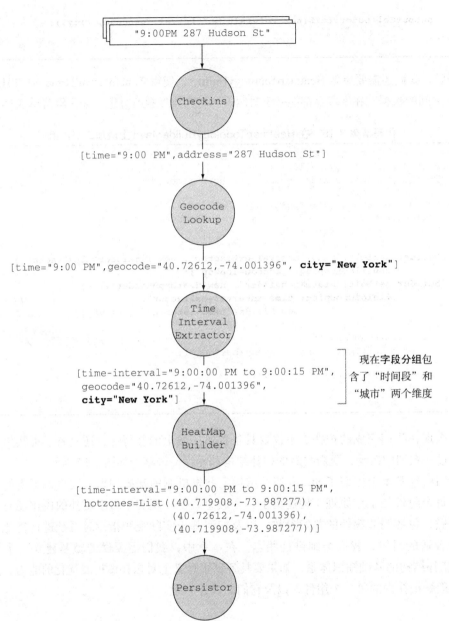

图 3.17 GeocodeLookup 将发射包含 city 字段的元组，TimeIntervalExtractor 也将在其发射出去的元组中包含该字段

3. 再一次检查每个处理结点，基于我们对处理机行为的理解，（通过调整执行器和任务的方式）不断进行尝试性调整，从而建立扩展机制。

4. 当无法再继续扩展的时候，我们回顾现有的设计，找到是否可以对某些组件重新设计以便优化整体的扩展性。

这是一种很好的拓扑设计流程，但大部分人在设计拓扑时都会遇到扩展方面的问题，主要是因为在头脑中都还没有把扩展设计机制考虑清楚。如果我们不提前考虑这些问题，而是将扩展的工作置后，那么后面面临的设计重构工作量会相当的巨大。

> 过早优化是万恶之源。

> ——Donald Kunth

作为工程师，我们都喜欢引用 Donald Knuth 的这句话，大部分情况下也确实如此。可是为了完整理解 Knuth 博士为什么这么说，我们先看看引用这段话的全文（作为工程师我们千万不要断章取义）。

> 在大约 97% 的情况下，你都应该忘掉那些影响较小的效率问题，过早的优化是万恶之源。

你不应该去尝试实现一些效果不明显的性能优化，你处理的可是大数据啊，所以你考虑的每一个优化点都很重要。在大数据处理中，一个小的性能阻塞就可能导致你无法实现优化的 SLA。如果你是在设计一辆赛车，你可能在第一天就需要去思考性能问题，因为你不可能到后面去发现性能问题，然后再重新设计发动机引擎。所以第三步和第四步对于拓扑设计很重要。

这里唯一需要注意的是对问题领域的知识缺失，如果你缺乏该问题所在领域的知识，那么如果过早开始尝试扩展的话，一定会在这个问题上受挫。当我们提到问题所在的知识领域时，指的是流入系统数据本身的特性，以及数据处理环节中固有的阻塞点。所以在真正了解这些问题之前，最好是不要尝试去做任何扩展优化。类似的，就像是你在建立一个专业系统，当你真正了解了相关领域知识，就很轻松地知道从何处着手了。

3.6.1 分解为功能组件的设计方法

让我们来看看如何在拓扑中将处理过程分解，效果如图 3.18 所示。

我们通过为每个 bolt 设置一个指定任务的方式，将拓扑分解为一个个独立的 bolt，这也符合单一责任（principle of single responsibility）的设计原则。我们将一个特定的任务封装成一个 bolt，这样就能保证每个 bolt 都有一个独立的责任，而且不为别的工作负责，那么简单地说，每个 bolt 都成为了一个功能模块。

这样设计的意义很大，因为这样可以让每个 bolt 都具备单一职责，在设计的时候可以更简洁更聚焦，同时也更容易对独立的 bolt 执行扩展优化，而不需要担心会影响拓扑上的其他结构，将并发优化的操作仅限在该独立组件的层面上。所以这时无论是扩展或是在解决问题，你都可以将精力和时间聚焦在一个独立的组件上，这样的设计方式可以让你的工作更有效率。

3.6.2 基于重分配来分解组件的设计方法

在将问题分解的过程中，这种方法可能略有不同，对比之前讨论的如何将问题分解为功能组件的方式，其在性能优化上会有一些比较显著的提升。因为这里不是将问题分解为简单可行的功能组件，我们思考的是不同组件之间的分割点（或叫连接点）。换句话说，我们面对的是不同 bolt 之间的连接方式。在 Storm 中，不同的流分组其实就是不同的 bolt 标记（marker）（因为分组定义了输出元组的路径，如何从一个 bolt 分发至下一个）。

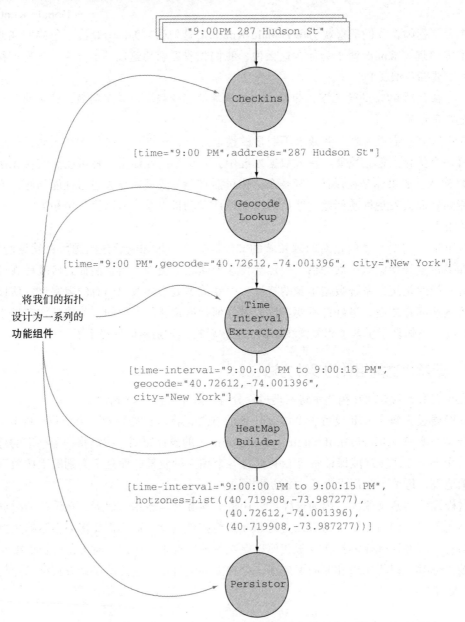

图 3.18　将热力图拓扑设计为一系列的功能组件

在这些问题上，流经拓扑的元组流将被重新分配，在这个重新分配的流中，元组的分发机制也被改变了。事实上，这也就是基于功能的流分组方式。如图 3.19 所示，演示了我们如何基于结点重分配实现的设计。

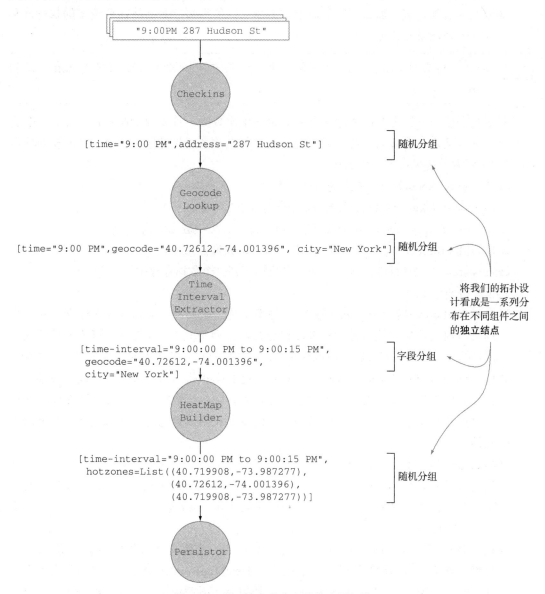

图 3.19 基于结点重分配的热力图拓扑

基于这种拓扑设计方式，我们需要在拓扑中尽可能减少重分配的次数，因为每执行一次重分配，元组都会基于网络从一个 bolt 被发送至另一个，而这种操作的成本是很高的，原因有以下几点：

❑ 拓扑是基于分布式集群来运行的，当发射元组时，它们可能会跨集群结点的网络来分发和传递，这势必会增加网络开销。

❑ 在每次发射中，元组都需要执行序列化，并执行反序列化来确定接收点的位置。

❑ 分配的次数越多，那么资源的需求量也越大，使得每个 bolt 将需要更多的执行器和任务来处理输入的元组。

> **注意** 我们将稍后再讨论 Storm 的集群技术，以及在下一章中讨论内部对 bolt 的支持机制。

对于我们的拓扑，怎么做才能尽可能减少分配次数呢？首先我们需要将一部分 bolt 合并起来，为了实现这个效果，我们必须先搞清楚每个功能组件的区别，然后匹配至对应的 bolt（因为资源始终来自于一个 bolt）：

❑ Checkins（spout）：4 个执行器（读一个文件）。

❑ GeocodeLookup：8 个执行器，64 个任务（点击外部服务）。

❑ TimeIntervalExtractor：4 个执行器（内部计算，完成数据转换）。

❑ HeatMapBuilder：4 个执行器（内部计算，完成聚合元组）。

❑ Persistor：一个执行器，4 个任务（将数据写到一个数据存储中）。

接下来分析一下：

❑ GeocodeLookup 和 Persistor 将和一个外部实体产生交互，而与外部实体交互时花费的等待时间将决定执行器和任务如何分配给这两个 bolt。我们不大可能迫使这两个 bolt 的行为相互匹配兼容，但也许有其他的方式可以让两者之间的资源更相互匹配。

❑ HeatMapBuilder 基于时间段和城市对经纬度数据执行聚合处理，与其他处理结点相比，它的工作机制很独特，因为它需要在内存中执行数据缓存，时间段在没有执行完之前也是不会跳到下一个阶段的，因此需要相当慎重地考虑如何把它与其他组件相结合。

❑ Checkins 是一个 spout，正常情况下你都不会去修改它，特别是要求它去包含一系列处理和计算操作。而同时，因为 spout 负责的是追踪发射出去的数据，很少参与其中的计算，所以更多参与的是元组的初始化操作（例如解析、提取和转换），做一个 spout 该做的事情。

❑ 最后就是 TimeIntervalExtractor，这个比较简单，它唯一要做的事情就是将"时间"属性转换成"时间段"属性。我们把它从 HeatMapBuilder 中提取出来，是因为需要在 HeatMapBuilder 之前就确定时间段，使得基于时间段可以实现正确分组。这也使得我们实现了对 HeatMapBuilder bolt 的扩展。而理论上 TimeIntervalExtractor 所做的工作，可以放在 HeatMapBuilder 之前的任意位置：

● 如果我们将 GeocodeLookup 与 TimeIntervalExtractor 合并，那么就需要为 GeocodeLookup 匹配相应的资源。尽管它们对资源的配置不一样，不过因为 TimeIntervalExtractor 配置的简洁性，能够适应分配给 GeocodeLookup 的资源。

在一种纯粹的场景中，它们互相匹配，都能实现数据的处理和转换（从时间到时间段，以及经纬度坐标）。只要其中一个足够简洁，由另外一个基于网络开销来使用外部服务。

- 我们可以把 TimeIntervalExtractor 和 Checkins spout 合并在一起吗？它们的资源配置完全一样。同时，将“时间”转化为“时间段”是少数几种可以把 bolt 放到 spout 中去的操作。对于合并来说，答案是肯定可以的。这引出了能否将 GeocodeLookup 与 Checkins spout 合并到一起的问题，虽然 GeocodeLookup 也是一个数据转换器，由于它依赖于外部服务，所以是一个很重的计算处理器，也就是说，它并不是适合放到 spout 中去操作。

那我们是应该将 TimeIntervalExtractor 与 GeocodeLookup 合并起来，还是将它与 Checkins 合并起来呢？从效率的角度上看，两种方式都是合理的，而且也是正确的。我们更倾向将 spout 合并起来，因为从经验上讲，应该尽可能地去掉外部服务与简单任务之间的交互，例如 TimeIntervalExtractor。接下来将解释如何在拓扑中做相应修改，以便实现合并。

你可能会好奇在这个案例中，为什么我们没有把 HeatMapBuilder 和 Persistor 合并起来？因为 HeatMapBuilder 会定期发出聚合后的经纬度坐标数据（前提是收到心跳元组），它可以改写为用于写入数据至数据库（替代 Persistor 的工作）。这看上去貌似合情合理，它只是改变了合并后的 bolt 工作方式，但结合后的 HeatMapBuilder/Persistor bolt 却在接收两种类型元组时表现出截然不同的效果。流中常规的元组一般处于较低的延迟率，而基于心跳的元组在执行数据库写入动作时，一般会出现较高的延迟率。如果我们对其执行监控，将这些合并后的 bolt 性能数据做个分析，就会发现很难去区分哪些是可观测的指标，这也会导致在后续优化的时候很难找到着手点，所以非常不推崇制造这类隐形的不合理特性。

根据流的重分配特性，它在设计拓扑的时候可以为你提供最高的资源利用率，用于构建高性能低延迟率的拓扑。

3.6.3 最简单的功能组件与最少的重分配次数

我们已经讨论了两种拓扑设计的方法，那么哪一种更合适呢？使用最少次数的重分配可以提供最佳的性能，因为经过仔细地挑选，可以将选定的处理计算合并到一个 bolt 中。

通常情况下，这里不需要做二选一的决定，因为作为 Storm 的初学者，你都应该从设计最简单的功能组件开始。这样做的好处是允许你更轻松地去推测各种处理机制。另外，如果你需要面对十分复杂的多任务组件，再加上设计上的失误，那就很难将它们拆散至更精简且正确的组件了。

所以你总是可以从最简单的功能开始，然后一步步地将不同的操作合并，尝试去减少重分配的次数。其他方法就比这样做复杂多了，因为你需要更丰富的 Storm 使用和拓扑设计开发经验，如果你不具备这样的能力，那么就不建议在最开始就基于重分配的方式开展工作。

3.7 小结

在本章中，你学到了

❑ 怎么将问题分解为适合 Storm 拓扑设计的结构。

❑ 怎么在串行上运行一个拓扑，然后基于该拓扑引入并发机制。

❑ 如何发现你的设计问题，并在设计中去修正该问题。

❑ 将注意力放在流数据导入拓扑时，其局限性所带来的问题严重性。

❑ 两种不同的拓扑设计方法，以及二者之间微妙的平衡。

这些设计指导都可以作为构建 Storm 拓扑的最佳实践参考，稍后本书中，你将看到为什么提出这些设计决策，以及在 Storm 上性能调优时能给到的支撑。

第 4 章 *Chapter 4*

设计健壮的拓扑

本章要点:

❑ 消息处理中的保障

❑ 容错

❑ 回放语义

到目前为止,我们已经定义了很多 Storm 的核心概念。紧接着,我们分别实现了两个不同的拓扑,并成功运行在本地集群上。本章类似,我们将基于另一个场景设计并实现一个新的拓扑,但其中要解决的问题对于保证元组的处理和容错维护都有更严格的要求。为了满足这些要求,我们引入了关于可靠性和故障相关处理的新概念。你将会了解 Storm 提供的处理故障的工具,同时我们会深入介绍处理数据时可以使用的不同保障机制。熟悉了这些知识,我们就可以继续前行,设计和创建产品级别的拓扑。

4.1 对可靠性的要求

在前面的章节中,我们的热力图应用需要快速处理大量基于时间间隔的数据集。此外,仅靠全部数据中的一部分采样所能提供给我们的是一个基于给定地理区域内的当前酒吧受欢迎程度的近似值。如果我们在短时间内没有完成给定元组的处理,那么这个应用就失去了价值。热力图描述的就是当前最新情况,我们没有必要去确保每条信息都能被处理,只要大部分能被处理就足够了。

但是有些领域应用就不能接受数据不被完整处理,因为每个元组的数据对于场景应用都至关重要。在这些场景下,我们必须保证每一个元组都被处理,所以这里可靠性比实时性更重要。如果我们不得不在 30 秒、10 分钟或者 1 小时（或者基于某个合理的阈值）内不断重试某个元组，而且这个元组对于我们的价值不会因为重试或随着时间推移而降低，那么这里就需要建立可靠性。

Storm 提供了保证每个元组都能被处理的能力，我们可以仰赖这种能力去保证功能的完整和准确执行。如果站在一个较高的角度回看的话，Storm 其实提供的是追踪哪些元组成功处理了，而哪些失败了，并重试失败直至成功处理，以此来保障整体计算的可靠性。

支持可靠性的组成部分

为了提供处理的可靠性，需要将 Storm 多个部分组合在一起，它们包括：

❏ 一个可靠的数据源和与之相应可靠的 spout。

❏ 一个锚定的元组流。

❏ 一个能够感知每个元组是否已经完成处理以及广播元组处理失败信息的拓扑。

❏ 一个具备容错能力的 Storm 集群基础环境。

在本章中，我们先来看看前三个组件是如何构建可靠性保障的。然后在第 5 章里，我们再详细讲解 Storm 的集群，并讨论如何构建容错机制。

4.2　问题定义：一个信用卡授权系统

当你想用 Storm 解决实际问题时，首先要花时间思考一下，在数据处理方面你的具体需求是什么，这也是"Storm 编程思想"的重要一部分，指导我们如何深入到一个有可靠性需求的问题中去探索。

试想我们在运营一个大型的电子购物商城，向用户出售并快递实体商品。我们发现，网站上绝大多数订单都能成功完成授权结算，只有很小一部分订单会因失败而取消。在传统电商中，用户从提交订单到支付的过程中，需要涉及的步骤越多，流失的风险就越高。所以我们的业务也将从用户提交订单的那一时刻开始，随时都有可能流失。如果能在一个独立的离线模式下来执行账单结算，那么可以极大地提升消息传递前的完整性，并有效提升我们的转化率。我们也希望这个订单处理过程具备可扩展性，能够应对购物节（类似于Amazon）或闪购（类似于 Gilt）等突发性业务量需求。

这是一个有可靠性需求的场景，每个订单都要求必须完成授权验证才能发货。如果在验证过程中遇到了什么问题，那么应该尽快重新尝试。总之，我们需要确保消息能被完整处理。接下来就看看这样的系统应该是什么样的，其重试特性是如何实现的。

4.2.1　有重试特性的概念性解决方案

本案例中的系统只涉及授权已经下单并且与信用卡已关联的那些订单，不会处理正在下订单的用户，因为这发生在该流程的前面。

对系统上下游的假设

分布式系统是基于不同系统之间的交互来定义的，对于我们的情况，可以做出以下假设：

❑ 同一个订单仅会被发送到系统中一次，这是由一个处理客户下单的上游系统来保证的。
❑ 负责客户下单的上游系统会把订单发送到一个队列中，然后我们的系统再从队列中
把订单拉取出来，进行下一步的授权验证。
❑ 一个独立的下游系统会处理这些已确认的订单，如果信用卡验证通过则使订单生效，
否则通知客户信用卡验证失败。

基于这些假设，我们接下来就开始讨论如何设计这样一个系统，让它既能满足需求的
定义，又能映射到我们需要的 Storm 概念中。

形成概念性的解决方案

让我们从订单在系统中的流动路径开始讲起，当需要验证一个订单中的信用卡的时候，
会执行下面的步骤：

1. 将订单从队列中拉取出来。
2. 尝试通过调用一个外部信用卡验证授权服务，来实现对当前信用卡的验证。
3. 如果服务调用成功，则更新数据库中相应订单的状态。
4. 如果服务调用失败，则需要稍后重试。
5. 通知下游的独立系统，当前订单已经完成处理。

将这些步骤整理出来，如图 4.1 所示。

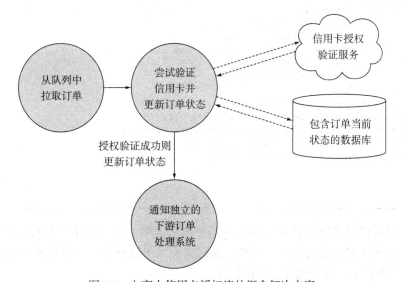

图 4.1　电商中信用卡授权流的概念解决方案

我们有了基本的数据流，下一步要解决的问题定义就是确定拓扑中需要处理的数据需
求。在明确这些需求之后，我们就可以确定元组中需要包含哪些数据了。

4.2.2　定义数据点

我们既然已经定义了数据流，那么接下来就看看数据流中的数据点组成。诞生在数据流上的数据，都将以 JSON 格式的形式，被系统从队列中拉取出来（如代码清单 4.1 所示）。

代码清单 4.1　一个订单的 JSON 范例

```
{
  "id":1234,
  "customerId":5678,
  "creditCardNumber":1111222233334444,
  "creditCardExpiration":"012014",
  "creditCardCode":123,
  "chargeAmount":42.23
}
```

系统将把这个 JSON 转换成 Java 对象，并在内部处理这些序列化的 Java 对象。定义订单的实体类代码如代码清单 4.2 所示。

代码清单 4.2　Order.java

```
public class Order implements Serializable {
  private long id;
  private long customerId;
  private long creditCardNumber;
  private String creditCardExpiration;
  private int creditCardCode;
  private double chargeAmount;
  public Order(long id,
               long customerId,
               long creditCardNumber,
               String creditCardExpiration,
               int creditCardCode,
               double chargeAmount) {
    this.id = id;
    this.customerId = customerId;
    this.creditCardNumber = creditCardNumber;
    this.creditCardExpiration = creditCardExpiration;
    this.creditCardCode = creditCardCode;
    this.chargeAmount = chargeAmount;
  }
  ...
}
```

你应该对这种定义数据点和组件的方式不陌生了吧，因为这正是我们在第 2 章和第 3 章中创建拓扑时分解问题的方法。现在，我们需要沿用这种方式，将分解出来的方案映射到 Storm 可用组件上，用于构建完整的拓扑。

4.2.3　在 Storm 上实现带有重试特性的方案

既然我们已经有了基本的设计方案，而且定义了流经系统的数据点类型，那么就可以将数据和组件方案映射到 Storm 的设计原语中。此时，我们的拓扑将包含三个组件设计，一个 spout 和两个 bolt：

- ❏ RabbitMQSpout：我们的 spout 将从队列中消费消息，这里每个消息都代表一个 JSON 格式的订单，并发射一个包含经过序列化的 Order 对象的元组。从 spout 的命名上可以看出，我们将用 RabbitMQ 作为我们的队列实施。在本章后续部分，将详细讨论为确保消息处理，这个 spout 的处理细节。

- ❏ AuthorizeCreditCard：如果信用卡的授权验证通过，那么这个 bolt 会更新订单状态为"准备发货（ready-to-ship）"。如果验证失败，那么会更新订单状态为"验证失败（denied）"。无论状态是什么，它都会发射一个包含 Order 对象的元组到数据流中下一个 bolt 中。

- ❏ ProcessedOrderNotification：用于通知另外一个独立系统该订单已经被处理的 bolt。

除了 spout、bolt 和元组，我们还需要定义流的分组策略，来明确元组在不同组件间的传递方式。我们将运用下面的流分组策略：

- ❏ 在 RabbitMQSpout 和 AuthorizeCreditCard 之间使用随机分组策略。

- ❏ 在 AuthorizeCreditCard 和 ProcessedOrderNotification 之间使用随机分组策略

在第 2 章中，我们用了字段分组来确保相同 GitHub 开发者的提交数据能被路由到同一个 bolt 实例。在第 3 章中，我们同样用字段分组来对经纬度坐标分组，使得在相同时间间隔内的坐标能被路由到同一个 bolt 实例。这里我们没有这样的需求，对于每个元组，由任一 bolt 实例都可以处理，所以随机分组就够了。

刚刚讨论的所有设计都最终映射至 Storm 结构中了，如图 4.2 所示。

既然拓扑设计已经有了雏形，那么在讨论保障消息处理机制及其

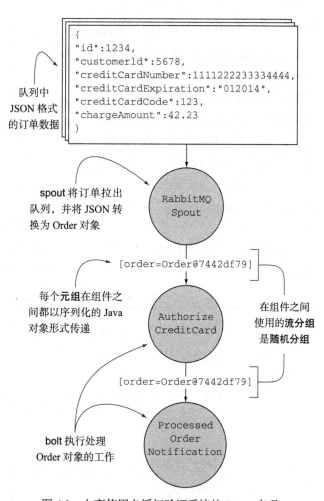

图 4.2 电商信用卡授权验证系统的 Storm 实现

所需条件之前，我们先来看两个 bolt 的源码，稍后再讨论 spout 的源码实现。

4.3 bolt 基础实现

这一节里我们将讨论 AuthorizeCreditCard 和 ProcessedOrderNotification 这两个 bolt 的代码实现，了解每个 bolt 所做的工作，将为你在 4.4 节中学习保障消息处理机制提供帮助和铺垫。

我们把 RabbitMQSpout 的实现放在讨论保障消息处理之后再讲，这是因为 spout 中大量代码是用来重试失败元组的，所以先对保障消息处理有了充分理解之后，才有助于你理解 spout 中的相关代码。

让我们先来看看拓扑中第一个 bolt：AuthorizeCreditCard。

4.3.1 AuthorizeCreditCard 的实现

AuthorizeCreditCard bolt 将接收来自 RabbitMQSpout 的 Order 对象，然后尝试通过调用一个外部服务来验证订单中信用卡的授权信息，并将验证结果更新至数据库中的订单状态。紧接着，这个 bolt 会对外发射一个包含该 Order 对象信息的元组。我们正在讨论的拓扑区域如图 4.3 所示。

这个 bolt 的代码如代码清单 4.3 所示。

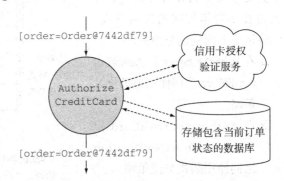

图 4.3 AuthorizeCreditCard 的 bolt 接收来自 RabbitMQSpout 发来的元组，并且不考虑是否授权成功或失败，都向下一个 bolt 发出一个新元组

代码清单 4.3 AuthorizeCreditCard.java

```
public class AuthorizeCreditCard extends BaseBasicBolt {
  private AuthorizationService authorizationService;
  private OrderDao orderDao;

  @Override
  public void declareOutputFields(OutputFieldsDeclarer declarer) {
    declarer.declare(new Fields("order"));
  }

  @Override
  public void prepare(Map config,
                      TopologyContext context) {
    orderDao = new OrderDao();
    authorizationService = new AuthorizationService();
```

信用卡授权验证服务

用于更新数据库中订单状态的 DAO（Data Access Object，数据存取对象）

表明 bolt 将发射一个字段名为 order 的元组

尝试调用
外部的授权
服务对信用
卡授权执行
验证

从输入
的元组中
获取订单
数据

更新数据库
中订单状态为
"准备发货"

更新数据库中
订单状态为"验
证失败"

发送包含有订
单数据的元组到
下游数据流

```
        }

    @Override
    public void execute(Tuple tuple,
                        BasicOutputCollector outputCollector) {
        Order order = (Order) tuple.getValueByField("order");
        boolean isAuthorized = authorizationService.authorize(order);
        if (isAuthorized) {
            orderDao.updateStatusToReadyToShip(order);
        } else {
            orderDao.updateStatusToDenied(order);
        }
        outputCollector.emit(new Values(order));
    }
}
```

一旦计费被验证通过或被拒绝，我们就准备好通知
下游系统，ProcessedOrderNotification 的实现详见下一节。

4.3.2　ProcessedOrderNotification 的实现

这是我们数据流中第二个也是最后一个 bolt，Processed-
OrderNotification 将接收从 AuthorizeCreditCard bolt 发射
过来的 Order 对象，然后通知一个外部系统这个订单已
经处理过了。这个 bolt 不发射任何元组。拓扑中的这个
bolt 部分如图 4.4 所示。

这个 bolt 的代码如代码清单 4.4 所示。

[order=Order@7442df79]

图 4.4　ProcessedOrderNotification bolt
接收来自 AuthorizeCreditCard
的元组，但不发射任何新元
组，并且通知外部系统

代码清单 4.4　ProcessedOrderNotification.java

用于告
知下游数
据流系统
该订单已
经处理过
了的提示
服务

从输
入元组
中提取
订单信
息

提示服务告
知下游数据流
系统该订单已
经处理过了

```java
public class ProcessedOrderNotification extends BaseBasicBolt {
    private NotificationService notificationService;

    @Override
    public void declareOutputFields(OutputFieldsDeclarer declarer) {
        // This bolt does not emit anything. No output fields will be declared.
    }

    @Override
    public void prepare(Map config,
                        TopologyContext context) {
        notificationService = new NotificationService();
    }

    @Override
    public void execute(Tuple tuple,
                        BasicOutputCollector outputCollector) {
        Order order = (Order) tuple.getValueByField("order");
        notificationService.notifyOrderHasBeenProcessed(order);
    }
}
```

当我们把订单已经处理的消息通知给下游系统后，就没有其他事情可做了，拓扑中 bolt 的作用就此结束。到此为止，我们已经完成了一个明确的解决方案（忽略掉的 spout，将在稍后讨论）。在本章中采用的设计 / 实现步骤与我们在第 2 章和第 3 章中采用的步骤是相同的。

这里在实现上与前两章唯一不同之处在于，我们需要确保所有的元组都要被拓扑中的每个 bolt 执行处理。处理财务相关的应用和处理 GitHub 提交数，或者统计社交媒体签到数的应用有很大不同，还记得 4.1.1 节中提到的支持可靠性所需的方法吗？

❑ 一个可靠的数据源和与之相应可靠的 spout。

❑ 一个锚定的元组流。

❑ 一个能够感知每个元组是否已经完成处理，以及广播元组处理失败信息的拓扑。

❑ 一个具备容错能力的 Storm 集群基础环境。

我们目前的设计需要支撑前三个步骤，那么在实现上需要做什么调整呢？答案是不需要做任何修改！因为现有的 bolt 代码已经足够在 Storm 中提供消息处理保障的条件了。我们接下来就深入细节，看看 Storm 是如何做到的以及我们需要依赖的 RabbitMQspout。

4.4　消息处理保障

消息（message）是什么，Storm 是如何确保消息必须被处理的呢？一个消息其实是一个元组的代名词，Storm 要做的是确保消息从 spout 以元组的形式发射出来，并经过拓扑中各 bolt 完成处理。所以，如果一个元组在数据流中某个计算结点失败了，Storm 会立刻被告知这次失败，然后重试这个元组，直到确保这个元组完成了全部的数据处理。Storm 文档中对这种能力的描述是消息处理保障（guaranteed message processing），我们在这本书中沿用这种描述。

如果你想开发强可靠性的拓扑，那么了解消息处理保障是非常有必要的，第一步需要认识的是了解一个元组的处理成功或失败意味着什么。

4.4.1　元组状态：处理完成或失败

当 spout 发射出的一个元组，下游的 bolt 在接收并完成处理后，可能会发射出更多种类的元组，这其实就创建了一棵元组树（tupletree），其中 spout 发射的元组称为根（root）元组。Storm 为每个由 spout 发射出的元组创建一棵元组树，并持续跟踪这棵树的处理情况。当一棵元组树的所有叶结点都标记为已处理，那么 Storm 才会认为由 spout 发出的这个元组已经完整处理过了。为了确保 Storm 能创建并跟踪元组树的状态，你需要借助 Storm 的 API 完成两件事情：

❑ 当 bolt 要发射新的元组时，你需要确保其输入元组已被锚定。如果 bolt 自己能说话，那它此时会对大家说："我准备好了，我将立即发射一个新元组，并且包含初始化的输入元组，你们可以与其建立连接了"。

❏ 确保你的 bolt 在完成对输入元组的处理之后会通知 Storm，这个动作叫做应答（acking），如果用 bolt 说话的方式语言来表达，那就是"Storm，我已经完成了对该元组的处理，可以放心在元组树中将其标记为处理完成了"。

紧接着，Storm 就会开始按需求创建和跟踪元组树。

有向非循环图和元组树

虽然我们称呼它为元组树，其实它全称为有向非循环图（Directed Acyclic Graph，DAG）。有向图是通过有向的边连接的一组结点，一个 DAG 也是一个有向图，但你无法从起始结点开始，通过顺着某个边可以最终回到这个起始结点。早期的 Storm 版本只支持元组树，现在的 Storm 已经开始全面支持 DAG，而对元组树的支持不再做新的更新了。

在理想的情况下，从 spout 发出的元组总是能完整无错地执行处理，但不幸的是软件世界并不总是理想的场景，你需要去预判一些错误。例如以下两种场景，就可能在元组层面上出现错误。

❏ 元组树的叶结点如果在一定的时间内不能被标记为处理完成（已应答）的状态，那么元组树将会报错。而这个时间设置是在拓扑层面上的 TOPOLOGY_MESSAGE_TIMEOUT_SECS 中配置的，缺省值是 30 秒，你可以通过下面的代码来重新设置。

```
Config config = new Config();
config.setMessageTimeoutSecs(60);.
```

❏ 如果一个元组在 bolt 的手动运行中失败，那么在元组树中将立即触发错误。

我们不断提到元组树这个概念，那么接下来就通过一棵元组树的生命周期来解构它的工作原理。

探索元组的奇妙世界

在 spout 发送出一个元组后，一个元组树的初始状态如图 4.5 所示，此时我们就拥有了一个仅有根结点的元组树了。

数据流中第一个 bolt 是 AuthorizeCreditCard，用于提供授权验证服务，并根据结果发射一个新的元组。发射元组后的元组树效果如图 4.6 所示。

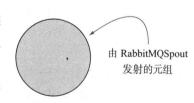

由 RabbitMQSpout 发射的元组

图 4.5 初始化状态的元组树

我们需要在 AuthorizeCreditCard bolt 中去锚定输入的元组，以便 Storm 可以标记该元组为处理完成。图 4.7 显示了锚定元组完成处理后的元组树效果。

一旦一个元组由 AuthorizeCreditCard bolt 发射出来，它将进入到 ProcessedOrderNotification bolt 中，但这个 bolt 不发射新的元组，所以将不会有新的元组加入到元组树中。但是我们需要去应答该输入元组，以便能告诉 Storm 这个 bolt 对该元组的处理结果。处理完元组应答后的元组树状态如图 4.8 所示，此时元组将被认定已经完成了处理操作。

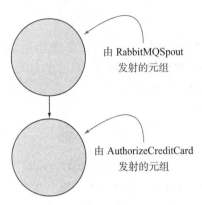

图 4.6　在 AuthorizeCreditCard bolt
发射一个元组后的元组树

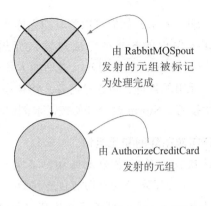

图 4.7　AuthorizeCreditCard bolt 应答了
输入元组后的元组树

在了解了元组树的结构和定义之后，接下来我们就看看如何在代码中实现 bolt 对元组的锚定和应答，以及元组处理失败后可能报出的错误，我们需要如何去应对。

4.4.2　bolt 中的锚定、应答和容错

有两种方法去在 bolt 中实现对元组的锚定、应答和容错：显式（explicit）和隐式（implicit）。之前我们曾提到，bolt 默认已经为消息处理提供了保障机制，而这也恰好是由接下来将讨论的元组锚定、应答和容错功能来实现的。

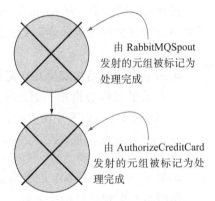

图 4.8　ProcessedOrderNotification bolt
应答了输入元组后的元组树

隐式的锚定、应答和容错

在我们的实现中，所有的 bolt 都继承于 BaseBasicBolt 这个抽象类，而使用 BaseBasicBolt 做为基类的好处，就是因为它自动提供了线程的锚定与应答功能，如下列表就是 Storm 如何提供这些特性的方式：

- ❏ 锚定——在 BaseBasicBolt 实现中的 execute() 方法内，将执行发射一个元组到下一个 bolt 的工作。在这时，BasicOutputCollector 将承担把输出元组锚定至一个对应输入元组的责任。如在 AuthorizeCreditCard 中我们需要发射出订单，那么发出的订单元组将自动锚定到输入的订单元组。

```
outputCollector.emit(new Values(order));
```

- ❏ 应答——当 BaseBasicBolt 中的 execute() 方法执行完成了，发送过来的元组将自动执行应答。
- ❏ 容错——如果在执行 execute() 方法时出错了，系统处理的方式是抛出一个

FailedException 或 ReportedFailedException 的异常，用于通知 BaseBasicBolt 执行的结果，然后由 BaseBasicBolt 标记那个元组为失败（failing）。

通过隐式的锚定、应答和容错操作，使用 BaseBasicBolt 来跟踪元组状态变得非常简单。但是 BaseBasicBolt 并不适用于所有的场景，它只适合应用于当单个元组进入 bolt 并且该 bolt 将只发出一个对应的单个元组的场景，而这恰好是我们的信用卡授权验证的案例场景。但是对于更复杂的场景应用，就需要使用显式的锚定、应答和容错机制了。

显式的锚定、应答和容错

当我们的 bolt 在处理更复杂的任务时，例如：

❏ 需要对多个输入元组执行聚合或是折叠（collapsing）操作。

❏ 需要连接多个输入数据流（在本章中我们不涉及多数据流的情况，但是在第 3 章中的热力图案例，就刚好是有两个数据流流入一个 bolt，其中一个额外数据流是心跳元组流）。

那么接下来看看 BaseBasicBolt 提供的一些额外功能，其中 BaseBasicBolt 适用于可预测的行为。当你需要由程序来判断元组批次是否完成时（例如当执行聚合时），或者在运行中决定是否需要连接两个或更多数据流时，那么系统需要具备判断锚定、应答和容错的能力。在这些案例中，你就需要使用 BaseRichBolt 来代替 BaseBasicBolt 作为基类，如下面的列表所示，展现了继承于 BaseRichBolt 的一个 bolt 内部能实现的功能。

❏ 锚定——为了提供显式的锚定能力，我们需要在 bolt 的 execute() 方法中将输入的元组传到 outputCollector 上的 emit() 方法里：其中 outputCollector.emit(new Values(order)) 将变成 outputCollector.emit(tuple, new Values(order))。

❏ 应答——为了提供显式的应答能力，我们需要在 bolt 的 execute() 方法中调用 outputCollector 的 ack 方法：outputCollector.ack(tuple)。

❏ 容错——这是在 bolt 中的 execute() 的方法内调用 outputCollector 的 fail 方法：throw new FailedException() 将变成 outputCollector.fail(tuple)。

尽管不是所有场景中都能使用 BaseBasicBolt 类，但我们可以使用 BaseRichBolt 来代替前者能实现的所有场景，因为它可以提供更灵活的锚定、应答和容错控制。我们的信用卡授权验证拓扑可以使用 BaseBasicBolt 来实现可靠性，但也可以由 BaseRichBolt 来轻松实现。代码清单 4.5 展示了基于 BaseRichBolt 重写的信用卡授权验证拓扑中的一个 bolt。

代码清单 4.5　在 AuthorizeCreditCard.java 中采用显性的锚定与应答机制

```
public class AuthorizeCreditCard extends BaseRichBolt {        将继承类由
  private AuthorizationService authorizationService;           BaseBasicBolt
  private OrderDao orderDao;                                    切换成
  private OutputCollector outputCollector;                      BaseRichBolt

  @Override
  public void declareOutputFields(OutputFieldsDeclarer declarer) {
```

```
    declarer.declare(new Fields("order"));
}

@Override
public void prepare(Map config,
                    TopologyContext context,
                    OutputCollector collector) {
    orderDao = new OrderDao();
    authorizationService = new AuthorizationService();
    outputCollector = collector;                          ◄── 保存 OutputCollector
}                                                              到一个实例变量中

@Override
public void execute(Tuple tuple,
                    BasicOutputCollector outputCollector) {
    Order order = (Order) tuple.getValueByField("order");
    boolean isAuthorized = authorizationService.authorize(order);
    if (isAuthorized) {
        orderDao.updateStatusToReadyToShip(order);
    } else {
        orderDao.updateStatusToDenied(order);
    }                                                          锚定输入
    outputCollector.emit(tuple, new Values(order));    ◄──      元组
    outputCollector.ack(tuple);                        ◄──  应答输入
}                                                              元组
}
```

关于 BaseBasicBolt 还有一点需要注意的是，我们在每次执行 execute() 方法时都会调用一个 BasicOutputCollector，但是在使用 BaseRichBolt 时，我们也需要通过一个 OutputCollector 来维护元组的状态，并且是在 bolt 初始化时通过 prepare() 方法来实现的。BasicOutputCollector 其实是 OutputCollector 的一个精简版本，它也是由一个 OutputCollector 封装，但是只暴露了更精简的接口，以便隐藏更细粒度的功能。

在使用 BaseRichBolt 时还需要注意的一件事，如果我们不将输出元组锚定到输入的元组上，数据流将很难具备任何可靠性。BaseBasicBolt 通过以下方式来实现锚定：

❑ 锚定——outputCollector.emit(tuple, new Values(order))。

❑ 非锚定——outputCollector.emit(new Values(order))。

在了解了锚定和应答，接下来看看另外一个和前向处理无关的机制：容错性。元组处理失败是一种很常见的情况，所以需要一种机制来保证错误可知以及是否可重试。

处理报错和尝试重试

我们已经涵盖了消息处理保障相关的众多概念，包括锚定和应答，但是还没有解决如何处理报错以及重试。已知在出现错误时，系统可以抛出 FailedException 或 ReportedFailedException 异常（当使用 BaseBasicBolt 时），或者调用 OutputCollector 的 fail 方法（当使用 BaseRichBolt 时）。我们接下来看看 AuthorizeCreditCard bolt 中的上下文，如代码清单 4.6 所示，这里只显示了修改为显式容错机制的 execute() 方法部分。

代码清单 4.6　在 AuthorizeCreditCard.execute() 中的锚定、应答和容错

```
public void execute(Tuple tuple) {
  Order order = (Order) tuple.getValueByField("order");
  try {
    boolean isAuthorized = authorizationService.authorize(order);
    if (isAuthorized) {
      orderDao.updateStatusToReadyToShip(order);
    } else {
      orderDao.updateStatusToDenied(order);
    }
    outputCollector.emit(tuple, new Values(order));        ◁── 锚定输入元组
    outputCollector.ack(tuple);                            ◁── 应答输入元组
  } catch (ServiceException e) {
    outputCollector.fail(tuple);                           ◁── 当服务抛出异常时为
  }                                                              输入元组报错
}
```

通过这种方式报错元组将导致整个元组树从 spout 开始回放重试，而这也是为消息处理建立保障机制的关键，因为这是激活重试机制的主要触发器。所以能第一时间获知元组是否失败了是非常重要的，这可能看上去很显而易见，但是元组在执行重试操作前还需要判断其是否可重试（retriable）。因此问题就变成了需要判断什么是具备可重试特征的，如下面例子所示，为几种不同类型的错误。

❏ 已知错误——可以分为两类：

- 可重试的——对于已知特定的可重试错误（例如连接服务器的时候发生 socket 超时异常），我们就需要对失败的元组尝试回放和重试。

- 不可重试——对于已知但可能重试时出现风险的已知错误（比如针对 REST API 的 POST 方法），或当时不合理的重试（比如处理 JSON 和 XML 时抛出的 ParseException 异常），你没有必要去处理这些失败元组。当遇到不可重试的错误时，你要做的应该是去不断应答这些元组，而不是对元组采取容错（这样就不需要发射新元组了），因为没有必要去触发回放机制。我们建议在这里可以增加某种日志记录或报告的方式，以便帮助你了解拓扑中出现了哪些错误。

❏ 未知错误——一般来说，很少会碰到未知或者意料之外的错误，所以需要针对性地对失败做重试。一旦出现这类错误，其实就变成了一个已知错误（假设日志记录十分准确可支撑判断），你就可以采取可重试或不可重试的方式来处理这类错误。

> **注意**　在 Storm 拓扑中的数据出现错误是很常见的事情，我们将在第 6 章中讨论容错相关的度量（metric）指标。

到此为止，我们讨论了 bolt 中的锚定、应答和容错机制，现在是时候将注意力转到 spout 上了。我们提到过当重试机制得到触发时，重试将从 spout 开始并从上而下地执行，接下来就看看它是如何工作的吧。

4.4.3　spout 在消息处理保障中的角色

到目前为止，我们都一直在讨论如何基于 bolt 实现消息处理的保障机制。在这一节中，我们会完成所有环节，并讨论在保障发射元组完全处理或失败重试的过程中，spout 所扮演的角色。如代码清单 4.7 所示，展示了在第 2 章出现的 spout 接口。

代码清单 4.7　Ispout.java 接口

```
public interface ISpout extends Serializable {
  void open(Map config,
            TopologyContext context,
            SpoutOutputCollector outputCollector);

  void close();

  void nextTuple();                    ①

  void ack(Object messageId);          ②

  void fail(Object messageId);         ③
}
```

spout 是如何参与到消息处理的保障机制中呢？如上面的代码所示：ack ②与 fail ③方法在中间起到重要作用。下面的步骤将更完整地展现 spout 在发射元组前发生的事情，直到该元组完成了处理或是处理失败报错：

1. Storm 通过调用 spout 中的 nextTuple ①请求一个元组。

2. spout 通过 SpoutOutputCollector 发射一个元组到其中一个数据流中。

3. 当 spout 发射出元组，它将提供一个 messageId 用于标识这个指定的元组，看上去像这样：

```
spoutOutputCollector.emit(tuple, messageId);.
```

4. 元组被发送到下游的 bolt 中，并且由 Storm 来跟踪所创建的消息元组树。记住，这是通过各个 bolt 中的锚定和应答来实现的，这样才能让 Storm 具备持续构建树并且标记叶子是否已被处理的能力。

5. 如果 Storm 检测到一个元组已被完整处理，那么它将基于消息的 ID 在初始源头的 spout 中调用 ack ②方法，而其中消息的 ID 则是 spout 提供给 Storm 的。

6. 如果元组处理超时，或者消费 bolt 中的一个元组明显处理失败（比如我们的 Authorize-CreditCard bolt），那么 Storm 将基于消息的 ID 在初始源头的 spout 中调用 fail ③方法。

步骤 3、5 和 6 是 spout 能实现消息处理保障机制的关键，当发射一个元组的时候，系统都会分配一个 messageId。如果不这么做，意味着 Storm 就无法跟踪元组树的状态。如果可以的话，你应该在 ack 方法中添加一部分代码，用于对已经完全处理的元组执行相应的清理工作。当然，你也应该向 fail 方法中添一部分加代码，用于实现元组的重放。

Storm 的 acker 任务

Storm 使用特殊的"acker"任务来保持对元组树的跟踪，以便能检测一个 spout 元组是否经历了完整的处理过程。如果一个 acker 任务发现一棵元组树已经执行完成，它将发射一个消息到最初发射该元组的 spout，并促使 spout 调用其 ack 方法。

看起来我们需要编写一个能支持所有这些标准的 spout 实现。在上一章中，我们了解了不可靠数据源的概念，而不可靠的数据源是无法支持应答和容错的，一旦该数据源向 spout 提交了一个消息，它将假设你需要去承担消息处理的对应责任。另一方面，如果是一个可靠的数据源，它在向 spout 发送消息时，是不会假设你能否对消息处理负责，除非你能提供某种确认的应答。此外，一个可靠的数据源有能力为任何给定的元组提供容错保障，因为它具备在任何时间点对该元组执行重试或回放。简而言之，只有可靠的数据源才能支持步骤 3、5 和 6。

要想印证可靠数据源的功能如何与一个 spout API 匹配应用的最好方法，就是使用常用的数据源实现一个解决方案。Kafka、RabbitMQ 和 Kestrel 都能与 Storm 配合使用，其中 Kafka 是你基础设施库中最有价值的工具，它能与 Storm 很好的协作，我们将在第 9 章中详细介绍。现在我们需要尝试先与 RabbitMQ 配合使用，因为针对我们当前的这个案例它是一个非常合适的方案。

一个可靠的 spout 实现

我们先来看一个基于 RabbitMQ 的 spout 实现，它将提供这个案例中需要的所有可靠性[⊖]。请记住，我们的主要关注点不是 RabbitMQ，而是一个正常实现的 spout 如何与可靠数据源一起提供消息处理的保障机制。如果你不想遵循 RabbitMQ 客户端的 API 规范，不用担心，我们已经在代码清单 4.8 强调了最需要遵循的重要部分。

代码清单 4.8　RabbitMQspout.java

```java
public class RabbitMQSpout extends BaseRichSpout {          // 继承 BaseRichSpout
  private Connection connection;                            // 抽象类来实现 Ispout
  private Channel channel;
  private QueueingConsumer consumer;
  private SpoutOutputCollector outputCollector;

  @Override
  public void declareOutputFields(OutputFieldsDeclarer declarer) {
    declarer.declare(new Fields("order"));                 // 基于默认的访问授
  }                                                        // 权和设置连接到运行
                                                           // 在 localhost 上的
                                                           // RabbitMQ 结点
  @Override
  public void open(Map config,
                   TopologyContext topologyContext,
                   SpoutOutputCollector spoutOutputCollector) {
    outputCollector = spoutOutputCollector;
    connection = new ConnectionFactory().newConnection();  // 当我们从 RabbitMQ
    channel = connection.createChannel();                  // 队列中取出消息时，
    channel.basicQos(25);                                  // 需要在本地消费者
    consumer = new QueueingConsumer(channel);              // (consumer) 中缓冲这
                                                           // 些消息
```

注释（左侧）：每次从 RabbitMQ 消费并在本地缓冲 25 条消息

⊖　你可以在 GitHub 上找到一些更健壮、可配置以及性能优异的基于 RabbitMQ 的 spout 实现：https://github.com/ppat/storm-rabbitmq。

```
        channel.basicConsume("orders", false /*auto-ack=false*/, consumer);
    }


    @Override
    public void nextTuple() {
        QueueingConsumer.Delivery delivery = consumer.nextDelivery(1L);
        if (delivery == null) return; /* no messages yet */
        Long msgId = delivery.getEnvelope().getDeliveryTag();
        byte[] msgAsbytes = delivery.getBody();
        String msgAsString = new String(msgAsbytes, Charset.forName("UTF-8"));
        Order order = new Gson().fromJson(msgAsString, Order.class);
        outputCollector.emit(new Values(order), msgId);
    }
```

发射出订单元组，并基于 RabbitMQ 提供的消息 ID 来执行锚定

当 Storm 准备向下游 bolt 发射下一个消息时，会直接调用下一个新元组

使用 Google 提供的 JSON 解析库（GSON）来反序列化消息为 Order 对象

为 RabbitMQ 队列设置消费订阅，消费的消息将被缓存到本地缓存的消费者（consumer）对象中，并且在下游 bolt 发送回 ack 前不会应答它

通过 RabbitMQ 分配的消息 ID 来识别此消息（也常用于建立 RabbitMQ 和 Storm 之间沟通的桥梁）

从 RabbitMQ 队列的本地缓冲区中提取下一条消息。由于 nextTuple 需要保证线程安全才不会堵塞 Storm，所以超时设置为 1ms

当全部下游 bolt 都完成了这个消息的处理操作，Storm 就需要调用 spout 中的 ack，此时调用的消息 ID 与发射该消息时 spout 锚定于该消息的 ID 是一样的

当所有下游都完整地处理了这个消息时，我们就能通知 RabbitMQ，并告知该消息完成处理并已从队列中移除了

```
    @Override
    public void ack(Object msgId) {
        channel.basicAck((Long) msgId, false /* only acking this msgId */);
    }

    @Override
    public void fail(Object msgId) {
        channel.basicReject((Long) msgId, true /* requeue enabled */);
    }

    @Override
    public void close() {
        channel.close();
        connection.close();
    }
}
```

Storm 会在下游处理失败的时候调用 fail 方法

我们需要告知 RabbitMQ 将该消息重新放回队列重新尝试

　　Storm 在基础设施中提供了大量工具，用于确保 spout 发出的元组可以实现完整处理。但是为了保障消息能被有效地处理，你必须使用一个可以支持元组回放的可靠数据源。另

外，实现的 spout 还需要具备能对数据源提供的数据执行回放的能力。如果你希望在拓扑中为消息处理提供保障机制，那了解以上这几点至关重要。

从 spout 发射锚定和非锚定元组的区别

我们在前几章中创建的拓扑都没有提供消息处理保障或容错机制，在这些章节中虽然也使用了 BaseBasicBolt，并且无形中提供了锚定和应答的支持，但是这些章节中出现的元组并不是来自于可靠的 spout。正因为这些数据源的不可靠性，当我们从 spout 处发射元组时，它们通过 outputCollector.emit（new Values（order））实现"非锚定"的发射。当你在 spout 上不对元组执行锚定操作时，系统也将不能保证它们可以实现完整处理。所以发射元组时不做锚定操作永远都是不合理的，就像我们在热力图案例中所做的那样。

我们已经准备好开发一个十分健壮的拓扑，并将其推向全世界。那么到目前为止，我们已经涵盖了需要支持可靠性所需的 3 个重要因子：

❏ 具有可靠 spout 的数据源。

❏ 提供锚定元组的数据流。

❏ 具备知晓元组执行结果并且能通报错误的拓扑。

但是在开始第 5 章之前，我们还需要讨论最后一个概念：Storm 集群。首先看看与回放（replay）有关的语义，以及如何确定当前的拓扑是否能足够支撑我们的需求。

4.5 回放语义

如果我们要构建健壮的拓扑，就必须考虑包括集群在内的 4 个关键因子，但当你在思考数据流是否也能提供回放特性时，你就会发现其实 Storm 针对事务处理提供了不同级别的可靠性保障。当我们已知数据流可以满足各种需求时，就可以利用其不同的语义来实现处理的可靠性。接下来，就来看看这些不同级别的可靠性吧。

4.5.1 Storm 中可靠性的级别

当我们回顾第 3 章中的数据流时，就会发现不同程度的扩展问题，如果再进一步查看我们设计的拓扑，就会看到可靠性其实可以分为不同级别，我们这里将其分为 3 个级别：

❏ 最多一次处理。

❏ 至少一次处理。

❏ 仅一次处理。

接下来一个个简单解释。

最多一次处理

当你需要确保单个元组不会被处理一次以上的时候，就需要使用最多一次处理的机制。

在这种情况下，不会发生任何重放事务。因此，如果处理成功了当然非常好，但是如果失败了，元组将会被丢弃掉。无论如何，这种语义都是最简单的选项，并且不能为任何操作提供可靠性保障。我们在前面的章节里使用的都是最多一次处理机制，因为这些案例并不要求太高的可靠性。在前面的章节中，我们也使用了 BaseBasicBolt（具有自动锚定和应答功能），但是当把元组从 spout 发射出来的时候，也并没有对元组增加锚定。

你不需要在 Storm 中增加任何操作来实现这一级别的可靠性，但对于下一个级别的可靠性就不一样了。

至少一次处理

当你需要确保单个元组至少能被成功处理一次，就需要使用最少一次处理的机制。这个机制的目的是对单一元组进行多次重放，并且确保在某种情况下可以让它成功执行一次。而你最关心的就是它必须要成功一次，即使这意味着要做大量多余的操作。

要在 Storm 中实现至少一次处理，你需要一个可靠的 spout 和一个可靠的数据源，以及一个带有锚定的数据流和具备应答和容错能力的元组，从而实现最严格的可靠性机制。

仅一次处理

仅一次处理和至少一次处理看上去好像很类似，后者是保证每个元组至少能被成功处理一次，但仅一次处理却只保证每个元组仅且只能被处理一次。

同实现至少一次处理一样，你需要一个可靠的 spout 和一个数据源和一个可靠的数据源，以及一个带有锚定的数据流和具备应答和容错能力的元组，但在这里不同的地方是，你需要确保所有的 bolt 处理逻辑仅对每个元组运行一次。

为了了解你设计系统应该选择哪一种处理机制，我们需要先理解这些机制中最严格复杂但又最微妙的一种：仅一次处理。

4.5.2 在 Storm 拓扑中检查仅一次处理

虽然仅一次处理只是很简单的一句话，但它包含了很复杂的意义在里面，这意味着你需要知道你是否能了解每个工作单元的完成状态，也就是必须完成下面的几步：

1. 执行工作单元。

2. 记录完成的工作单元。

另外，这两个步骤必须作为原子操作（atomic operation）来执行：那意味着你不可能在完成操作后，出现记录失败的情况。你需要一步做到完成工作后就立刻记录结果，如果你在记录结果前，出现执行失败，那么这将意味着你执行的不是仅一次处理，而是通常一次（usually once）处理。在大多数情况下，工作都会被执行一次，而不是不断去重试，这其实衍生出一种非常严格的质量管控机制。

至少一次处理和仅一次处理的处理步骤一样，只是不需要按照原子级别来执行这两个步骤。如果由于某种原因，在工作单元执行操作期间或之后发生失败，系统是允许来执行重试工作的，并重新尝试记录结果。但如果系统不允许执行重试工作，那么你就需要增加一个非常重要的需求：工作单元的输出结果必须是幂等（idempotent）的。一个幂等的动作意味着这个动作在多次执行后，相比第一次执行，都不会对操作对象产生任何的影响，例如：

- ❑ "将 x 设置为 2" 是一个幂等操作。
- ❑ "添加 2 到变量 x 中" 就不是一个幂等操作。

对于需要和外部有交互作用的操作一般不是幂等的，例如向外部地址发送电子邮件。重复执行该工作单元的动作将发出多封电子邮件，这也许根本就不是你所期望的实现效果。

如果你的操作不是幂等的，那么就必须倒退为最多一次处理的机制。你对工作单元的完成情况更看重结果的不重复性，而不是其是否可以被完成。

4.5.3　检查拓扑中的可靠性保障

我们应该如何为拓扑提供更严格的可靠性呢？是否真的有此必要？或者如何判断当前的机制已经足够了？为了回答这些问题，就需要先能判断当前拓扑结构的可靠性级别。

识别当前的可靠性级别

我们的拓扑当前使用的是哪种类型的处理呢？由于设置了消息处理的保障机制，一旦处理中出现失败，系统将对该元组执行重试，这就排除了最多一次处理。那么好，我们接下来就希望向收货的买方收取货款。

那么这里我们需要使用仅一次处理还是选择至少一次处理呢？那么最好先分解一下，我们的"工作单元"为了向客户的信用卡扣取货款费用，并同时需要更新订单的状态，如代码清单 4.9 所示。

代码清单 4.9　检查 AuthorizeCreditCard.java 的 execute() 方法

```java
public void execute(Tuple tuple) {
  Order order = (Order) tuple.getValueByField("order");
  try {
    boolean isAuthorized = authorizationService.authorize(order);    ←─①
    if (isAuthorized) {
      orderDao.updateStatusToReadyToShip(order);                     ←─②
    } else {
      orderDao.updateStatusToDenied(order);
    }                                                                   ③
    outputCollector.emit(tuple, new Values(order));
    outputCollector.ack(tuple);
  } catch (ServiceException e) {
    outputCollector.fail(tuple);
  }
}
```

问题是这样的：这两个步骤是否也在一个原子操作中呢？答案是不是的。我们是可以直接从用户信用卡中扣款，并且不需要去更新订单的状态。在从信用卡中扣款①与更新订单状态（②，③）步之间，可能会发生以下几种情况：

❏ 进程可能会崩溃。

❏ 数据库可能出现结果存储失效。

这就意味着我们没有实现仅一次处理的语义逻辑，而实现的是至少一次处理的语义。再回过头来看看我们的拓扑，那一定是有问题的，因为对元组执行重试操作可能会导致客户的信用卡被多次扣取费用。那应该怎么做才能规避这些风险呢？从目前看来仅一次处理是不可能实现的，但我们起码能稳定有效地实现至少一次处理的操作。

在授权订单的时候提供更稳定的至少一次处理

想要提供更稳定的至少一次处理机制，我们需要判断操作是否具备幂等性。但答案未必是绝对可对等的，因为我们这里需要外部的第三方信用卡授权服务支撑。即使我们可以提供订单 ID 作为唯一的通信标识符，外部服务也可能抛出类似 DuplicateTransactionException 的重复提交异常错误，那么基于异常我们就可以判断是否能更新订单为"准备发货"并继续下一步处理。如代码清单 4.10 所示，如何处理这样的异常。

代码清单 4.10　更新 AuthorizeCreditCard.java 以便能处理 DuplicateTransactionException 异常

```java
public void execute(Tuple tuple) {
  Order order = (Order) tuple.getValueByField("order");
  try {
    boolean isAuthorized = authorizationService.authorize(order);
    if (isAuthorized) {
      orderDao.updateStatusToReadyToShip(order);
    } else {
      orderDao.updateStatusToDenied(order);
    }
    outputCollector.emit(tuple, new Values(order));
    outputCollector.ack(tuple);
  }
  catch (DuplicateTransactionException e) {
    orderDao.updateStatusToReadyToShip(order);
    outputCollector.ack(tuple);
  }
  catch (ServiceException e) {
    outputCollector.fail(tuple);
  }
}
```

> 如果订单已被处理并且是重复的，就需要确保状态已被更新并对元组执行应答

除了和外部服务之间协作上的优化，我们还有什么可以做的呢？如果进程在向用户收费与确认已经支付之间崩溃了，那我们基本上什么都做不了了，除了接受这种有几率发生的事故，还必须准备以非技术方式解决它（例如由客户服务来应答用户的退款申请）。实际上，如果我们的系统足够健壮，这应该是相当少见的情况。

对于"系统无法记录"这样的情况，我们可以添加部分预防措施。例如在向信用卡扣款之前，可以对数据库做一次验证，确保该订单数据状态有效，然后再进行更新操作。这种方

法可以有效降低信用卡在进行扣款操作时，数据库因为关闭而无法更新订单状态的情况。

总的来说，以上这些都是非常值得尝试的做法。如果你要在拓扑中计算非幂等的结果并存储输出，请在开始执行工作单元之前对数据库进行验证，以便能够确保结果可被保存。如代码清单 4.11 所示，如何执行类似这样的检查。

代码清单 4.11　更新 AuthorizeCreditCard.java 用于在执行处理前对数据库做检查

```java
public void execute(Tuple tuple) {
  Order order = (Order) tuple.getValueByField("order");
  try {
    if (orderDao.systemIsAvailable()) {          ◁── 检查数据库
      boolean isAuthorized = authorizationService.authorize(order);    是否可用
      if (isAuthorized) {
        orderDao.updateStatusToReadyToShip(order);
      } else {
        orderDao.updateStatusToDenied(order);
      }

      outputCollector.emit(tuple, new Values(order));
      outputCollector.ack(tuple);
    } else {
      outputCollector.fail(tuple);              ◁── 如果数据库不可用,
    }                                              标记元组处理失败
  } catch (ServiceException e) {
    outputCollector.fail(tuple);
  }
}
```

所以到目前为止，我们已经有效地改善了系统的可靠性，回顾一下我们都做了什么：

1. 授权信用卡。

2. 更新订单的状态。

3. 将变动通知给外部系统

看上去还没提到步骤 3，接下来将详细介绍一下。

为所有步骤都提供更好的至少一次处理

如果我们已经成功完成了前两个步骤，但是在执行第三个步骤时失败了，会出现什么情况呢？我们的进程可能会崩溃；在通知外部系统的时候，元组可能会出现超时。不管怎样，一旦这样的情况出现，Storm 都会对元组执行回放处理。但我们又需要做些什么来应对这种情况呢？

在处理信用卡之前，我们应该确保记录系统可用（如前所述），并确认订单状态尚未处于"准备发货"状态。如果订单尚未准备好发货，那么我们就按正常流程进行。这可能是我们第一次尝试处理这个订单，同时数据库也已经正常启动并运行中。如果此时订单处于"准备发货"的状态，那么我们可能在"更新订单状态"和"通知外部系统"步骤之间出现了故障。在这种情况下，我们希望直接跳过对信用卡进行支付扣款的操作，直接跳转到"通知外部系统"并告知相关的更改。

如果我们能控制这个外部的服务系统，那么可以发起一个请求来顺序执行同样的幂等操作流程，并且让后续的操作直接失效。如果不能，那我们之前遇到的因幂等操作缺失而导致信用卡处理失败的情况依然会存在。

基于此，我们的处理思路中部分步骤也会有所改变，其中步骤 2 是新增的：

1. 从消息队列中取出订单。
2. 确定订单是否被标记为"准备发货"，并按照以下两种情况分别执行：
   - 如果订单被标记为"准备发货"，请跳至步骤 6。
   - 如果订单没有被标记成"准备发货"，继续步骤 3。
3. 通过外部信用卡授权服务器，尝试对信用卡执行授权验证。
4. 如果调用服务成功，更新订单状态。
5. 如果调用服务失败，就稍后重试。
6. 通知独立的下游系统，告知订单已经完成处理。

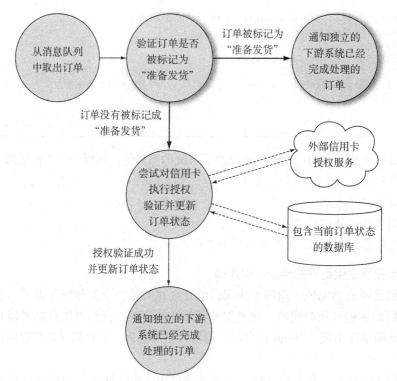

图 4.9　一个电商信用卡授权验证流程的概念性解决方案，能提供更好的至少一次处理的机制

如图 4.9 所示，这些更新的步骤中新增的几步被突出显示。

我们可以通过以下几种方式，将以上解决方案映射到我们的拓扑中。

❏ 添加一个用于执行状态验证步骤的新 bolt，我们命名为 VerifyOrderStatus。
❏ 在 AuthorizeCreditCard bolt 中执行状态验证步骤。

我们选择第二个方案，更新 AuthorizeCreditCard bolt 用于执行验证步骤，这里预留了一个新加的 VerifyOrderStatus bolt 作为本章的练习。AuthorizeCreditCard 需要更新的代码如代码清单 4.12 所示。

代清清单 4.12　更新 AuthorizeCreditCard.java 用于在处理前加入状态检查

```
public void execute(Tuple tuple) {
  Order order = (Order) tuple.getValueByField("order");
  try {
    if(orderDao.systemIsAvailable()) {
      if (!orderDao.orderIsReadyToShip(order)) {

        boolean isAuthorized = authorizationService.authorize(order);
        if (isAuthorized) {
          orderDao.updateStatusToReadyToShip(order);
        } else {
          orderDao.updateStatusToDenied(order);
        }
        outputCollector.emit(tuple, new Values(order));
      }
      outputCollector.ack(tuple);
    } else {
      outputCollector.fail(tuple);
    }
  } catch (ServiceException e) {
    outputCollector.fail(tuple);
  }
}
```

> 我们不仅要检查订单的状态，还要验证系统记录功能是否可用，如前所述

> 无论这里有没有出现错误，始终应答输入的元组

到此为止，我们是否已经完成全部设置了？不过好像我们还是错过了一些东西。当我们完成订单处理操作之后，不能到此就结束，仍然需要去通知外部系统当前的进度，即使"完成"仅仅意味着完成对订单的检查，看看是否可以准备好发货。更新的代码部分如代码清单 4.13 所示，无论如何对元组执行"处理"操作，我们都应该只需要向数据流中发射一次。

代码清单 4.13　更新 AuthorizeCreditCard.java 用于在无论订单是否被"处理"，依然发射一个元组

```
public void execute(Tuple tuple) {
  Order order = (Order) tuple.getValueByField("order");
  try {
    if (orderDao.systemIsAvailable()) {
      if (!orderDao.orderIsReadyToShip(order)) {
        boolean isAuthorized = authorizationService.authorize(order);
        if (isAuthorized) {
          orderDao.updateStatusToReadyToShip(order);
        } else {
          orderDao.updateStatusToDenied(order);
        }
      }
      outputCollector.emit(tuple, new Values(order));
      outputCollector.ack(tuple);
    } else {
```

> 总是与订单一起发射元组，保证外部系统知道需要做点什么

```
      outputCollector.fail(tuple);
    }
  } catch (ServiceException e) {
    outputCollector.fail(tuple);
  }
}
```

到此为止，我们已经得到一个基本完善的解决方案了，即使我们没有实现精确地处理一次机制，但是通过在 AuthorizeCreditCard bolt 中增加部分逻辑，也实现了至少一次处理的机制。当你在设计有可靠性需求的拓扑时，请遵循以上过程。

你需要尽可能地将问题具象化到一个场景，然后确定你需要的语义是至少一次处理还是最多一次处理。如果是至少一次处理，尝试去查找所有可能出现失败的地方，并想办法解决这些问题。

4.6　小结

在本章中，你学到了

❑ 在 Storm 中可以实现的不同级别的可靠性：
  ● 最多一次处理。
  ● 至少一次处理。
  ● 仅一次处理。
❑ 不同的问题有不同级别的可靠性需求，作为开发人员，你需要理解问题所在领域对可靠性的需求。
❑ Storm 的可靠性由 4 个主要部分组成：
  ● 一个可靠的数据源以及一个对应可靠的 spout。
  ● 一个锚定的元组流。
  ● 具备知晓元组执行结果并且能通报错误的拓扑。
  ● 具备容错机制的 Storm 集群基础设施（下一章中介绍）。
❑ Storm 能够通过跟踪元组树，来判断由一个 spout 发射的元组是否被完全处理了。
❑ 为了使 Storm 能够跟踪元组树，你必须将输入元组锚定至输出元组，并应答任何输入的元组。
❑ 将元组失效是通过超时或手动触发 Storm 中的重试机制来实现。
❑ 将元组失效可以基于已知 / 可重试或者未知的错误，但不可以基于已知 / 不可重试的错误。
❑ 一个 spout 在连接到可靠数据源时，必须能显式地处理和重试故障，以便能真正实现消息处理的保障机制。

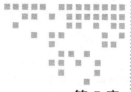

第 5 章 *Chapter 5*

拓扑由本地到远程的实施

本章要点:

❑ Storm 集群

❑ 基于 Storm 集群的容错机制

❑ Storm 集群的安装

❑ 在一个 Storm 集群上部署和运行拓扑

❑ Storm 的 UI 界面以及其主要作用

试想以下场景,你负责去部署一个 Storm 拓扑,基于公司系统中记录下来的日志,分析实时事务的性能。作为一个有责任心的工程师,你决定按照本书中讲解的方式去实施拓扑的部署。按照第 2 章的讲解,你使用 Storm 的核心组件完成了基础拓扑的构建,用第 3 章中涉及的设计模式,设计了拓扑中的各 bolt 需要负责的逻辑处理,紧接着按照第 4 章中提供的信息,为流入拓扑的所有元组都建立了至少一次处理的运算。看上去你已经完成了所有的工作,只需要将这个拓扑挂载到队列里,就能接收录入的事务日志,等待结果的输出,可是然后呢?

你可以像第 2 ~ 4 章里提到的方式,在本地运行你的拓扑,但这样做不可能实现数据量和处理速度的扩展,你要做的是在拥有足够处理生产数据能力的环境下,去部署你完成的拓扑。也就是将 Storm 集群放置到远程(通常称为生产)环境中运行,只有这种环境才能提供具备处理生产级别数据的能力。

 注意 在第 1 章提到,体量决定了流入系统的数据量,速度决定了数据流入系统的节奏。

在本地运行这里的拓扑并且模拟单个进程中的一个 Storm 集群，主要用于验证和测试我们的开发结果。但本地模式不支持第 3 章讨论到的扩展机制，也更不能保证可以达到第 4 章中提到的生产级处理能力，而一个真正的 Storm 集群需要具备这两点要求。

本章将首先介绍 Storm 集群部分以及集群所扮演的重要角色，其次将展开 Storm 对容错机制的一些常见问题。接着我们将开始学习如何安装 Storm 集群，并在这些集群上部署、运行你的拓扑。最后我们将关注一些用于监控拓扑状态的工具：Storm 的 UI 部分。然后再看看它能帮你解决什么问题，具体细节将在第 6 章和第 7 章中详细介绍。

首先就从 Storm 集群开始，先就第 3 章中提到的工作结点做一些展开。

5.1　Storm 集群

在第 3 章中，我们简单了解了工作结点，以及它是如何借助执行器和任务在 JVM 上运行的。在这一节里，我们将更深入学习一下，首先整体上看看 Storm 集群。一个 Storm 集群包含两种类型的结点：主（master）结点和工作（worker）结点。一个主结点将运行一个，称为 Nimbus 的守护进程，而每个工作结点都将运行程序称为 Supervisor 的守护进程。图 5.1 展示了一个主结点和 4 个工作结点如何协同工作。单套 Storm 仅支持一个独立主结点，但可以根据你的需求，支持不同数量的工作结点（我们将在第 6 章和第 7 章中讨论如何判断结点需求数）。

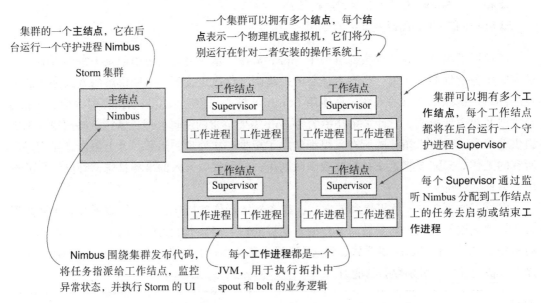

图 5.1　Nimbus 和 Supervisor 以及它们在 Storm 集群中的分工

可以认为主结点是一个控制中心。图 5.1 列举了其责任范围，这里也将是你运行各种

Storm 命令的地方，包括 active（激活）、deactive（使失效）、rebalance（再次平衡）以及 kill（终止）命令（更多命令操作将在本章稍后讲到）。同时，工作结点也是 spout 和 bolt 执行处理逻辑的地方。

　　Storm 集群里另一个大模块就是 Zookeeper。Storm 依赖于 Apache Zookeeper$^{\ominus}$来协调 Nimbus 和 Supervisor 之间的通信。任何在 Nimbus 和 Supervisor 之间协调的状态都存放在 Zookeeper 里。结果就是，如果 Nimbus 或者一个 Supervisor 崩溃了，当它们恢复的时候，将从 Zookeeper 中读取之前的状态，让 Storm 结点整体还原至崩溃前的状态。

　　一个 Zookeeper 结点集成到 Storm 集群中的效果如图 5.2 所示。我们已经从这张图上移除了工作进程，这样你可以更清晰地关注 Zookeeper 是如何在 Nimbus 和 Supervisor 之间协调通信的。

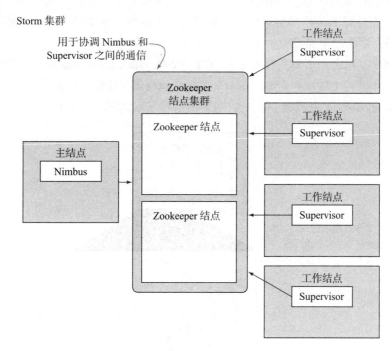

图 5.2　Zookeeper 集群和它在 Storm 集群中的角色

　　在本书余下部分中，如果再次提到"Storm 集群"，指的都是主结点、工作结点和 Zookeeper 结点。

　　尽管主结点和 Zookeeper 结点是 Storm 集群中非常重要的一部分，但我们现在还是需要切换思维，先着眼于工作结点。工作结点是 spout 和 bolt 执行处理的地方，第 6 章和第 7 章将详细讲解如何围绕工作结点来实现优化和故障排查。

　　$\ominus$　http://zookeeper.apache.org/

注意　第 6 章和第 7 章将分析在什么情况下你需要增加一个工作结点上工作进程的数量，以及在什么时候可以适当缩减数量。这两章中也会讨论如何基于工作进程来调优，并详细解释工作进程中的各个细节。

5.1.1　解析工作结点

之前曾经提到，每个工作结点都有个 Supervisor 守护进程，用于管理指定任务的工作进程，并确保其处于运行的状态。如果 Supervisor 注意到其中一个工作进程崩溃了，那么它会立刻对其重启。那么什么是工作进程呢？我们提到它其实是一个 JVM，但从第 3 章中对它的描述来看，它远不仅仅如此简单。

每个工作进程都将执行一个拓扑的子集，这意味着每个工作进程都归属于拓扑中的一个特定部分，而且每个拓扑都会运行一个或多个工作进程。正常情况下，这些工作进程将在 Storm 集群所部署的不同设备中运行。

在第 3 章中，你已经了解了什么是执行器（线程）和任务（spout/bolt 的实例），我们也讨论了一个工作进程（JVM）是如何在一个或多个执行器（线程）上运行，每个线程如何执行一个或多个 spout/bolt 的实例（任务）。这些概念的演示如图 5.3 所示。

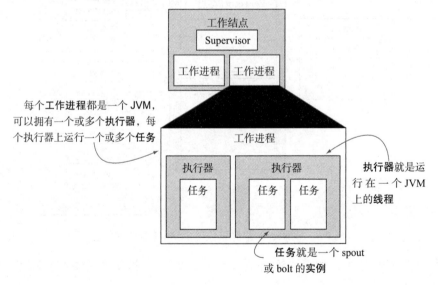

图 5.3　一个工作进程包含一个或多个执行器，每个执行器包含一个或多个任务

其中关键的几个点是：

❑ 工作进程就是一个 JVM。

❑ 执行器就是在 JVM 中的一个执行线程。

❑ 任务就是在 JVM 上一个执行线程中的一个 spout 或 bolt 上运行的实例。

了解这些映射关系对于理解如何调优和故障排查相当重要，例如，第 6 章就解释了为什么你在每个执行器上需要运行多个任务，所以理解执行器和任务之间的关系就非常重要。

为了进入工作结点、工作进程、执行器和任务的全闭环讨论，我们需要先基于第 4 章中的信用卡授权验证的拓扑案例，分别展示一下它们的上下文关系。

5.1.2　基于信用卡授权拓扑的上下文来理解工作结点

本节将展示上一章中信用卡授权拓扑的一个虚构配置，分别以图例和代码来帮助你理解工作进程、执行器和任务三者数量之间的关系。这个虚构的配置如图 5.4 所示。

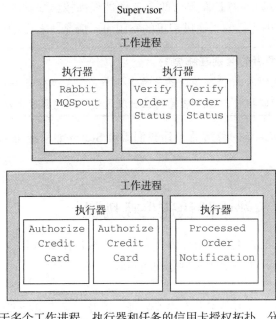

图 5.4　对假设的基于多个工作进程、执行器和任务的信用卡授权拓扑，分解其工作结点的结构

图 5.4 的配置可以基于代码清单 5.1 中的代码来实现。

代码清单 5.1　虚构 Storm 集群案例的配置

将工作进程（JVM）数量设置为 2

```
Config config = new Config();
config.setNumWorkers(2);
config.setMessageTimeoutSecs(60);
```

设置每个元组树在自动失效前需要尝试的时间

```
TopologyBuilder builder = new TopologyBuilder();
```

将执行器（线程）数量设置为 1

```
builder.setSpout("rabbitmq-spout", new RabbitMQSpout(), 1);

builder.setBolt("check-status", new VerifyOrderStatus(), 1)
        .shuffleGrouping("rabbitmq-spout")
        .setNumTasks(2);
```

将每个并行性的 spout 执行器（线程）数量设置为 1，将默认的任务（实例）数量也设置为 1

将任务数（实例）设置为 2

将执行器
（线程）数量
设置为 1

```
builder.setBolt("authorize-card", new AuthorizeCreditCard(), 1)
        .shuffleGrouping("check-status")
        .setNumTasks(2);
builder.setBolt("notification", new ProcessedOrderNotification(), 1)
        .shuffleGrouping("authorize-card")
        .setNumTasks(1);
```

将任务数
（实例）设置
为 2

将执行器（线程）
数量设置为 1

将任务数
设置为 1

当我们完成了对配置文件 Config 中 numWorkers 的设置，也就完成了在这个拓扑上运行的工作进程配置。我们不需要强制让两个工作进程都按照如图 5.4 所示的工作结点来启停，Storm 会根据集群中运行的工作进程里的空闲 slot 情况，来决定它们的启停控制。

> **并行性与并发性两者的区别在哪里？**
>
> 并行性是同时执行两个线程，并发性是至少两个线程在执行一些类型的计算处理。并发性不需要让两个线程同时执行，但如果时间上出现同步，一定程度上也模拟了并行性处理。

回顾了对一个工作结点的分解后，让我们看看 Storm 如何在集群的多个组件之上提供容错机制。

5.2 Storm 集群容错中的快速失败机制

还记得第 4 章中讨论的 4 个用来提供可靠性的因素是什么吗？

❑ 一个可靠的数据源和与之相应可靠的 spout。
❑ 一个锚定的元组流。
❑ 一个能够感知每个元组是否已经完成处理，以及广播元组处理失败信息的拓扑。
❑ 一个具备容错能力的 Storm 集群基础设施。

现在讨论最后一点，一个具备容错能力的 Storm 集群基础设施。Storm 集群的组件在设计初期就考虑了容错性，所以对于 Storm 来说，在解释如何处理容错情况的时候，更像是在解释"当遇到一个问题时，Storm 会怎么做"。表 5.1 列举了对容错来说最重要的几个问题。

表 5.1　关于容错的常见困惑

问题	解答
如果一个工作结点崩溃了怎么办	Supervisor 将自动重启，并给它指派新的任务。所有没有基于既定时间内实现应答的元组，将由 spout 完全回放。这就是为什么 spout 需要支持回放功能（也就是 spout 的可靠性），spout 背后的数据源也需要具备可靠性（支持回放）
如果一个工作结点在重启之后还在持续崩溃呢	Nimbus 将重新指派该任务给另外一个工作结点
如果运行工作结点的机器崩溃了呢	Nimbus 将重新指派该任务给另外一个可正常运行的机器

（续）

问题	解答
如果 Nimbus 崩溃了呢	因为 Nimbus 运行在 Supervisor 上（使用类似于 Daemontool 或者 Monit 软件的工具），它们都可以在重启之后清除之前的故障
如果 Supervisor 崩溃了呢	因为 Supervisor 运行在另外一个 Supervisor 之上（使用类似 Daemontools 或者 Monit 软件的工具），它们都可以在重启之后清除之前的故障
Nimbus 是否是一个单点故障	不一定是，因为 Supervisor 和工作结点都会持续运行，但你会丧失重新指派工作结点给另外一台机器上或者重新部署新拓扑的能力

你可以看到，Storm 在场景中维持一种快速失败（fail-fast）的机制，它确保设备中的每一个部分都可以重启，并且自我重新校正，然后继续运行。如果元组刚好处于失效期间的某个环节，那么它将自动失败。

无论因为错误失效的设备是一个实例（任务），还是一个线程（执行器），或者是一个 JVM（工作进程）以及一个 VM（工作结点），都没有关系。因为在每个层面上，都有保障机制来确保所有组件都能自动重启（因为一切都是运行在 Supervisor 之上的）。

我们已经讨论了 Storm 集群所能提供的并行性和容错机制所带来的好处，那么如何确保这些集群可以持续运行呢？

5.3　安装 Storm 集群

Storm 的 Wiki（维基）页面提供了十分全面的安装教程。配置一个 Storm 结点可以按照以下几个步骤：

1. 准备用于配置 Zookeeper 的资料，搜集如何维护 Zookeeper 集群的资料。
2. 在主结点和工作结点的机器上安装 Storm 的相关组件。
3. 在主结点和工作结点的机器上下载并解压缩一个 Storm 版本。
4. 在主结点和工作结点上通过 storm.yaml 文件完成配置。
5. 使用 Storm 脚本启动 Nimbus 和 Supervisor 守护进程。

接下来一一展开以上步骤的细节。

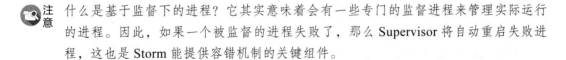

注意　什么是基于监督下的进程？它其实意味着会有一些专门的监督进程来管理实际运行的进程。因此，如果一个被监督的进程失败了，那么 Supervisor 将自动重启失败进程，这也是 Storm 能提供容错机制的关键组件。

5.3.1　配置 Zookeeper 集群

配置 Zookeeper 集群的方法不在本书的探讨范围内，你可以在 Apache Zookeeper 的项目页上获取如何安装 Zookeeper 的详细指导文档，地址是：http://zookeeper.apache.org，按照上面的步骤配置即可。

但在运行 Zookeeper 的时候，需要牢记以下几点：

❑ Zookeeper 的设计宗旨是"快速失败"，也就是说如果出现错误，而且无法从错误中自动恢复，那么它将自动关闭服务。这与 Storm 的集群在搭配上好像并不是很契合，因为 Zookeeper 协调的是 Nimbus 和 Supervisor 实例之间的通信，正因为如此，我们必须有一个监督进程，它负责管理线上 Zookeeper 实例的运行状态，这样即使一个 Zookeeper 实例停止工作，整个集群也能继续执行服务。这个监督进程将分别处理每个独立 Zookeeper 服务器的失败故障，确保 Zookeeper 集群可以实现自我恢复。

❑ 因为 Zookeeper 是一个长期运行的进程，所以它的事务日志将变得非常庞大，这很有可能导致 Zookeeper 面临磁盘空间不足的问题。所以就非常有必要设置一些进程，专门负责日志的压缩（或者存档）。

5.3.2 在 Storm 的主结点和工作结点上安装依赖组件

接下来，在选定的服务器设备上，为 Storm 安装相关依赖组件，用于支持 Nimbus 和 Supervisor 的运行。相关需要安装的依赖组件清单如表 5.2 所示。

表 5.2 Storm 主结点和工作结点外部组件需求

依赖性	为什么需要	下载地址
Java 6+	Storm 需要在 JVM 上运行，而目前 Storm 最新版本需要 Java 6 的运行环境	www.oracle.com/us/technologies/ java/overview/index.html
Python 2.6.6	Storm 的标准命令行工具需要 Python 环境，并且也要在 Java 下执行	https://www.python.org/downloads/

一旦完成了这些外部环境的安装，就可以在满足要求的服务器上部署 Nimbus 和 Supervisor，然后安装 Storm 了。

5.3.3 安装 Storm 到主结点和工作结点

Storm 的安装过程可以查看线上文档，地址是：http://storm.apache.org/downloads.html。在本书中，我们使用的版本是 apache-storm-0.9.3，你需要分别在每台服务器上下载并解压缩相同版本 Storm release 的 zip 包，安装路径没有要求，可以类似这样的地址：/opt/storm。解压缩后的 /opt/storm 目录内容如图 5.5 所示。

图中有两个文件需要在本章里特别关注的，分别是 /opt/storm/bin/storm 和 /opt/storm/conf/storm.yaml。首先看看 storm.yaml 文件和它的作用。

5.3.4 通过 storm.yaml 配置主结点和工作结点

Storm release 压缩包中包含了一个 conf/storm.yaml 文件，用

```
/opt/storm
  bin
    storm
    storm-config.cmd
    storm-local
    storm.cmd
  conf
    storm.yaml
  lib
  logback
  logs
  public
  CHANGELOG.md
  DISCLAIMER
  LICENSE
  NOTICE
  README.markdown
  RELEASE
```

图 5.5 将 Storm release 压缩包解压后的内容

于配置 Storm 的守护进程。如果你需要对其中一部分参数重新定义，可以对配置进行重写，例如有很多默认是指向"localhost"的，这个文件的重写配置可以参考 defaults.yaml[⊖]。一些初始的配置选项如表 5.3 所示，你可能需要对这部分做一些重写，才能保证你的 Storm 集群可以正常启动、运行。

表 5.3　在安装 Storm 的过程中，需要对 storm.yaml 文件重写的属性

属性	描述	默认值
storm.zookeeper. servers	用于支持 Storm 集群的 Zookeeper 集群中的主机文件列表	storm.zookeeper.servers: - "localhost"
storm.zookeeper. port	如果你的 Zookeeper 集群需要配置与默认值不一样的端口	storm.zookeeper.port: 2181
storm.local.dir	Nimbus 和 Supervisor 守护进程用于存储少量状态时使用的目录，你需要在每台服务器上建立这些目录并赋予相应的权限，以便能正常运行 Nimbus 和工作结点	storm.local.dir: "stormlocal"
java.library.path	Java 的安装位置	java.library.path: "/usr/ local/lib:/opt/local/ lib:/usr/lib"
nimbus.host	安装 Nimbus 的主机名	nimbus.host: "localhost"
supervisor.slots. ports	对于每台工作服务器，用于接收消息的端口，而在每台运行 Storm 工作结点的服务器上，可用的端口数量将决定 Storm 在每个工作结点机器上运行的工作进程数	supervisor.slots.ports: - 6700 - 6701 - 6702 - 6703

你需要对集群中的每个结点都更新一下配置，如果有大量的工作结点，这样的工作量会很烦冗而乏味。为了解决这个问题，推荐使用一些外部工具（例如 Puppet[⊜]）来自动实现对每个结点的部署和配置。

5.3.5　在监督机制下启动 Nimbus 和 Supervisor

之前已经提到，在监督机制下运行守护进程是用于设置 Storm 集群的关键步骤，而这个监督进程还允许系统实现容错。那么，这到底意味着什么呢？又是怎么做到的呢？

Storm 是一个"快速失败"的系统，这意味着任何 Storm 进程在遇到未知的错误时都会停止。Storm 中的任何进程都可以在任意时间点安全停止又能在进程重启时恢复，而这一切容错能力都归功于在监督机制下去运行进程。正因为如此，Storm 守护进程中的故障不影响拓扑。那么在监督机制下运行 Storm，需要执行以下几个命令。

❏ 启动 Nimbus：在主结点服务器上，基于监督机制执行 bin/stormnimbus。

❏ 启动 Supervisor：在每台工作服务器上，基于监督机制执行 bin/storm supervisor。

⊖　可以在如下地址获取默认的 defaults.yaml 文件：https://github.com/apache/storm/blob/master/conf/defaults.yaml。

⊜　http://puppetlabs.com/。

❏ Storm UI：在主结点服务器上，基于监督机制执行 bin/storm ui。

运行 Storm 的后台程序是配置 Storm 集群的最后一步，当所有配置完成后启动服务，你的集群就可以开始接纳拓扑入驻了。接下来，就让我们来看看如何在一个 Storm 集群上运行你自己的拓扑。

5.4　在 Storm 集群上运行拓扑

上一章讨论了如何在本地运行自己的拓扑，这么做对学习 Storm 的基础知识很有帮助，但如果想让 Storm 为你提供生产价值（特别是确保每一行消息都能以并行性来执行处理），就需要实现一个远程的 Storm 集群。这一节将展示如何基于第 4 章中信用卡授权的拓扑案例，增加部分代码就实现远程部署，大概步骤如下：

❏ 回顾一下拓扑组件的相关代码。
❏ 演示如何在本地模式下执行拓扑的代码。
❏ 演示如何在一个远程 Storm 集群中执行拓扑的代码。
❏ 演示如何打包并部署代码至远程 Storm 集群。

5.4.1　重新考虑如何将拓扑组件组合在一起

在正式讨论如何实现本地模式和远程模式下运行拓扑之前，先快速回顾一下在第 4 章中将信用卡授权案例的组件组合在一起的代码以及相关上下文。5.1.2 节已展示了部分代码，接下来将以结构化的格式来演示更多详情，如代码清单 5.2 所示。

代码清单 5.2　用于构建信用卡授权的拓扑代码 CreditCardTopologyBuilder.java

```java
public class CreditCardTopologyBuilder {
  public static StormTopology build() {
    TopologyBuilder builder = new TopologyBuilder();

    builder.setSpout("rabbitmq-spout", new RabbitMQSpout(), 1);

    builder.setBolt("check-status", new VerifyOrderStatus(), 1)
        .shuffleGrouping("rabbitmq-spout")
        .setNumTasks(2);

    builder.setBolt("authorize-card", new AuthorizeCreditCard(), 1)
        .shuffleGrouping("check-status")
        .setNumTasks(2);
    builder.setBolt("notification", new ProcessedOrderNotification(), 1)
        .shuffleGrouping("authorize-card")
        .setNumTasks(1);

    return builder.createTopology();
  }
}
```

我们将建立拓扑的代码封装在 CreditCardTopologyBuilder.java 中，因为无论是在本地，还是在远程运行 Storm 集群,这部分代码都不会变动了。这和第 3 章中提到的方式类似,好处就是无论在任意地方需要实现这个拓扑的构造,都不用重复调用同样的一段代码了。

既然已经有了构建拓扑的代码,接下来将展示如何在本地完成构建并且运行拓扑。

5.4.2　在本地模式下运行拓扑

本地模式最适用于拓扑的开发阶段,它允许你在本地机器上模拟一个运行中的 Storm 集群,以便实现拓扑的快速开发和测试验证。这样的好处是在代码层面可以更灵活地实现调整,以及对一个运行中的拓扑进行功能上的验证测试。尽管如此,本地运行拓扑的缺点如下:

- ❏ 你无法实现和远程 Storm 集群类似的并行性,这让并行性配置的测试异常艰难,但对于本地模式来说也不是不可能。
- ❏ 本地模式不会暴露潜在的序列化问题,因为 Nimbus 会尝试对 spout 和 bolt 的实例按照工作结点分别执行序列化操作。

代码清单 5.3 展示了类 LocalTopologyRunner 的代码细节,其中一个 main() 方法将在本地运行我们在代码清单 5.2 中构建的拓扑。

代码清单 5.3　用于在本地集群上运行拓扑的 LocalTopologyRunner.java

```
public class LocalTopologyRunner {
  public static void main(String[] args) {
    StormTopology topology = CreditCardTopologyBuilder.build();

    Config config = new Config();
    config.setDebug(true);

    LocalCluster cluster = new LocalCluster();
    cluster.submitTopology("local-credit-card-topology",
                           config,
                           topology);
  }
}
```

使用 Credit-CardTopology-Builder 的方法来构建拓扑

在本地运行时一般都运行在调试(debug)模式下,以了解内部工作原理的细节

在本地内存中模拟 Storm 集群

向本地集群提交拓扑,传参包括拓扑的名称、配置和拓扑

你应该会对以上代码很眼熟吧,但我们在这想要强调的是,需要一部分代码可以实现将拓扑提交至远程的 Storm 集群上。幸运的是,无论提交本地还是远程,代码内容上都没有太大区别,接下来就详细看看。

5.4.3　在一个远程 Storm 集群上运行拓扑

用于本地运行和在远程运行拓扑的代码其实很类似,唯一的区别在于代码中对拓扑提交至集群的对象选择。另外,还需要做适当的配置调整,因为本地模式的一些功能可能不支持远程模式(例如消息的并行性和保障处理),如代码清单 5.4 所示,需要调用一个类

RemoteTopologyRunner 中的代码。

代码清单 5.4　用于将拓扑提交至远程集群的类 RemoteTopologyRunner

使用 Credit-
CardTopology-
Builder 的方法
来构建拓扑

```
public class RemoteTopologyRunner {
  public static void main(String[] args) {
    StormTopology topology = CreditCardTopologyBuilder.build();

    Config config = new Config();
    config.setNumWorkers(2);
    config.setMessageTimeoutSecs(60);

    StormSubmitter.submitTopology("credit-card-topology",
                                  config,
                                  topology);
  }
}
```

配置工作进程
（JVM）数量为
2，这也是仅限
于在使用远程集
群中的拓扑时，
才会进行配置的
参数

使用 StormSubmitter 向
远程集群提交拓扑，传参包
括拓扑的名字、配置和拓扑

配置一棵元组树
在自动失效前的有
效时间

你可以看到，唯一的区别就是在于部分配置，以及提交的方法用 StormSubmitter. submitTopology 替换了 LocalCluster.submitTopology。

> **注意** 我们已经通过 3 个不同的类（CreditCardTopologyBuilder、LocalTopologyRunner 和 RemoteTopologyRunner）分别展示了如何构建、在本地运行和在远程运行拓扑的方法，无论你是否也采取类似方式，我们在所有自己实际使用的拓扑上都是按照这种流程来实现的。

既然我们已经完成了在一个远程集群上运行拓扑的代码，接下来就看看在物理层面上，如何实现这些代码，让 Storm 运行起来。

5.4.4　在一个远程 Storm 集群上部署拓扑

我们已经不止一次提到部署（deploy）这个词了，那么在远程上部署拓扑究竟需要做些什么呢？这里提到的部署，是需要先将一个包含编译完成的拓扑 JAR 包复制到目标物理机上，并在安装好的 Storm 上完成配置，让其运行起来。一个解压缩后的 Storm release 压缩包内容如图 5.6 所示。

你需要确保更新了 /opt/storm/conf/storm.yaml 文件，这样 nimbus.host 才能正确匹配对应地址。接着还需要检查一下 /opt/ storm/bin/storm 文件，这是用于部署拓扑 JAR 包到远程集群上的执行器。在部署拓扑时使用的命令如图 5.7 所示，其中需要注意执行 Storm 时使用的是绝对路径，指向的

图 5.6　解压缩后的 Storm release
压缩包内容

是 /opt/storm/bin/storm。如果你不希望这么做，也可以将 /opt/storm/bin 配置到你的 PATH 中，这样就可以在服务器上任意位置的命令行中执行 storm 命令了。

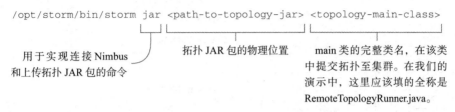

图 5.7　用于在 Storm 集群上部署拓扑的代码

在完成需要执行的命令（如图 5.7 所示）后，拓扑会启动并运行在 Storm 集群上。一旦拓扑运行起来了，如何才能知道它是真的按照预期在工作并传输数据呢？接下来我们就来看看 Storm UI。

5.5　Storm UI 及其在集群中的角色

Storm UI 其实是 Storm 集群和独立拓扑中的诊断角色，如同 5.3.5 节中所描述的，在 Nimbus 上通过运行命令 /bin/storm ui 即可启动 Storm UI。其中，在 defaults.yaml 文件中有两个属性可用于配置 Storm UI：

1. nimbus.host——Nimbus 服务器的主机列表。

2. ui.port——用于支撑 Storm UI 的端口数（默认配置是 8080）。

一旦运行起来了，从网页浏览器中输入 http://{nimbus.host}:{ui.port} 即可获取 Storm UI：

其中，Storm UI 包含几个部分：

❑ 集群的概要展示。

❑ 每个独立拓扑的概要展示。

❑ 每个 spout 和 bolt 的展示。

每个部分将以不同的粒度水平，分别展示 Storm 集群的各相关部分信息。Cluster Summary（集群概要）界面基本上体现了 Storm 集群的全部情况，如图 5.8 所示。

点击一个特定的拓扑链接（如图 5.8 所示，例如 github-commit-count），可以进入该拓扑的概要界面，这里的信息将主要包含指定拓扑的运行情况，如图 5.9 所示。

5.5.1　Storm UI：Storm 集群概要

Storm Cluster Summary 包含 4 个部分，如图 5.10 所示。

每个部分都将分别展示以下几个部分的概要。

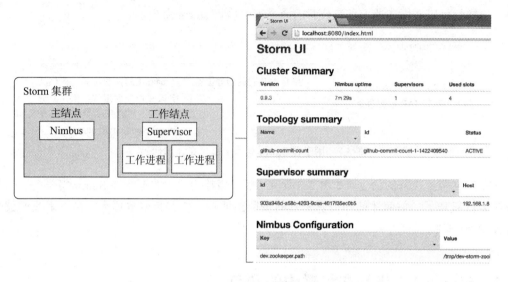

图 5.8　Cluster Summary 界面展示了整个 Storm 集群的各部分细节

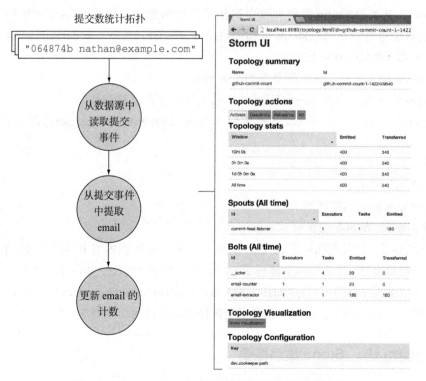

图 5.9　Topology summary 界面展示了指定拓扑的概要

图 5.10 Storm UI 中展示的 Cluster Summary 界面截图

集群概要

Cluster Summary 部分提供了一个关于 Storm 集群的小而精的概要信息，如图 5.11 所示，你可能会注意到这里的 slot（槽）参数，以及每个 slot 对应的工作进程。那么一个占用两个 slot 的集群意味着在这个集群上有两个运行中的工作进程。如图 5.11 所示，每一列显示更多详细信息。

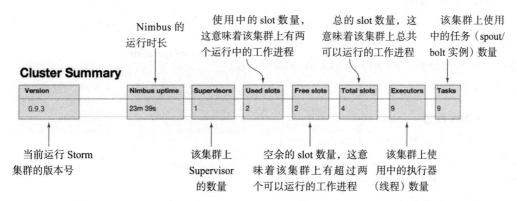

图 5.11 Storm UI 中 Cluster Summary 界面上的 Cluster Summary 部分截图

拓扑概要

拓扑概要（Topology summary）列举了全部部署在该集群上的拓扑，如图 5.12 所示，在这里你可以看到更多细节信息。

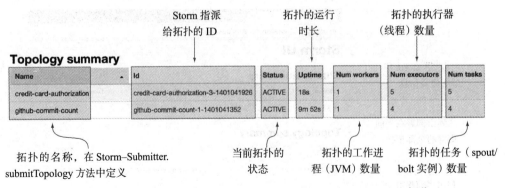

图 5.12　Storm UI 中 Cluster Summary 界面上的 Topology summary 部分

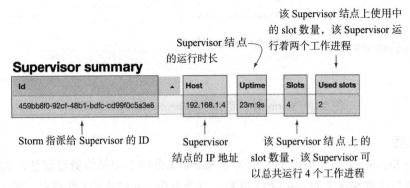

图 5.13　Storm UI 中 Cluster Summary 界面上的 Supervisor summary 部分

Supervisor 概要

Supervisor 概要列出了该集群上的所有 Supervisor，同时，如图 5.13 所示，你可能会注意到 slot 部分，以及对应在特定 Supervisor 结点上的工作进程。图 5.13 展示了你可以查看到的完整细节。

Nimbus 配置

Nimbus 配置列出了在 defaults.yaml 中定义的配置信息，以及在 storm.yaml 中重写的参数信息。图 5.14 所示展示了你可以查看到的完整细节。

在了解了集群概要的各部分信息之后，我们接下来要看看拓扑部分的界面展示。可以通过单击列表上的拓扑名称，进入该拓扑的详细信息展示中。

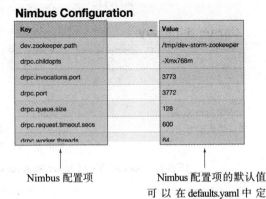

图 5.14　Storm UI 中 Cluster Summary 界面上的 Nimbus Configuration 部分

5.5.2　Storm UI：独立拓扑概要

每个独立拓扑的概要展示界面如图 5.15 所示。

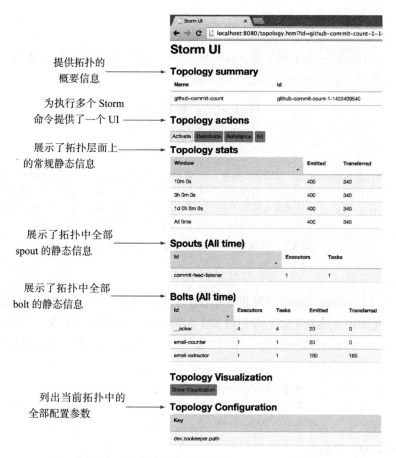

提供拓扑的
概要信息

为执行多个 Storm
命令提供了一个 UI

展示了拓扑层面上
的常规静态信息

展示了拓扑中全部
spout 的静态信息

展示了拓扑中全部
bolt 的静态信息

列出当前拓扑中的
全部配置参数

图 5.15　Storm UI 中的 Topology summary 截图

界面中的每个区域都包含以下细节。

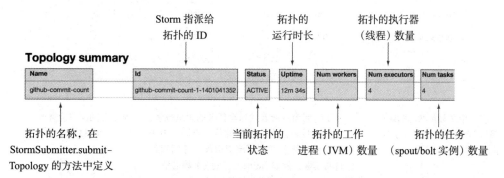

Storm 指派给
拓扑的 ID

拓扑的
运行时长

拓扑的执行器
（线程）数量

拓扑的名称，在
StormSubmitter.submit-
Topology 的方法中定义

当前拓扑的
状态

拓扑的工作
进程（JVM）数量

拓扑的任务
（spout/bolt 实例）数量

图 5.16　Storm UI 中 Topology summary 界面上的 Topology summary 部分

拓扑概要

拓扑概要部分提供了一个关于你的拓扑小而精的概要信息，如图 5.16 所示，这个区域的每一列都将展示对应的详细信息。

拓扑动作

拓扑动作（Topology actions）部分将在界面中展示拓扑的激活、取消激活、重平衡和终止的状态，这些动作的详细信息如图 5.17 所示。

图 5.17　Storm UI 中拓扑的动作信息部分截图

拓扑统计

拓扑统计（Topology stats）区域将在拓扑的层面上提供一些基础的静态信息，包括全部时间、过去 10 分钟、过去 3 个小时和过去 1 天的状态。这些时间维度也可以应用在 spout 和 bolt 的统计页面上，这部分稍后会提到。如图 5.18 所示，你可以在这个区域内看到更多详细信息。

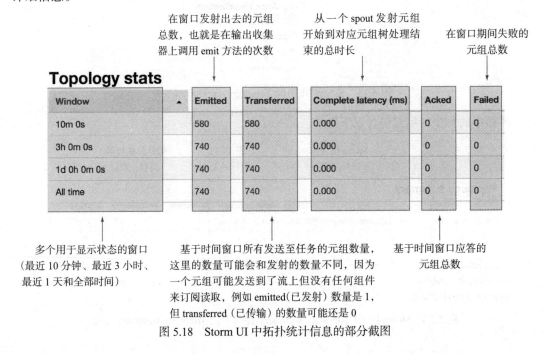

图 5.18　Storm UI 中拓扑统计信息的部分截图

spout 状态

spout 区域将基于时间窗口以及选定的拓扑，来展示该拓扑上统计的全部 spout 的静态数据（最近 10 分钟、最近 3 小时、最近 1 天和全部时间）。这些状态的详细信息如图 5.19 所示。

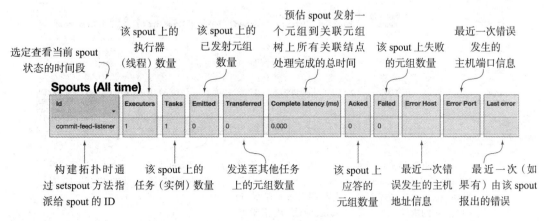

图 5.19　Storm UI 中 spout 状态信息的部分截图

bolt 状态

bolt 区域将基于时间窗口，以及选定的拓扑，来展示该拓扑上统计的全部 bolt 的静态数据（最近 10 分钟、最近 3 小时、最近 1 天和全部时间）。如图 5.20 所示，显示了这些状态直至 Capacity（容量）列的详细信息。其余列的信息如图 5.21 所示。

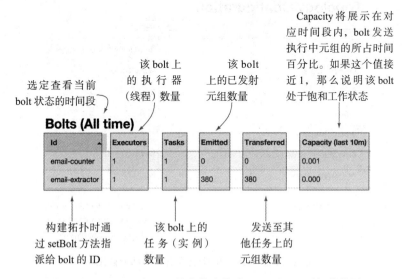

图 5.20　Storm UI 中 bolt 状态信息的直至 Capacity 列部分截图

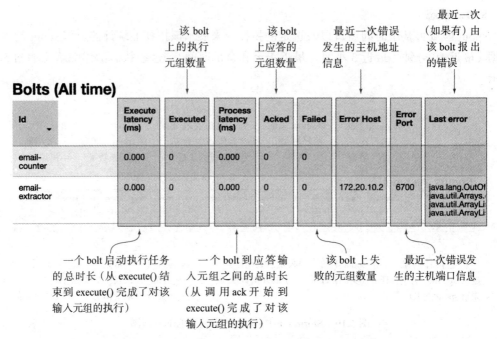

图 5.21　Storm UI 中 bolt 状态信息的其余列部分截图

拓扑配置

拓扑配置列出了选定的指定拓扑内相关配置，如图 5.22 所示，你可以在这个区域内看到更多详细信息。

Topology Configuration

Key		Value
dev.zookeeper.path		/tmp/dev-storm-zookeeper
drpc.childopts		-Xmx768m
drpc.invocations.port		3773
drpc.port		3772
drpc.queue.size		128
drpc.request.timeout.secs		600
drpc.worker.threads		64

拓扑配置项　　　　　　　　　　在 defaults.yaml、storm.
yaml 和代码中构建拓扑
时使用到的配置项的值

5.22　Storm UI 中拓扑配置信息的部分截图

从拓扑的概要区域上看，你可以深入查看每个独立的 spout 或者 bolt，直接在该区域列出的 spout 和 bolt 的列表中，点击名称的链接即可跳转。

5.5.3　Storm UI：独立 spout/bolt 概要

如图 5.23 所示，你可以在界面上查看到每个独立 bolt 的 6 部分信息。

提供了组件的概要信息，在这里的案例中，为邮件的解压缩 bolt

显示了 bolt 的静态概要信息

显示了由该 bolt 发射，并与输入元组相关的静态数据

显示了由该 bolt 发射，并与输出元组相关的静态数据

显示了由该 bolt 执行的执行器（线程）的相关静态数据

显示了在该 bolt 中产生的错误

Storm UI

Component summary

Id	Topology	Executors	Tasks
email-extractor	github-commit-count	1	1

Bolt stats

Window	Emitted	Transferred	Execute latency (ms)	Executed	Process latency (ms)	Acked	Failed
10m 0s	140	140	0.286	140	0.429	140	0
3h 0m 0s	140	140	0.286	140	0.429	140	0
1d 0h 0m 0s	140	140	0.286	140	0.429	140	0
All time	140	140	0.586	140	0.429	140	0

Input stats (All time)

Component	Stream	Execute latency (ms)	Executed	Process latency (ms)	Acked	Failed
commit-feed-listener	default	0.286	140	0.429	140	0

Output stats (All time)

Stream	Emitted	Transferred
default	140	140

Executors

Id	Uptime	Host	Port	Emitted	Transferred	Capacity (last 10m)	Execute latency (ms)	Executed	Process latency (ms)	Acked	Failed
[4-4]	4m 26s	192.168.1.5	6704	140	140	0.000	0.286	140	0.429	160	0

Errors

Time	Error

图 5.23　Storm UI 中的 bolt 概要信息

组件概要

组件概要区域展示了选中 bolt 或 spout 的应用层信息，如图 5.24 所示。

在该 bolt 中的任务（实例）数量

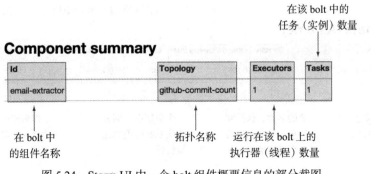

Component summary

Id	Topology	Executors	Tasks
email-extractor	github-commit-count	1	1

在 bolt 中的组件名称　　拓扑名称　运行在该 bolt 上的执行器（线程）数量

图 5.24　Storm UI 中一个 bolt 组件概要信息的部分截图

统计状态

bolt 统计状态区域展示的内容和你在拓扑概要中看到的 bolt 内容基本一致，但这里主要是每个独立的 bolt 信息，如图 5.25 所示。

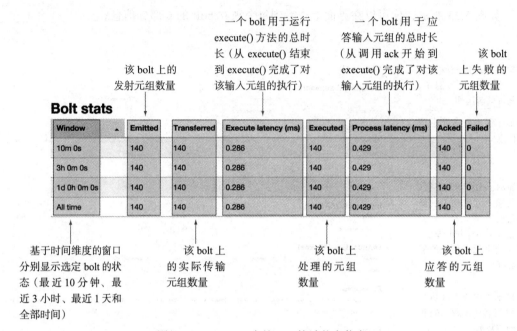

图 5.25　Storm UI 中的 bolt 统计状态信息

输入统计状态

输入统计状态显示了与被 bolt 消耗的元组相关静态信息，这些静态信息与一个特定的流相关联，在这里的案例中就是默认的流。该区域的细节展示如图 5.26 所示。

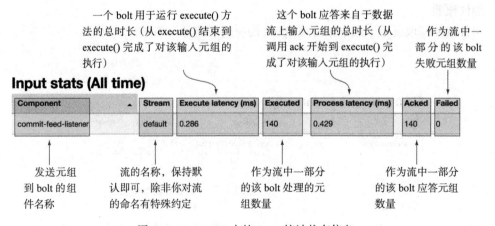

图 5.26　Storm UI 中的 Input 统计状态信息

输出统计状态

输出统计状态显示了与被 bolt 发送的元组相关的静态信息，该区域的细节展示如图 5.27 所示。

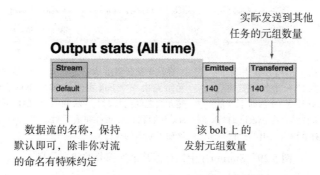

图 5.27　Storm UI 中的输出统计状态信息

执行器

执行器区域展示了全部执行的实例运行状态，我们可以将这个流拆分成两部分，第一部分的展示如图 5.28 所示，剩余部分的展示如图 5.29 所示。

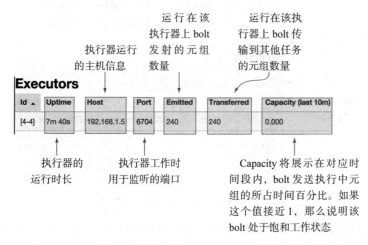

图 5.28　Storm UI 中的执行器直至 Capacity 列的部分状态信息

报错

如图 5.30 所示，可以在报错（Errors）区域查看该 bolt 上产生的所有历史报错信息。

Storm UI 提供了足够丰富的信息，来提供尽可能多的信息，支持你判断当前拓扑在生产环境中的工作状态。基于 Storm UI，你可以很快发现拓扑是否处于健康的运行状态，或者在哪个地方出了问题。你还需要通过界面的信息，尽快定位报错的位置，排查出导致拓扑出错的原因，甚至是找到整体系统中的一个瓶颈。

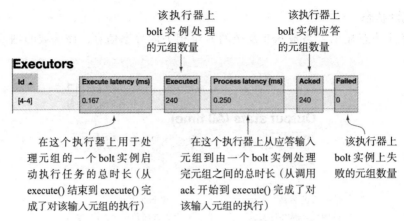

图 5.29　Storm UI 中执行器其余列部分的状态信息

你可以想象一下，一旦你在一个 Storm 集群的生产环境中部署了一套拓扑，你的工作才刚刚开始。一旦部署完成，你就需要切换到下一个阶段的工作，那就是确保拓扑处于稳定高效的状态，也就是要对系统做全面的调优和故障排查，接下来的两章中，我们将详细讲解这两部分。

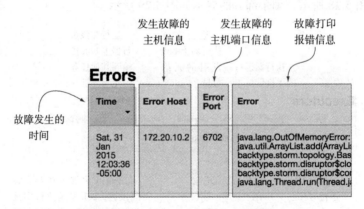

图 5.30　Storm UI 中关于 bolt 的报错信息

这一章中，我们讲解了在 Storm 集群上进行调优的基础知识，以及 Storm 集群上各部分的原理，同时我们还详细演示了一些主要工具，用于支撑你对调优和故障排查的工作，这就是 Storm UI。

5.6　小结

在这一章中，你学到了：

❑ 一个 Storm 集群构成部分包括 Nimbus（它也是集群的控制中心）和 Supervisor（用于执行 spout 和 bolt 实例中的逻辑）。

❏ 一个 Zookeeper 集群用于配合 Storm 集群完成 Nimbus/Supervisor 之间的协同通信，并维护工作状态。

❏ Supervisor 运行的工作进程（JVM）用于依次运行执行器（线程）和任务（spout/bolt 实例）。

❏ 如何安装一个 Storm 集群，包括一些关键的配置选项用于确保集群的正常运行。

❏ 如何将你的拓扑部署到一个远程 Storm 集群上，并且确保它和在本地运行的效果一致。

❏ 演示了 Storm UI，其中不同区域分别展示了 Storm 各组件的信息。

❏ Storm UI 中每部分信息的详细分解，这些信息有助于支撑你对拓扑的调优和故障排查。

对 Storm 进行调优

本章要点

❑ 对一个 Storm 拓扑执行调优

❑ 处理 Storm 拓扑中的延迟

❑ 如何使用 Storm 的内建指标统计 API

到目前为止，我们已经完整解释了 Storm 的基本概念，接下来就需要在实践中印证对理论的理解了。在这一章中，我们将讨论在完成一个 Storm 集群上部署拓扑之后的工作，此时你的身份虽然不再是程序员了，但你的工作远远没有结束！记住，一旦完成了拓扑的部署，你需要确保它尽可能高效且健壮地运行。这也是为什么我们接下来，将花整整两章来讨论调优和故障排查。

我们先简单回顾一下 Storm UI，因为这里提供了最重要的工具用于支撑你完成对运行中拓扑的检测，确保其是否处于有效运行中。接着我们将基于一个反复的流程来确认是否找到了瓶颈，或者是否已经解决了该瓶颈。但调优并不限于仅仅寻找瓶颈，因为我们面对最大的敌人是体现在代码层面上的运行延迟。这也是为什么我们要介绍 Storm 的指标统计（metrics-collecting）API，以及分享几个我们自己定义的指标。所以，深入理解拓扑的工作状态是有助于判断如何优化它的重要前提。

 注意　在这一章中，需要你从 GitHub 上下载调试案例的源码，你可以在命令行中输入：git checkout [tag]，并将其中的 [tag] 替换成我们指定的编号即可。GitHub 的仓库地址：https://github.com/ Storm-Applied/C6-Flash-sale-recommender。

在我们正式开始话题前，首先配置一下配合讲解的演示案例：Daily Deals! 重生版。

6.1 问题定义：Daily Deals! 重生版

事情是这样的。我们设计并上线了一个限时抢购的网站，每天都会在不同的时间段上架商品，商品都限定购买时间，看上该产品的用户会踊跃抢购。一段时间后，随着每天的上架商品数量日益增多，用户渐渐发现很难找到自己感兴趣的商品。针对这个问题，公司中的一个团队设计了又一款新产品"Find My Sale!"，基于用户的兴趣点，向用户定向推送商品精选。它会先收集用户提交的兴趣关键词，以及成交和未成交的购物记录，商品的浏览记录，然后推测出用户最有可能购买的商品。产品交互形式是以 HTTP API 来获取用户的标识信息，然后返回一个推荐商品的列表，在用户端推送显示。接下来，我们就看看这个产品的具体细节。

不得不说这个产品为公司带来了显著的利润增长，但相比业务增长，"Daily Deals!"却日渐凸显出各种落伍特征，其发送的订阅邮件还是基于早期的设计来推送一些新上的商品。在最早的时候，一天一封订阅邮件所传递的信息量恰到好处，后来做过一些调整，修改为每天向用户的收件箱发送导购邮件，但依然无法提升邮件的转化效果。早先我们对这个问题做了些基础分析，发现主要原因就是邮件无法匹配用户的兴趣点，所以即使是导购性邮件也无法提升用户对商品的兴趣度。随着商品种类的日渐增多，简单的导购模板无法提高用户兴趣的命中率，而只是在推送一些相似品类的商品。

我们尝试去重新定义这个业务：用另外一种形式的邮件来取代当前"Daily Deals!"的邮件系统，基于"Find My Sale!"对用户兴趣点的分析，推送一封邮件给用户，内容是第二天即将推出的用户可能会感兴趣的商品。借助"Find My Sale!"的功能来改进产品，目标是优化网页上的产品点击转化率，当然还有销量。这里有几个需要注意的地方，"Find My Sale!"是一个纯在线运行的系统，目前使用的销售推荐算法是基于外部 HTTP 接口服务的。在我们考虑重构方案之前，需要对"Daily Deals!"的邮件调整想法做些验证，因为这会对当前业务产生较大的影响（团队中的一部分人认为当前的邮件设计足够支撑业务，增加产品间的耦合性不一定会带来提升，反而可能会导致系统流量增加）。

6.1.1 创建概念性解决方案

我们需要设计一种方案来处理邮件的创建事务。这里假定可以实现一个数据流，包含客户的相关信息，然后实时地调用"Find My Sale!"服务来查找符合该客户感兴趣的商品目录（这里需要对"Find My Sale!"做一定修改，因为正常情况它只支持已上架的产品，我们已经修改它来识别一个时间段内的所有商品）。接着我们将这些提取出来的商品信息保存并提交至另外一个流程用于生成并发送邮件。一个基础的概要设计如图 6.1 所示。

该设计为一个正向逻辑，它包含 4 个组件，分别调用两个外部服务和一个数据库。确定了思路，我们接下来需要考虑如何将其匹配至 Storm 的设计逻辑。

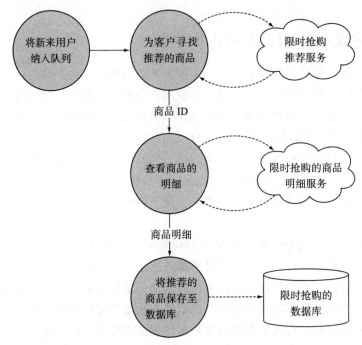

图 6.1 "Find My Sale!" 拓扑设计的组件和相关数据点

6.1.2 将方案转换为 Storm 设计

将这个设计方案转换到 Storm 的拓扑设计非常简单，我们有一个已知的 spout 用于发射客户的相关信息，然后依次提交至"Find My Sale"的 bolt，用于调用外部服务执行处理。当查找到可以匹配客户需求的商品信息后，商品信息将会连同客户信息一起发射到一个持久化的 bolt 中，将资料存储起来，用于稍后的邮件发送逻辑。基于此设计的 Storm 方案如图 6.2 所示。

这个方案匹配至 Storm 中的场景，和我们在第 2～4 章中演示的案例均相似，都拥有一个 spout 扮演元组源，然后借助 3 个 bolt 来实现处理和传输的工作，接下来我们将向你展示第一部分的代码实现。

6.2 初始化实施

在开始进入设计实施之前，我们需要牢记几个重要信息，以下这部分接口将在代码中频繁出现：

❑ TopologyBuilder：为指定的拓扑公开 API，以便 Storm 对接执行。

❑ OutputCollector：用于发射元组和让元组失败的核心 API。

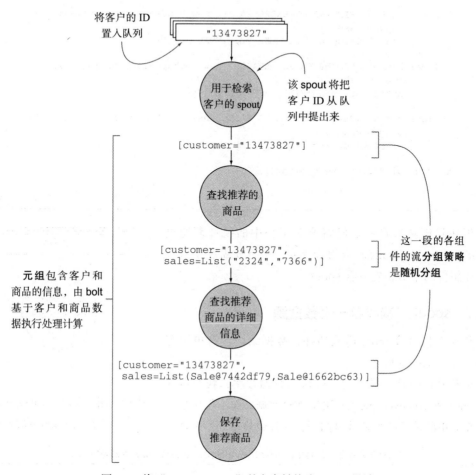

将客户的 ID 置入队列

"13473827"

用于检索客户的 spout

该 spout 将把客户 ID 从队列中提出来

[customer="13473827"]

查找推荐的商品

[customer="13473827",
 sales=List("2324","7366")]

元组包含客户和商品的信息，由 bolt 基于客户和商品数据执行处理计算

查找推荐商品的详细信息

这一段的各组件的流分组策略是随机分组

[customer="13473827",
 sales=List(Sale@7442df79,Sale@1662bc63)]

保存推荐商品

图 6.2　将"Find My Sale!"的方案转换为 Storm 设计

　　我们首先看看 FlashSaleTopologyBuilder，这个类将负责连接我们的 spout 和 bolt，如代码清单 6.1 所示，处理所有构建拓扑的工作，而且不考虑运行方式：无论是本地模式还是部署到一个远程集群上。

代码清单 6.1　FlashSaleTopologyBuilder.java

```java
public class FlashSaleTopologyBuilder {
  public static final String CUSTOMER_RETRIEVAL_SPOUT = "customer-retrieval";
  public static final String FIND_RECOMMENDED_SALES = "find-recommended-sales"
  public static final String LOOKUP_SALES_DETAILS = "lookup-sales-details";
  public static final String SAVE_RECOMMENDED_SALES = "save-recommended-sales"

  public static StormTopology build() {
    TopologyBuilder builder = new TopologyBuilder();

    builder.setSpout(CUSTOMER_RETRIEVAL_SPOUT, new CustomerRetrievalSpout())
```

```
        .setMaxSpoutPending(250);

    builder.setBolt(FIND_RECOMMENDED_SALES, new FindRecommendedSales(), 1)
        .setNumTasks(1)
        .shuffleGrouping(CUSTOMER_RETRIEVAL_SPOUT);

    builder.setBolt(LOOKUP_SALES_DETAILS, new LookupSalesDetails(), 1)
        .setNumTasks(1)
        .shuffleGrouping(FIND_RECOMMENDED_SALES);

    builder.setBolt(SAVE_RECOMMENDED_SALES, new SaveRecommendedSales(), 1)
        .setNumTasks(1)
        .shuffleGrouping(LOOKUP_SALES_DETAILS);

    return builder.createTopology();
    }
}
```

现在我们就来看看如何将所有拓扑中的组件都通过 FlashSaleTopologyBuilder 类组合起来。但首先需要了解每个独立组件的细节，先看看 spout。

6.2.1 spout：读取自一个数据源

数据都将由该 spout 传入拓扑，数据结构包含单个客户的 ID，如图 6.3 所示。

但和其他拓扑一样，为了确保运行的效率，我们需要为让 spout 使用 nextTuple() 方法来创建数据，而不仅仅是形成一个简单的消息队列来听候调用，如代码清单 6.2 所示。

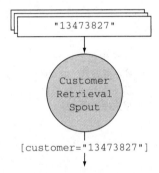

图 6.3 用于发射元组的 spout，该元组包含接收到的客户 ID

代码清单 6.2 CustomerRetrievalSpout.nextTuple 生成客户 ID

```
...
@Override
public void nextTuple() {
  new LatencySimulator(1, 25, 10, 40, 5).simulate(1000);

  int numberPart = idGenerator.nextInt(9999999) + 1;
  String customerId = "customer-" + Integer.toString(numberPart);

  outputCollector.emit(new Values(customerId));
}
...
```

如果我们将完成的拓扑发布到一个真实的生产环境，那么可以考虑使用 Kafka 或 RabbitMQ 来实现客户检索的 spout 队列总线。我们要做的是将这些客户信息列表都保留在一个队列中，但这极容易导致队列崩溃掉，或者卡在某一个位置，唯一能做的是重启服务，让队列从中断的位置恢复。这使得我们的队列对比系统需要拥有不同的健壮度。

另外，如果我们决定不采用批处理的机制，我们就需要将其转换成一个实时系统。由于基于 Storm 原理和我们的设计，流数据已经作为一个批处理来执行。我们就需要在这里区分流数据是如何在系统中传输，以及什么时候启动批处理。无论什么时候，我们其实都可以不需要修改任何代码，就能根据需求将系统由一个批处理系统切换成一个实时系统。

接下来，我们先一步步地了解每个bolt，以及它们之间最重要的处理逻辑。

6.2.2　bolt：查找推荐商品

用于查找推荐商品的 bolt 在接收到输入元组中客户 ID 之后，将会转发出包含两个值的元组：客户 ID 和一个商品 ID 列表。为了能检索到商品的 ID，这里需要调用一个外部的服务。这部分的拓扑结构如图 6.4 所示。

实现这个 bolt 的代码详见代码清单 6.3。

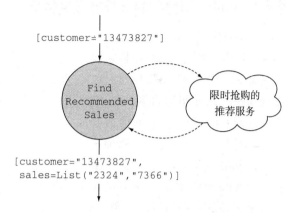

```
[customer="13473827"]
```

```
[customer="13473827",
 sales=List("2324","7366")]
```

图 6.4　FindRecommendedSales bolt 用于接收输入元组中的客户 ID，然后发射包含客户 ID 和检索出商品 ID 列表的元组

代码清单 6.3　FindRecommendedSales.java

```java
public class FindRecommendedSales extends BaseBasicBolt {
    private final static int TIMEOUT = 200;
    private FlashSaleRecommendationClient client;

    @Override
    public void prepare(Map config,
                        TopologyContext context) {
        client = new FlashSaleRecommendationClient(TIMEOUT);
    }

    @Override
    public void execute(Tuple tuple,
                        BasicOutputCollector outputCollector) {
        String customerId = tuple.getStringByField("customer");
        try {
            List<String> sales = client.findSalesFor(customerId);
            if (!sales.isEmpty()) {
                outputCollector.emit(new Values(customerId, sales));
            }
        } catch (Timeout e) {
            throw new ReportedFailedException(e);
        }
    }
    ...
}
```

假定客户端与限时抢购推荐服务之间进行通信，如果通信时间超过 200ms，则判断为超时

为客户检索推荐的商品

如果找到了推荐给客户的商品，将全部列表都发射至一个元组中

我们可以在 Storm UI 上查看到由这里报出的最新异常错误

如果与限时抢购服务间通信超时 200ms 抛出的错误异常

我们从 client.findSalesFor 上拿到的回调是一个经过检索的商品 ID 列表，为了发送完

整邮件，我们还需要获取商品的详细信息。接着就来看看处理这一部分工作的 bolt。

6.2.3　bolt：为每个商品查询详细信息

为了发送包含商品详细信息的邮件，我们需要基于每一个检索回来的商品 ID 查询商品的详细信息。实现这一步的元组包含客户的 ID 和商品的 ID 列表，商品的详情查询需要调用一个外部服务。查询完成后，发射的元组将包含客户 ID 和一个 Sale 对象列表，其中包含了每个商品的详细信息，如图 6.5 所示。

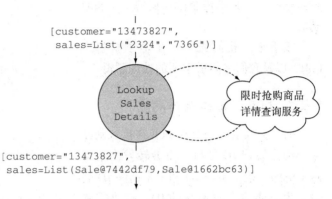

图 6.5　bolt 接收到客户 ID 和商品 ID 之后，将查询的商品详情和客户 ID 一起放入新的元组并发射至下一段处理

实现这个 LookupSalesDetails bolt 的代码如代码清单 6.4 所示。

代码清单 6.4　LookupSalesDetails

```
public class LookupSalesDetails extends BaseRichBolt {
  private final static int TIMEOUT = 100;
  private FlashSaleClient client;
  private OutputCollector outputCollector;

  @Override
  public void prepare(Map config,
                      TopologyContext context,
                      OutputCollector outputCollector) {
    this.outputCollector = outputCollector;
    client = new FlashSaleClient(TIMEOUT);
  }

  @Override
  public void execute(Tuple tuple) {
    String customerId = tuple.getStringByField("customer");
    List<String> saleIds = (List<String>) tuple.getValueByField("sales")

    List<Sale> sales = new ArrayList<Sale>();
    for (String saleId: saleIds) {
      try {
        Sale sale = client.lookupSale(saleId);
        sales.add(sale);
      } catch (Timeout e) {
        outputCollector.reportError(e);
      }
    }

    if (sales.isEmpty()) {
```

假定客户端与限时抢购推荐服务之间进行通信，如果通信时间超过 100ms，则判断为超时

查询每个推荐商品的详细信息

为输出的收集器分配一个实例，这样就可以在每次查询失败、输入元组无效和应答输入元组上拥有更多控制反馈

为每个客户都不断迭代查询商品详情

如果与限时抢购服务间通信超时 100ms，抛出错误异常

如果一次单独查询出现超时，仅报出这个错误，但继续执行其他推荐商品的处理

如果我们无法找到商品的任何信息，那就标识该查询失败

```
    outputCollector.fail(tuple);
  } else {
    outputCollector.emit(new Values(customerId, sales));
    outputCollector.ack(tuple);
  }
}
...
}
```

另外我们会发射一个包含客户 ID 和商品详情的新元组

应答输入元组

这个 bolt 和上一个 bolt 之间最大的区别就在于这个 bolt 允许查询成功以及失败，例如我们查询十个商品，但也许只有九个可以获取详细信息，另外一个无任何返回值。为了解决这个问题，我们先从 BaseRichBolt 继承，然后手动应答元组，只要能基于输入元组的商品 ID 查询到一个商品信息，那么此次就算为一次成功的查询，可以继续进入下一次查询。我们的目标是在有限的时间内，创建尽可能多的邮件。

接下来就是我们的最后一个 bolt，用于保存查询结果到数据库，然后发送至下阶段处理流程。

6.2.4　bolt：保存推荐的商品详情

保存推荐商品的 bolt 将接收包含客户 ID 和商品详情 Sale 对象列表的元组，其中列表里的内容为上一步中基于每个商品 ID 查询得到的概要信息。接着该 bolt 将仅持久化所有结果至数据库，用于稍后的处理，不再发射任何新元组，因为这是拓扑中的最后一步了，如图 6.6 所示。

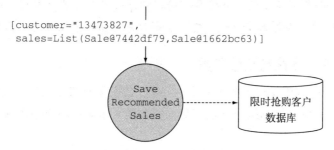

```
[customer="13473827",
 sales=List(Sale@7442df79,Sale@1662bc63)]
```

Save Recommended Sales

限时抢购客户数据库

图 6.6　接收包含客户 ID 和商品详情列表的元组，并将推荐商品信息持久化至数据库的 bolt

实现 SaveRecommendedSales 的代码如代码清单 6.5 所示。

代码清单 6.5　SaveRecommendedSales.java

```
public class SaveRecommendedSales extends BaseBasicBolt {
  private final static int TIMEOUT = 50;
  private DatabaseClient dbClient;

  @Override
  public void prepare(Map config,
                      TopologyContext context) {
    dbClient = new DatabaseClient(TIMEOUT);
  }
```

假定客户端与限时抢购推荐服务之间进行通信，如果通信时间超过 50ms，则判断为超时

尝试保存客户和相关商品列表到数据库

```
@Override
public void execute(Tuple tuple,
                    BasicOutputCollector outputCollector) {
  String customerId = tuple.getStringByField("customer");
  List<Sale> sales = (List<Sale>) tuple.getValueByField("sales")

  try {
    dbClient.save(customerId, sales);
  } catch (Timeout e) {
    throw new ReportedFailedException(e);
  }
}
...
}
```

如果与限时抢购服务间通信超时 50ms，抛出错误异常

我们可以在 Storm UI 上查看到由这里报出的最新异常错误

对于这个 bolt，和我们在前两个 bolt 中的操作方式类似。以上，就是我们的全部业务逻辑，看起来简明扼要，试想我们也在本地完成了部署和调试，但距离发布至生产环境还有些问题，因为它的效率还不够高啊，能再快点吗？不好讲，那么我们接下来就看看如何实现优化。

6.3 调优：我想为它提速

对拓扑调优的第一步是什么呢？这看上去好像毫无下手之处，但幸运的是，Storm 提供了许多用于快速判断瓶颈的工具，使得我们可以通过步进的方式去逐渐寻找优化点。Storm UI 和指标统计 API 可以在反复调试的过程中，提供足够信息来支撑你对拓扑的优化。

6.3.1 Storm UI：调优的定位工具

熟悉 Storm UI 是调优过程中必不可少的一步，因为它是提供运行信息状态判断的最主要工具，还包含了对调优后的运行反馈信息。一个基于 Storm UI 的拓扑概要信息截图如图 6.7 所示。

回忆一下，Storm 的 UI 中有几个重要的独立信息部分：

❑ Topology summary（拓扑概要）：显示当前的状态、运行时间、工作结点数量、指派给该拓扑的执行器和任务概要。

❑ Topology actions（拓扑动作）：允许你直接从 UI 上对拓扑执行取消激活、调整平衡和停止操作。

❑ Topology stats（拓扑状态）：通过 4 个窗口来显示拓扑的概要统计，其中一个窗口显示全部时间段。

❑ spouts（All Time 全部时间段）：显示了你的 spout 概要统计信息，包含执行器和任务的数量，由该 spout 执行的发射、应答和失败元组数量，与该 spout 相关的最近一次报错（如果有多次报错情况出现）。

❏ bolt（All Time 全部时间段）：显示了你的 bolt 概要统计信息，包含执行器和任务的数量，由该 bolt 执行的发射、应答和失败元组数量，与延迟率相关的一些指标，bolt 的负荷情况，与该 bolt 相关的最近一次报错（如果有多次报错情况出现）。

❏ Visualization（可视化）：可视化的形式显示了该 spout 和 bolt 的情况，包括它们的连接方式以及连接段上的元组流情况。

❏ Topology Configuration（拓扑配置）：显示了该拓扑上的全部配置选项。

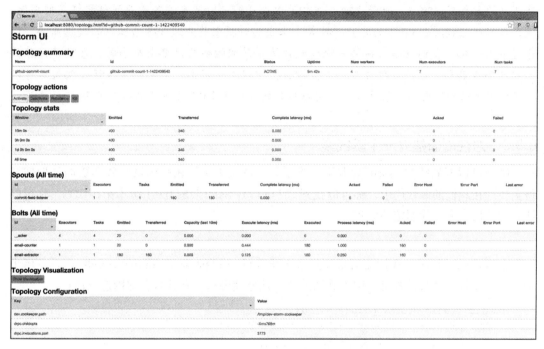

图 6.7　Storm UI 上的拓扑概要截图

在调优阶段，我们会主要关注 bolt 区域的信息。在确定具体的调试点和调优方案前，我们需要先在拓扑上明确几个重要原则。

定义你的服务等级协议（SLA）

在开始调试工作前，甚至你还不清楚目前拓扑是否已经处于最优化运行状态时，你需要为自己明确定义最佳运行状态的评判标准是什么？你希望达到多快的处理速度？试想 Twitter 在热门话题功能，如果对每个推文的计算量加起来需要八个小时，那么这个返回的结论早就和当前的话题差之甚远了。SLA 的定义是很灵活的，不需要完全基于时间维度设置为"在一个小时内"，它是可以基于数据流的实际情况来定义的。事件在某些情况下是不可能存在备份的，因为队列会持续执行数据的处理工作，如果我们不能及时消化数据量，那么系统很有可能触碰到队列极限，更糟糕的是有可能会导致内存不足然后报错。

在我们的案例中，数据流采取类似批处理的形式执行加工，所以 SLA 也会略有不同。

我们需要将数据完整而及时地处理完成，并生成邮件发送出去。所以在这里需要定义不同级别的效率评判标准：

1. 完成的时效程度？

2. 由于每天都需要处理大量数据，完成的持续性是多久？

接下来我们就来设置一个合理的 SLA 吧，选择一个时间段来处理这些数据并生成邮件（大概 60 分钟），每天从早上 8 点开始处理邮件发送，直到晚上 11 点结束，随后执行针对第二天的邮件发送准备。也就是说，我们有 8 个小时的时间来准备需要发送的第一批邮件。现在我们已经拥有 2000 万的客户，换算下来每秒钟就需要处理 695 名客户的数据业务。但这还不算优化，我们有信心在第一阶段就让这个时间缩短为只要七个小时，也就是每秒需要处理 794 名客户数据。因为业务还会增长，所以需要留出一定空间，这样优化之后可以持续使用很长一段时间，最终我们决定每秒钟需要处理 1852 名客户的数据业务。

6.3.2 为性能值建立一个基线集

终于可以开始执行 Storm 的调优工作了，目的是为了让拓扑的运行效率更高，处理变得更快。在我们的源代码中，你可以找到 "Find My Sale!" 的 0.0.1 版本拓扑代码。你可以使用如下命令来查找制定的版本。

```
git checkout 0.0.1
```

在调优的过程中，我们还需要注意一个重要的类 FlashSaleTopologyBuilder，它是用于构建整个拓扑，并且设置每个组件之间的并行性处理模式。先看看它的构建方法：

```
public static StormTopology build() {
    TopologyBuilder builder = new TopologyBuilder();

    builder.setSpout(CUSTOMER_RETRIEVAL_SPOUT, new CustomerRetrievalSpout())
        .setMaxSpoutPending(250);

    builder.setBolt(FIND_RECOMMENDED_SALES, new FindRecommendedSales(), 1)
        .setNumTasks(1)
        .shuffleGrouping(CUSTOMER_RETRIEVAL_SPOUT);

    builder.setBolt(LOOKUP_SALES_DETAILS, new LookupSalesDetails(), 1)
        .setNumTasks(1)
        .shuffleGrouping(FIND_RECOMMENDED_SALES);

    builder.setBolt(SAVE_RECOMMENDED_SALES, new SaveRecommendedSales(), 1)
        .setNumTasks(1)
        .shuffleGrouping(LOOKUP_SALES_DETAILS);

    return builder.createTopology();
}
```

注意我们在这里在每个 bolt（setNumTasks 中）都创建了一个执行器（调用自 setBolt）和一个任务，这可以为拓扑提供一个性能运行的基准判断值。接下来我们将它部署到远程集群中，然后用 10 到 15 个客户数据做运行测试，从 Storm UI 上看是否能搜集些基本信息。

如图 6.8 所示，展示了调整后的效果，突出并注释了其中重要的部分。

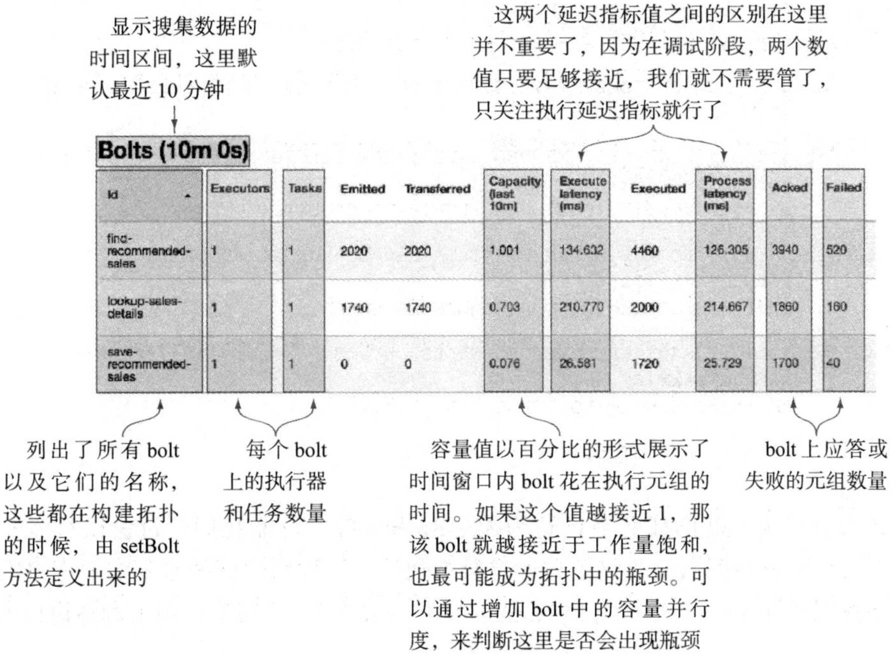

图 6.8　在 Storm UI 中判断需要调试的重要部分

现在我们在一个界面上就能直观地观察拓扑的相关指标，包含性能相关的各项基准数据，那调优的下一步就是判断拓扑中的瓶颈，然后对其做些优化操作。

6.3.3　判断瓶颈

从第一次运行的结果中，我们能得到什么信息呢？首先看看容量指标，在我们的两个 bolt 上，都表现出极高的容量值。其中，find-recommended-sales 的值为 1.001，而 lookup-sales-details 的值在 0.7 之间浮动。而达到 1.001 的 find-recommended-sales 已经无疑成为当前的运行瓶颈点，我们需要在其上面增加并行度配置。而对于接近 0.7 的 lookup-sales-details，大概率上看是 find-recommended-sales 和 lookup-sales-details 没有实现处理能力上的对应匹配，导致两者之间形成了瓶颈区。直觉告诉我这里需要基于其串行特性，还要对应调整 save-recommended-sales，因为它的容量值才达到了 0.07，也构成了整个系统中的一个瓶颈段。

接下来，我们需要评估设置多高的并行度才能满足需求，同时还包括设置任务数量，完毕后发布一次。我们将向你展示该运行的统计信息，你会发现在不改变执行器数量的情况下，改变任务数量是不会产生任何影响的。

你可以通过以下命令，获取 0.0.2 的版本代码：

```
git checkout 0.0.2
```

这里最重要的一个调整发生在 FlashSaleTopologyBuilder 中：

```
public static StormTopology build() {
  TopologyBuilder builder = new TopologyBuilder();

  builder.setSpout(CUSTOMER_RETRIEVAL_SPOUT, new CustomerRetrievalSpout())
        .setMaxSpoutPending(250);

  builder.setBolt(FIND_RECOMMENDED_SALES, new FindRecommendedSales(), 1)
        .setNumTasks(32)
        .shuffleGrouping(CUSTOMER_RETRIEVAL_SPOUT);

  builder.setBolt(LOOKUP_SALES_DETAILS, new LookupSalesDetails(), 1)
        .setNumTasks(32)
        .shuffleGrouping(FIND_RECOMMENDED_SALES);

  builder.setBolt(SAVE_RECOMMENDED_SALES, new SaveRecommendedSales(), 1)
        .setNumTasks(8)
        .shuffleGrouping(LOOKUP_SALES_DETAILS);

  return builder.createTopology();
}
```

为什么分别为 bolt 的任务数设置为 32、32 和 8 呢？可能我们经过尝试只需要设置为 16、16 和 4，但最好的做法是将配置的参数都加倍。这样做的好处是不需要去多次发布拓扑，直接使用 rebalance 命令即可在 Nimbus 结点上发布 0.0.2 版本，用于调整运行中拓扑的并行性。

发布后，待系统运行 10 到 15 分钟，从监控界面上能清晰地看到，唯一变动的就是每个 bolt 的任务数量。

接下来怎么做呢？我们可以先借助 rebalance 命令将 find-recommended-sales 和 lookup-sales-details 这两个 bolt 的并行性数量设置为四倍。

> **注意** 在本章中使用到的 rebalance 命令采用的格式为 storm rebalance topology-name -e [bolt-name]=[number-of-executors]，它的作用是为指定的 bolt 重分配执行器，或者为指定运行中的 bolt 调整并行性。所有的 rebalance 命令都假定运行在我们的 Nimbus 结点上，因为在这里我们配置了 Storm 的 PATH 路径参数。

我们先执行一次 rebalance，然后在监控界面上等待刷新，接着运行第二次 rebalance 命令，具体命令如下：

```
storm rebalance flash-sale -e find-recommended-sales=4
storm rebalance flash-sale -e lookup-sales-details=4
```

好了，rebalance 的配置操作已经完成，大约 10 分钟后，我们可以看到调整的结果，如图 6.9 所示。

你会惊讶地发现，我们对 find-recommended-sales bolt 增加了并行性，但容量结果并没有发生变化。依然是之前的运行负荷效果，这怎么可能？从 spout 流入的元组流并没有做任何变动，而只有我们的 bolt 曾被判断为瓶颈。如果我们使用一个真实的队列，消息不可能

会在这里产生备份的。但注意容量的评判指标 save-recommended-sales bolt 已经提升到 0.3，
但数据依然很低，所以我们不需要担心这里会成为瓶颈。

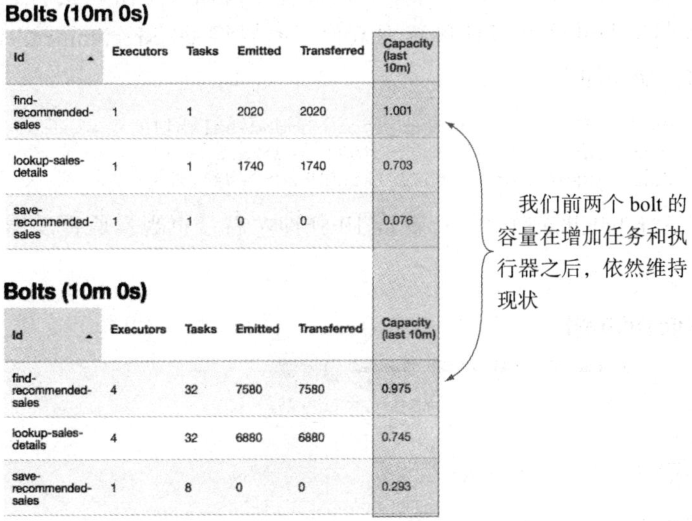

Bolts (10m 0s)

Id	Executors	Tasks	Emitted	Transferred	Capacity (last 10m)
find-recommended-sales	1	1	2020	2020	1.001
lookup-sales-details	1	1	1740	1740	0.703
save-recommended-sales	1	1	0	0	0.076

我们前两个 bolt 的容量在增加任务和执行器之后，依然维持现状

Bolts (10m 0s)

Id	Executors	Tasks	Emitted	Transferred	Capacity (last 10m)
find-recommended-sales	4	32	7580	7580	0.975
lookup-sales-details	4	32	6880	6880	0.745
save-recommended-sales	1	8	0	0	0.293

图 6.9　Storm UI 上展示了第一次为两个 bolt 增加并行性之后，容量上出现的细微变化

让我们再试一遍吧，这一次分别为两个 bolt 都配置双倍的并行性，看看效果如何，命
令如下：

```
storm rebalance flash-sale -e find-recommended-sales=8
storm rebalance flash-sale -e lookup-sales-details=8
```

接下来我们假设执行完 rebalance 命令之后，观察 10 分钟，效果如图 6.10 所示。

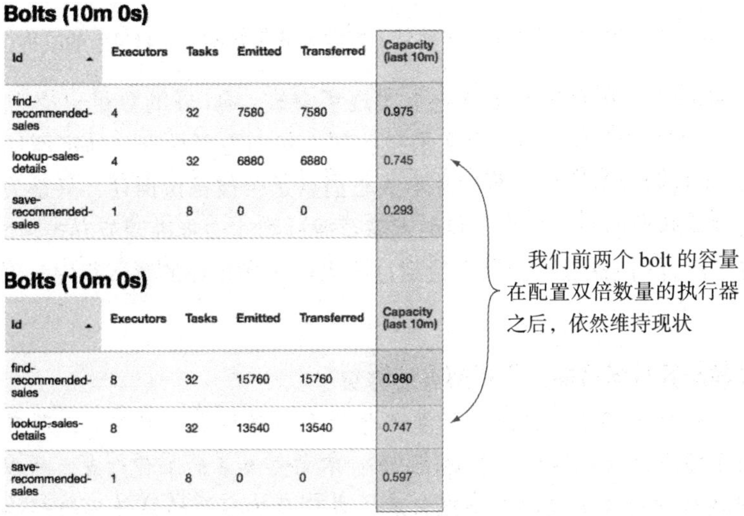

Bolts (10m 0s)

Id	Executors	Tasks	Emitted	Transferred	Capacity (last 10m)
find-recommended-sales	4	32	7580	7580	0.975
lookup-sales-details	4	32	6880	6880	0.745
save-recommended-sales	1	8	0	0	0.293

我们前两个 bolt 的容量在配置双倍数量的执行器之后，依然维持现状

Bolts (10m 0s)

Id	Executors	Tasks	Emitted	Transferred	Capacity (last 10m)
find-recommended-sales	8	32	15760	15760	0.980
lookup-sales-details	8	32	13540	13540	0.747
save-recommended-sales	1	8	0	0	0.597

图 6.10　Storm UI 上展示了为两个 bolt 加倍配置执行器之后，容量上出现的细微变化

find-recommended-sales 和 lookup-sales-details 的容量依然没有变化，也许在 spout 后的队列真的出现了备份情况。尽管如此，save-recommended-sales 的容量此时翻倍了。如果我们逐渐提高前两个 bolt 的并行性，那这里反而会出现瓶颈，所以我们不得不做相应的提升。接下来，对两个 bolt 的并行性设置为双倍，然后将 save-recommended-sales 的 bolt 并行性配置为四倍，命令如下：

```
storm rebalance flash-sale -e find-recommended-sales=16
storm rebalance flash-sale -e lookup-sales-details=16
storm rebalance flash-sale -e save-recommended-sales=4
```

执行完这三个 rebalance 命令后，等待 10 分钟左右，再观察监控反馈，效果如图 6.11 所示。

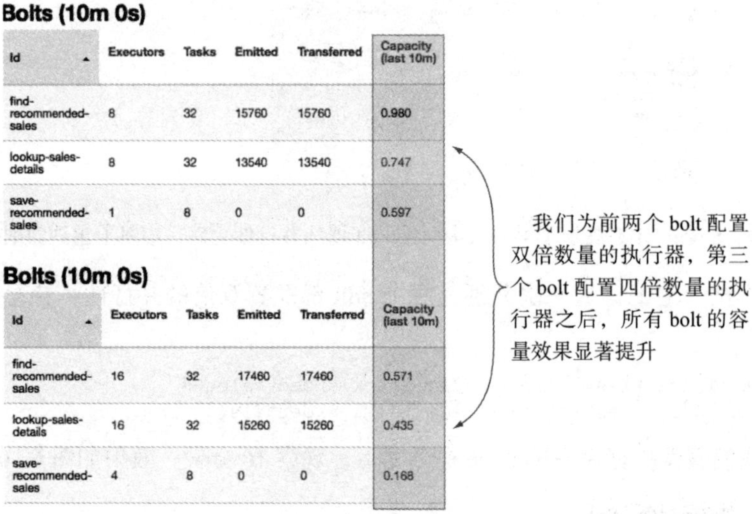

Bolts (10m 0s)

Id	Executors	Tasks	Emitted	Transferred	Capacity (last 10m)
find-recommended-sales	8	32	15760	15760	0.980
lookup-sales-details	8	32	13540	13540	0.747
save-recommended-sales	1	8	0	0	0.597

Bolts (10m 0s)

Id	Executors	Tasks	Emitted	Transferred	Capacity (last 10m)
find-recommended-sales	16	32	17460	17460	0.571
lookup-sales-details	16	32	15260	15260	0.435
save-recommended-sales	4	8	0	0	0.168

我们为前两个 bolt 配置双倍数量的执行器，第三个 bolt 配置四倍数量的执行器之后，所有 bolt 的容量效果显著提升

图 6.11　Storm UI 上展示了拓扑上所有 bolt 配置调整后容量上的改进

太棒了！我们终于在容量效率优化上实现了突破，spout 的数量也成为我们的限制参数。在拓扑中，一旦当我们接入了真实消息队列，我们需要检查并确定消息流能符合定下的 SLA 标准。在我们的案例中，我们并不关心消息是否被备份保存，只是关心消息处理的时效性。如果任务花费的时间过长，我们就需要通过刚才的步进调节方式，增加 spout 的并行性参数。哪怕配置的 spout 并行性参数超过了当前小型拓扑的测试范围，也不用担心，大可放手去验证。

增加执行器的并行性与增加工作结点的等级

到目前为止，我们还没有接触到调整工作结点的并行性。事实上，所有的事务都可以运行在一个独立的工作结点搭配一个 spout 上，不需要太多的工作结点。所以我们的建议是尽可能在拥有执行器的单工作结点上做扩展，直到对执行器的提升已经到达性能的扩展极限为止。我们刚才应用在 bolt 上的扩展手段，也同样适用于 spout 和工作结点。

6.3.4　spout：控制数据流入拓扑的速率

如果经过上面的优化还无法达到 SLA 的要求，那么接下来就需要看看是否可以调整数据流入拓扑的速率，来控制 spout 上的并行性，这里有两个因子我们需要考虑：

❑ spout 的数量。

❑ 在我们拓扑中每个 spout 上允许配置的最大元组数量。

📷 **注意**　在我们开始之前，回忆一下第 4 章中我们讨论过的消息处理保障机制，以及 Storm 如何使用元组树来判断从一个 spout 发射出的一个元组是否被完整处理。这里当我们提到应答或者上线一个元组时，都是指一棵元组树没有被标记为完全处理。

这两个因子（spout 的数量和上线元组的最大数量）始终会纠缠在一起。我们首先讨论一下第二点，因为它的效果更微妙。Storm 的 spout 中有一个概念叫 pending（spout 的最大待命数）max spout，系统允许你为元组设置一个最大值，可以在任意时间取消这些元组的应答关系。在 FlashSaleTopologyBuilder 的类中，我们就将最大待命数设置为 250：

```
builder
  .setSpout(CUSTOMER_RETRIEVAL_SPOUT, new CustomerRetrievalSpout())
  .setMaxSpoutPending(250);
```

通过将并行性的值设置为 250，我们就可以确保在每个 spout 的任务中，同一时间可以对 250 个元组取消应答关系。如果我们有两个 spout 实例，那么将具有两个任务，设置方式如下：

2 spouts x 2 tasks x 250 max spout pending = 1000 unacked tuples possible

当你在拓扑中配置并行性时，那么很重要的一件事就是确保最大待命数不是整个系统中的瓶颈。如果可取消应答的元组数量低于你在拓扑中设置的总并行性，那么这个点很有可能成为你的系统瓶颈。在这个案例中，我们可以这样设置

❑ 16 个 `find-recommended-sales` bolt

❑ 16 个 `lookup-sales-details` bolt

❑ 4 个 `saved-recommended-sales` bolt

这样就可以提供 36 个用于执行处理的元组了。

在这个案例中，基于一个独立的 spout，我们的最大可取消应答的元组数是 250，远大于我们基于并行性 36 配置的最大可执行元组数量，所以我们可以自信地判断 spout 的最大待命数不会造成系统瓶颈，如图 6.12 所示。

如果 spout 的最大待命数导致了瓶颈，为什么不直接设置为全部呢？因为如果完全不控制，元组会持续涌入拓扑，而不关心你的处理能力是否能跟得上。因此最大待命数提供了对流入速率的控制手段，如果不控制的话，可能会导致拓扑因为迫于过大的数据量而崩溃。最大待命数还允许我们为拓扑树立起一道大坝，用于抵消压力，避免运行过载。我们强烈建议，无论在什么情况下，都要设置最大待命数。

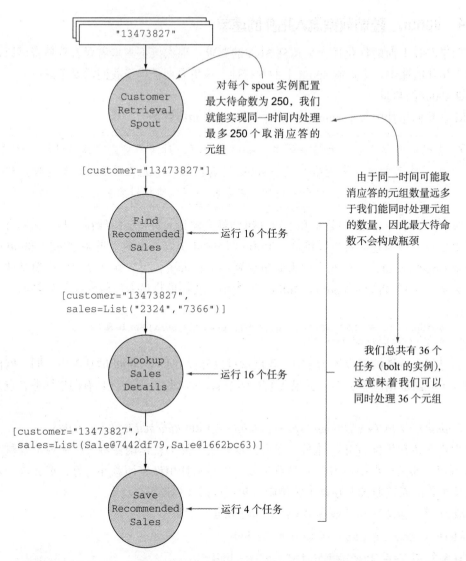

图 6.12　因为最大待命数大于我们配置的一次性可处理的最大元组数量，所以这里不会构成瓶颈

　　当我们尝试通过提升效率的方式来满足 SLA 时，可以通过提高 spout 的并行性或者最大待命数来增加数据的吞吐量。如果在最大激活元组数允许的情况下，将配置提升四倍，我们会发现消息在队列中的传输速率会大幅提升（也许不需要设置到四倍，就可以看到提升效果了）。如果通过这些操作，可能导致任意一个我们的 bolt 容量恢复至 1 或者接近于 1，那么我们就需要再次调节 bolt，重复以上步骤，直到性能指标满足 SLA 标准。如果调整 spout 和 bolt 的并行性不能带来额外的提升，就需要调整工作结点的数量，来看看是否因为受到了运行中 JVM 的限制导致，如果是就需要调节 JVM 的并行性了。这些都是基本的技巧，通常经过不断重复尝试，大部分情况下都能获得接近 SLA 指标的结果。

如果你调优的拓扑需要涉及调用外部服务，那么务必牢记以下几个要点：

1. 在调用外部服务时（例如一个 SOA(Service-Oriented Architecture，面向服务的架构)、数据库或文件系统），容易出现将一个拓扑中并行性参数提得很高，然后因为触碰到外部服务的处理极限，导致整体容量值再也无法提升。所以在你对需要与外界服务发生交互的拓扑上执行并行性调整时，务必先明确服务的度量指标。我们可以在 find-recommended-sales bolt 上持续提升并行性参数，这很容易让 "Find My Sales!" 的服务瘫痪掉，流量出现巨大堵塞，这绝对不是我们所期望的。

2. 第二点就是关于延迟度，这个指标就更微妙了，要想解释清楚还需要补充一些背景相关信息，所以在此之前，我们再检查一下设置的并行性参数，以及它所带来的改进。

你可以通过执行以下命令，来获取接下来案例的代码：

```
git checkout 0.0.3
```

6.4　延迟率：当外部系统依然能正常工作时

我们再看看代码优化层面上另外一个障碍：延迟率（latency）。延迟率指的是你的系统花在请求执行到获得应答期间的等待时间。在你的电脑上，访问内存会出现延迟，硬盘的读写会出现延迟，从网络上去登陆另外一台电脑也会出现延迟，区别就在于不同的服务存在不同级别的延迟率。所以在对拓扑执行调优时，务必先了解基于计算机层面上的各方面延迟因子。

6.4.1　在拓扑中模拟延迟

如果仔细看看拓扑中的代码，你会发现在 Database.java 的代码中会有这样的一段：

```
private final LatencySimulator latency = new LatencySimulator(
  20, 10, 30, 1500, 1);

public void save(String customerId, List<Sale> sale, int timeoutInMillis) {
  latency.simulate(timeoutInMillis);
}
```

如果你还没看完代码，别担心，我们先在这里讲解一下最重要的几个部分。其中，LatencySimulator 类是我们构建一个拓扑时，让它的行为表现就像是在和一个外部服务之间交互。任何你在交互中产生的延迟场景（例如访问电脑中的内存、访问网络的文件服务器），任何系统上展示出来的延迟状态，都会被 LatencySimulator 模拟出来。

让我们先分解一下它的 5 个构造函数参数，如图 6.13 所示。

注意，我们并不想表达延迟率可以达到一个我们的期望平均值，因为这不是延迟率的本质。通常情况下，你都会得到一个比较固定的应答时间，而那些突发应答时间的范围又非常广，原因大致如下：

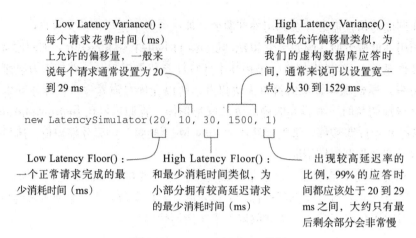

图 6.13 LatencySimulator 分解

❏ 外部服务启用了一个垃圾回收事务。

❏ 某一个网络交换机可能出现过载了。

❏ 你同事可能写了一个查询语句，基本上占用了当前全部 CPU 时间。

> 注意　在我们的日常工作中，大部分系统都运行在 JVM 上面，同时我们也常使用 Coda Hale 提供的度量工作库 Metrics Library⊖，或者像 Netflix 使用的 Hystrix library⊖来评测当前系统的延迟率，并执行相应的调整。

我们的拓扑在与其他系统交互的时候，产生的实际延迟率如表 6.1 所示。从表格中，我们可以看到每个服务从应答最佳的表现到最差的情况。但其中最需要注意的就是，大约会经过多长时间后，我们才会遭遇延迟。事实上，相比其他服务，数据库花费的时间最长，但比起 FlashSaleRecommendationService 却很少出现延迟，而后者的延迟占用率基本上和前者相差一个数量级，也许这里有什么是我们需要注意的。

表 6.1　外部服务的延迟率

系统	下行临界	低方差	上行临界	高方差	高占比 %
FlashSaleRecommendationService	100	50	150	1000	10
FlashSaleService	50	50	100	200	5
Database	20	10	30	1500	1

先看看 FindRecommendedSales 的代码，其中有这么一段：

```
private final static int TIMEOUT = 200;
...
@Override
```

⊖　https://github.com/dropwizard/metrics

⊖　https://github.com/Netflix/Hystrix

```
public void prepare(Map config, TopologyContext context) {
  client = new FlashSaleRecommendationClient(TIMEOUT);
}
```

我们为每个客户查询推荐商品时，已经设置了 200 ms 的超时。但 200 这个数字是否真的满足需求吗？如果为了让拓扑正确工作，这个设置可能是对的。如图 6.14 所示，看看最后一行报错，你会发现我们所有的 bolt 都在报超时，这就能说通了。我们在获取推荐结果时，只能等待 200 ms，然后根据表 6.1 来看，十个请求中间会有至少一个触碰高延迟异常，这会导致花费大约 150 到 1049 ms 来返回正确的结果，十个请求中有九个会在 150 ms 内返回。所以这里有两类主要原因导致问题的出现：外因（extrinsic）和内因（intrinsic）。

Id		Last error
find-recommended-sales	...	backtype.storm.topology.ReportedFailedException: stormapplied.flashsale.services.Timeout: Timeout after 200ms at stormapplied.flashsale.topology.FindRecommendedSales.execute(FindRecommendedSales.java
lookup-sales-details	...	backtype.storm.topology.ReportedFailedException: stormapplied.flashsale.services.Timeout: Timeout after 100ms at stormapplied.flashsale.topology.LookupSalesDetails.execute(LookupSalesDetails.java:44)
save-recommended-sales	...	backtype.storm.topology.ReportedFailedException: stormapplied.flashsale.services.Timeout: Timeout after 50ms at stormapplied.flashsale.topology.SaveRecommendedSales.execute(SaveRecommendedSales.java:

图 6.14　Storm UI 展示了每个 bolt 上报出的最近一个错误

6.4.2　延迟的外因和内因

导致延迟的外因是和数据完全没有关系的因素，例如因为网络的原因或者是出现垃圾回收事务，这些都可能导致触发延迟。我们唯一能做的就是不断重试，并且按情况来分别讨论。

导致延迟的内因主要和数据有关，在我们的演示案例中，在为客户查找推荐商品时可能会花费较长的时间去等待应答。无论 bolt 中的元组重试后失败了多少次，我们都无法获得为客户查找的商品返回值，这里出现的延迟时长会更长。外因和内因还能互相结合起来，两者之间还不会产生排斥。

好吧，那我们接下来该在拓扑上做些什么呢？由于需要和外部服务交互，那么我们可以不借助提升并行性的方式，采取其他途径提高数据吞吐量，尝试去降低延迟率。我们必须要找到延迟率的弱点。

好吧，基于我们的分析可以看到，针对为客户查找推荐的商品，也就是 FlashSale-RecommendationService 这个方法在过程中存在一定偏移误差，情况大致如下：

❏ 75% 的客户查询可以实现在 125 ms 内返回查询结果。

❏ 15% 的客户查询需要花费大约 125 到 150 ms 时间。

❏ 剩下 10% 的客户查询需要至少 200 ms 以上，甚至高达 1500 ms。

这些就是因为数据而导致延迟率出现的内因，当然即使是面对效率最高的客户查询，也会因为一些外部原因导致返回结果出现延迟。验证这种问题的一种策略就是在每个查询前执行一次初始化，基于一个固定超时值来预估每个查询的返回情况。例如在我们的案例中，可以先设置一个超时值为 150 ms，如果查询失败，那么就将这个查询任务分派给一个较低并行性的 bolt，配置一个更长的超时计算来获得返回。如果在灌入大量数据之后，处理的结果显示大量的数据都出现超时情况，那么我们就能判断这其中必然有外部因素在影响延迟。如果 90% 的请求都超过了 150 ms，那么很有可能是因为：

1. 客户这边出现内部问题。

2. 可能存在 stop-the-world 这种垃圾回收机制在影响处理效率。

那么你面临的问题可能需要不同的策略来应对，应用前务必先测试，所以这里我们先看看其中一种方法，使用如下命令先更新代码至版本 0.0.4：

```
git checkout 0.0.4
```

首先我们看看 FindRecommendedSales 和 FlashSaleTopologyBuilder 代码的区别：

代码清单 6.6　带重试逻辑的 FindRecommendedSales.java

```
public class FindRecommendedSales extends BaseBasicBolt {
  public static final String RETRY_STREAM = "retry";
  public static final String SUCCESS_STREAM = "success";

  private FlashSaleRecommendationClient client;

  @Override
  public void prepare(Map config,
                      TopologyContext context) {
    long timeout = (Long)config.get("timeout");
    client = new FlashSaleRecommendationClient((int)timeout);
  }

  @Override
  public void execute(Tuple tuple,
                      BasicOutputCollector outputCollector) {
    String customerId = tuple.getStringByField("customer");

    try {
      List<String> sales = client.findSalesFor(customerId);
      if (!sales.isEmpty()) {
        outputCollector.emit(SUCCESS_STREAM,
                          new Values(customerId, sales));
      }
    } catch (Timeout e) {
      outputCollector.emit(RETRY_STREAM, new Values(customerId));
    }
  }
  ...
}
```

不要将超时的时长设置写死，直接从拓扑的配置中读取

如果可以正常拿到结果，我们之前是将返回值直接发射出去，现在可以先发送到 SUCCESS_STREAM 中

这里我们不需要再抛出 Reported-FailedException，如果遇到了超时，直接将 customerId 发射到一个独立的 RETRY_STREAM 流

再看看 FlashSaleTopologyBuilder 的代码部分：

```
builder
  .setSpout(CUSTOMER_RETRIEVAL_SPOUT, new CustomerRetrievalSpout())
  .setMaxSpoutPending(250);

builder
  .setBolt(FIND_RECOMMENDED_SALES_FAST, new FindRecommendedSales(), 16)
  .addConfiguration("timeout", 150)
  .setNumTasks(16)
  .shuffleGrouping(CUSTOMER_RETRIEVAL_SPOUT);

builder
  .setBolt(FIND_RECOMMENDED_SALES_SLOW, new FindRecommendedSales(), 16)
  .addConfiguration("timeout", 1500)
  .setNumTasks(16)
  .shuffleGrouping(FIND_RECOMMENDED_SALES_FAST,
                   FindRecommendedSales.RETRY_STREAM)
  .shuffleGrouping(FIND_RECOMMENDED_SALES_SLOW,
                   FindRecommendedSales.RETRY_STREAM);

builder
  .setBolt(LOOKUP_SALES_DETAILS, new LookupSalesDetails(), 16)
  .setNumTasks(16)
  .shuffleGrouping(FIND_RECOMMENDED_SALES_FAST,
                   FindRecommendedSales.SUCCESS_STREAM)
  .shuffleGrouping(FIND_RECOMMENDED_SALES_SLOW,
                   FindRecommendedSales.SUCCESS_STREAM);

builder
  .setBolt(SAVE_RECOMMENDED_SALES, new SaveRecommendedSales(), 4)
  .setNumTasks(4)
  .shuffleGrouping(LOOKUP_SALES_DETAILS);
```

我们之前有一个 bolt 是 FindRecommendedSales，现在配置了两个，其中一个用于“快速”查询，另外一个用于“完整”查询，先看看实现“快速”查询的代码：

```
builder
  .setBolt(FIND_RECOMMENDED_SALES_FAST, new FindRecommendedSales(), 16)
  .addConfiguration("timeout", 150)
  .setNumTasks(16)
  .shuffleGrouping(CUSTOMER_RETRIEVAL_SPOUT);
```

这简直就和我们之前的 FindRecommendedSales bolt 完全相同，只是多了一个额外条件：

```
.addConfiguration("timeout", 150)
```

这其实就是我们在使用 bolt 的 prepare() 方法，去初始化 FindRecommendationSalesClient 超时时间时时设置的值（ms 级别）。每一个进入“快速”查询的元组一旦操作超过 150 ms，将会报超时并发射到重试数据流中，而以下是“完整”查询的 FindRecommendedSales bolt 代码：

```
builder
  .setBolt(FIND_RECOMMENDED_SALES_SLOW, new FindRecommendedSales(), 16)
    .addConfiguration("timeout", 1500)
    .setNumTasks(16)
```

```
.shuffleGrouping(FIND_RECOMMENDED_SALES_FAST,
                  FindRecommendedSales.RETRY_STREAM)
.shuffleGrouping(FIND_RECOMMENDED_SALES_SLOW,
                  FindRecommendedSales.RETRY_STREAM);
```

注意这里设置了 1500 ms 的超时：

```
.addConfiguration("timeout", 1500)
```

这也是我们用来做内因排查的最长等待时间，而另外两个随机分组的作用又是什么呢？

```
.shuffleGrouping(FIND_RECOMMENDED_SALES_FAST,
                  FindRecommendedSales.RETRY_STREAM)
.shuffleGrouping(FIND_RECOMMENDED_SALES_SLOW,
                  FindRecommendedSales.RETRY_STREAM);
```

我们已经将 FindRecommendedSales bolt 与两个不同的流连接了起来，分别对应自两个"快速"和"完整"查询版本的 FindRecommendedSales bolt 的重试数据流。无论超时出现在哪一个版本的 bolt 中，它们都将被发射到对应版本的数据流中，以较慢的速度持续执行查询。

我们还需要在拓扑上做一个较大的改动，对于我们下一个 bolt，也就是 LookupSales-Details，需要从由 FindRecommendedSales 两个 bolt 构成的重试数据流中获取执行成功的元组：

```
builder.setBolt(LOOKUP_SALES_DETAILS, new LookupSalesDetails(), 16)
       .setNumTasks(16)
       .shuffleGrouping(FIND_RECOMMENDED_SALES_FAST,
                         FindRecommendedSales.SUCCESS_STREAM)
       .shuffleGrouping(FIND_RECOMMENDED_SALES_SLOW,
                         FindRecommendedSales.SUCCESS_STREAM);
```

对于未来的下游流数据，我们可以在上面的 bolt 应用类似的模式。在评估对性能有潜在影响的因素前，需要仔细评判这些额外负担的复杂度，一切都是具备交换性的。

让我们再回到之前的判断，还记的 LookupSalesDetails 的代码中可能导致无法查询商品明细的部分么？

```
@Override
public void execute(Tuple tuple) {
  String customerId = tuple.getStringByField("customer");
  List<String> saleIds = (List<String>) tuple.getValueByField("sales");
  List<Sale> sales = new ArrayList<Sale>();
  for (String saleId: saleIds) {
    try {
      Sale sale = client.lookupSale(saleId);
      sales.add(sale);
    } catch (Timeout e) {
      outputCollector.reportError(e);
    }
  }
  if (sales.isEmpty()) {
    outputCollector.fail(tuple);
  } else {
    outputCollector.emit(new Values(customerId, sales));
```

```
    outputCollector.ack(tuple);
  }
}
```

为了获取性能这里做了一些妥协，我们不得不接受为每个客户推荐商品时，可能偶尔会出现的查询失败，在允许的范围内依然向客户发送导购邮件，以便能达到定下的 SLA 标准。但这样的决定影响面有多大呢？到底有多少商品无法推送给客户呢？就目前来说，这个问题没法回答。不过庆幸的是，Storm 提供了内置的度量工具，指导我们来评估。

6.5　Storm 的指标统计 API

在 Storm 早期的版本，如 0.9.x 系列中，指标只有一个雏形。你可以在 UI 中看到一些有关拓扑的基础指标，但如果你想基于业务层，或者 JVM 层获取相关指标，你就得完全靠自己了。Storm 现在提供的指标 API 提供了相当丰富的度量指标，基本可以解决你目前能遇到的任何问题：例如了解我们在 LookupSalesDetails bolt 中到底丢失了多少精度。

6.5.1　使用 Storm 的内建 CountMetric

首先更新一下案例源代码，输入命令行：

```
git checkout 0.0.5
```

我们在 LookupSalesDetail bolt 中做的改动如代码清单 6.7 所示。

代码清单 6.7　包含度量指标的 LookupSalesDetails.java

```
public class LookupSalesDetails extends BaseRichBolt {      ┌ 用于存放
  ...                                                        │ 查询商品的
                                                             │ 计数变量
  private final int METRICS_WINDOW = 60;
  private transient CountMetric salesLookedUp;      ◀────────┘
  private transient CountMetric salesLookupFailures;      ◀──┐ 用于存放查
                                                             │ 询商品失败的
  @Override                                                  │ 计数变量
  public void prepare(Map config,
                      TopologyContext context,
                      OutputCollector outputCollector) {
    ...
  salesLookedUp = new CountMetric();
  context.registerMetric("sales-looked-up",          ┌ 注册查询商品
                         salesLookedUp,              │ 的指标，每 60
                         METRICS_WINDOW);      ◀─────┤ 秒上报一次计数
  salesLookupFailures = new CountMetric();
  context.registerMetric("sales-lookup-failures",    ┌ 注册查询商品失败
                         salesLookupFailures,        │ 的指标，每 60 秒上
                         METRICS_WINDOW);      ◀─────┤ 报一次计数
}

@Override
public void execute(Tuple tuple) {
```

```
String customerId = tuple.getStringByField("customer");
List<String> saleIds = (List<String>) tuple.getValueByField("sales");

List<Sale> sales = new ArrayList<Sale>();
for (String saleId: saleIds) {
  try {
    Sale sale = client.lookupSale(saleId);
    sales.add(sale);
  } catch (Timeout e) {                          如果出现一次超时，
    outputCollector.reportError(e);              在查询商品失败的计
    salesLookupFailures.incr();             ←── 数变量上加一
  }
}

if (sales.isEmpty()) {                      基于商品列表
  outputCollector.fail(tuple);             的大小来增加商
} else {                                    品的查询次数
  salesLookedUp.incrBy(sales.size());  ←──
  outputCollector.emit(new Values(customerId, sales));
  outputCollector.ack(tuple);
}
}
```

我们在 prepare() 方法中创建并注册了两个 CountMetric 实例：一个用于统计查询商品详情成功的次数，另一个用于统计查询失败的次数。

6.5.2 设置一个指标接收器

现在我们已经拥有了一些基础的原始数据，稍后将对这些数据做记录，但是在开始之前，我们必须先设置一个接收器。一个接收器是 IMetricsConsumer 的接口实现，它就像在 Storm 和外部系统之间搭建了一个桥梁，例如 Statsd 或者是 Riemann。在这个案例中，我们将使用现成提供的 LoggingMetricsConsumer。当一个拓扑运行在本地模式时，LoggingMetricsConsumer 将和标准输出形式（stdout）以日志形式输出。我们可以在 LoggingMetricsConsumer 中添加如下代码：

```
Config config = new Config();
config.setDebug(true);
config.registerMetricsConsumer(LoggingMetricsConsumer.class, 1);
```

例如我们已经在一个时间窗口内成功实现了 350 个商品的查询：

```
244565 [Thread-16-__metricsbacktype.storm.metric.LoggingMetricsConsumer]
INFO  backtype.storm.metric.LoggingMetricsConsumer - 1393581398
localhost:1    22:lookup-sales-details    sales-looked-up    350
```

在一个远程集群上，LoggingMetricsConsumer 将把信息层面的消息保存至文件，存放在 Storm 日志目录下名为 metrics.log 的文件里。我们也可以在部署一个集群时，通过添加如下配置以开启指标的日志：

```
public class RemoteTopologyRunner {
  ...
```

```
private static Config createConfig(Boolean debug) {
  ...

  Config config = new Config();
  ...
  config.registerMetricsConsumer(LoggingMetricsConsumer.class, 1);
  ...
  }
}
```

Storm 的内置指标已经相当丰富了，但如果你需要的不在系统内置中呢？幸运的是，Storm 提供了扩展自定义指标的能力，你可以创建基于特定需求的自定义指标。

6.5.3　创建一个自定义的 SuccessRateMetric

我们已经拥有原始指标了，接下来希望通过自定义的计算方式，形成自定义的指标。其实我们不关心原始数据层面上的成功或失败而更关心成功的比例，而 Storm 没有提供一个内建的指标来计算成功率，所以我们可以自己创建一个类来实现该指标。SuccessRateMetric 的代码如代码清单 6.8 所示。

代码清单 6.8　SuccessRateMetric.java

```
public class SuccessRateMetric implements IMetric {
  double success;                                          用于统计
  double fail;                                             成功次数的
                                                           自定义方法
  public void incrSuccess(long incrementBy) {
    success += Double.valueOf(incrementBy);
  }                                                        用于统计
                                                           失败次数的
                                                           自定义方法
  public void incrFail(long incrementBy) {
    fail += Double.valueOf(incrementBy);
  }                                                        任何需要实
                                                           现 IMetric
                                                           接口时都要实
  @Override                                                现的方法
  public Object getValueAndReset() {
    double rate = (success / (success + fail)) * 100.0;
    success = 0;                         重置统
    fail = 0;                            计值

    return rate;
  }
}
```

计算成功率，并返回结果值

调用新的统计指标的代码如代码清单 6.9 所示。

代码清单 6.9　使用自定义指标的 LookupSalesDetails.java

```
public class LookupSalesDetails extends BaseRichBolt {
  ...

  private final int METRICS_WINDOW = 15;
```

```
private transient SuccessRateMetric successRates;       ◁─┐  新的成功
                                                            │  率指标
@Override
public void prepare(Map config,
                    TopologyContext context,
                    OutputCollector outputCollector) {
  ...

  successRates = new SuccessRateMetric();
  context.registerMetric("sales-lookup-success-rate",
                         successRates,
                         METRICS_WINDOW);                 ◁─┐  注册成功率指
}                                                           │  标，上报过去
                                                            │  15 秒的成功率
@Override
public void execute(Tuple tuple) {
  ...

  List<Sale> sales = new ArrayList<Sale>();
  for (String saleId: saleIds) {
    try {
      Sale sale = client.lookupSale(saleId);
      sales.add(sale);                                    ◁─┐  如果出现一次
    } catch (Timeout e) {                                   │  超时，在失败计
      successRates.incrFail(1);                             │  数上加一
      outputCollector.reportError(e);
    }
  }

  if (sales.isEmpty()) {
    outputCollector.fail(tuple);                          ◁─┐  如果有返回
  } else {                                                  │  值，在成功计
    successRates.incrSuccess(sales.size());                 │  数上加一
    outputCollector.emit(new Values(customerId, sales));
    outputCollector.ack(tuple);
  }
}

...
}
```

基本上差不多了，我们注册了一个指标（只是换了种形式），然后将成功和失败的结果都传给它，输出的结果基本上接近我们的期望效果了：

```
124117 [Thread-16-__metricsbacktype.storm.metric.LoggingMetricsConsumer]
INFO  backtype.storm.metric.LoggingMetricsConsumer - 1393581964
localhost:1    32:lookup-sales-details    sales-lookup-success-rate
98.13084112149532
```

你也可以自己尝试一下，输入以下命令获取源码：

```
git checkout 0.0.5
mvn clean compile -P local-cluster
```

注意，会有不少输出哦！

6.5.4　创建一个自定义的 MultiSuccessRateMetric

接下来，我们在生产环境中做了实施，业务的同事看了很高兴，但很快他们就提出希望了解客户对应不同准确率的比例情况。换句话说，我们需要记录每个客户的成功和失败情况。

幸运的是，Storm 提供了一个指标是 MultiCountMetric，专门应用于类似的场景，只是它使用的是 CountMetrics，而不是 SuccessRateMetrics。但这很简单，我们只需要基于此创建一个属于我们自己的指标就可以了：

```
git checkout 0.0.6
```

新的指标 MultiSuccessRateMetric 代码如代码清单 6.10 所示。

代码清单 6.10　MultiSuccessRateMetric.java

```
public class MultiSuccessRateMetric implements IMetric {
  Map<String, SuccessRateMetric> rates = new HashMap();

  public SuccessRateMetric scope(String key) {
    SuccessRateMetric rate = rates.get(key);

    if (rate == null) {
      rate = new SuccessRateMetric();
      rates.put(key, rate);
    }

    return rate;
  }

  @Override
  public Object getValueAndReset() {
    Map ret = new HashMap();

    for(Map.Entry<String, SuccessRateMetric> e : rates.entrySet()) {
      ret.put(e.getKey(), e.getValue().getValueAndReset());
    }
    rates.clear();

    return ret;
  }
}
```

分别将每个独立的 SuccessRateMetric 实例存进一个散列表中，使用 customer ID 作为主键，这样就可以追踪每个客户了

基于给定的主键（customer ID）返回 SuccessRateMetric 参数值，如果这个客户没有该指标值，则为他创建一个新的 SuccessRateMetric

返回每个客户的成功率映射，接着为每个客户重置对应的成功率指标，然后清空映射

这个类很简明扼要，我们分别在一个散列表中存储独立的 SuccessRateMetrics 指标，然后使用 customer ID 作为主键，这样就能追踪每个客户的成功和失败情况了，接下来要做的就是实现相关计算，改动很小，代码如代码清单 6.11 所示。

代码清单 6.11　拥有新 MultiSuccessRateMetric 指标的 LookupSalesDetails.java

```
public class LookupSalesDetails extends BaseRichBolt {
  ...

  private transient MultiSuccessRateMetric successRates;
```

新的 MultiSuccessRateMetric 指标

```
@Override
public void prepare(Map config,
                    TopologyContext context,
                    OutputCollector outputCollector) {
  ...

  successRates = new MultiSuccessRateMetric();
  context.registerMetric("sales-lookup-success-rate",
                    successRates,
                    METRICS_WINDOW);
}

@Override
public void execute(Tuple tuple) {
  String customerId = tuple.getStringByField("customer");
  List<String> saleIds = (List<String>) tuple.getValueByField("sales");

  List<Sale> sales = new ArrayList<Sale>();
  for (String saleId: saleIds) {
    try {
      Sale sale = client.lookupSale(saleId);
      sales.add(sale);
    } catch (Timeout e) {
      successRates.scope(customerId).incrFail(1);
      outputCollector.reportError(e);
    }
  }

  if (sales.isEmpty()) {
    outputCollector.fail(tuple);
  } else {
    successRates.scope(customerId).incrSuccess(sales.size());
    outputCollector.emit(new Values(customerId, sales));
    outputCollector.ack(tuple);
  }
}
```

注册 Multi-SuccessRate-Metric，上报过去 15 秒的成功率

如果失败，在指定 customer ID 的失败计数上加一

如果有返回值，在指定 customer ID 的成功计数上加一

现在我们就可以为业务同事提供他们需要的自定义指标了：

```
79482 [Thread-16-__metricsbacktype.storm.metric.LoggingMetricsConsumer]
INFO  backtype.storm.metric.LoggingMetricsConsumer - 1393582952
localhost:4    24:lookup-sales-details    sales-lookup-success-rate
{customer-7083607=100.0, customer-7461335=80.0, customer-2744429=100.0,
customer-3681336=66.66666666666666, customer-8012734=100.0,
customer-7060775=100.0, customer-2247874=100.0, customer-3659041=100.0,
customer-1092131=100.0, customer-6121500=100.0, customer-1886068=100.0,
customer-3629821=100.0, customer-8620951=100.0, customer-8381332=100.0,
customer-8189083=80.0, customer-3720160=100.0, customer-845974=100.0,
customer-4922670=100.0, customer-8395305=100.0,
customer-2611914=66.66666666666666, customer-7983628=100.0,
customer-2312606=100.0, customer-8967727=100.0,
customer-552426=100.0, customer-9784547=100.0, customer-2002923=100.0,
customer-6724584=100.0, customer-7444284=80.0, customer-5385092=100.0,
customer-1654684=100.0, customer-5855112=50.0, customer-1299479=100.0}
```

日志信息提供了一个使用新指标的样例：包含一个 customer ID 列表，每个对应的成功

率指标。其中我们会发现有个客户能实现 100% 的查询成功：

```
customer-2247874=100.0
```

有了这个数据，我们就可以了解到底多少客户可以收到完整的闪购邮件了。

6.6 小结

在本章中，你学到了

❏ Storm UI 上可以找到拓扑中所有基于时间维度的信息。

❏ 在你的拓扑上调优的第一步是为性能指标设置一个基准值。

❏ 借助提高并行性参数，可以就一个 spout/bolt 的高容量占用指标来判断系统瓶颈。

❏ 提升并行性可以获得不错的性能提升，有助于你理解每个步骤产生的影响和效果。

❏ 延迟率主要与数据（内因）和非数据（外因）有关，你可以通过调低拓扑的输出通量来判断具体原因。

❏ 指标（无论内置还是自定义）对你理解拓扑的真实运行状态有很重要的帮助。

Chapter 7 第 7 章

资源冲突

本章要点：

❏ 在一个 Storm 集群中的工作进程冲突

❏ 在一个工作进程（JVM）中的内存冲突

❏ 在一个工作结点上的内存冲突

❏ 工作结点的 CPU 冲突

❏ 工作结点的网络 /socket 输入 / 输出（I/O）冲突

❏ 工作结点的磁盘 I/O 冲突

在第 6 章中，我们讨论了如何基于拓扑层面执行调优。调优是一项非常重要的技能，它有助于支持你将拓扑顺利部署到生产环境中，但也仅是所有环节中的一小部分。你的拓扑需要在这个 Storm 集群中与其他拓扑共同生存，它们中间有一些需要占用极高的 CPU 用于数学运算，有一些会消耗大量的网络带宽，以此类推，组件各自在资源上的需求都不一致。

因此在本章，我们将介绍存在于 Storm 集群中的各类资源以及它们各自的分工和作用。人人都希望一个 Storm 集群不要存在各类资源上的冲突，所以这里基于一个案例的演示，来理解如何进行冲突的排查和处理。在快速地理解本章的内容之后，再来回顾之前遇到的问题可能又会有新的认识。

在本章的前三节，将基于常见的几类冲突问题提出一些通用的解决方案。我们建议先仔细学习这三节，因为这部分内容是讨论后续问题的基础和铺垫，以便更容易理解针对特定冲突的解决方案。

我们在本章中定义部分冲突时，会提到一部分术语，这有助于理解在冲突问题中涉及部署到 Storm 中的具体哪个组件。如图 7.1 所示，资源部分都采用加粗的方式标注出来，你应该对其中大部分概念都很熟悉了吧，如果还没记住，请务必再看看下面这张图，确保理清了组件之间的关系。

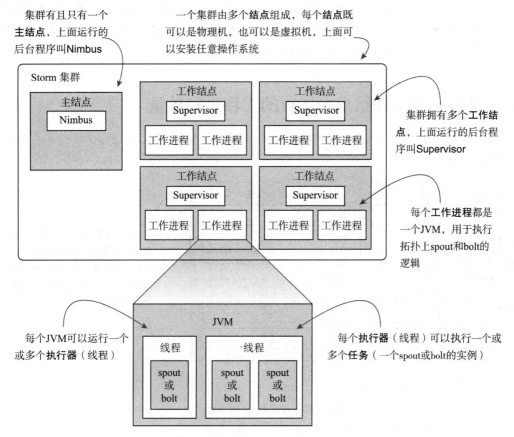

图 7.1　在一个 Storm 集群中的各类结点，每个结点都分解为工作进程和其他部分

在熟悉了这些定义之后，让我们先从"通用方案"开始说起，调整一下工作结点上工作进程（JVM）的数量。在了解了这种"通用方案"之后，才有助于我们理解后续每种场景中如何评估各方案的适用性。

面对操作系统层面上的冲突时，如何选择操作系统

每个人在管理、维护和诊断一个 Storm 集群上问题时的经验是不同的，我们尽可能覆盖你会面临的主要问题以及需要的工具，但即使这样，你遇到的情况和我们也会不一样。在不同服务器上的集群配置是不同的，每台机器上的 JVM 数量也会不一样，所以没人能告诉你应该如何去配置部署。因此我们能做的是提出面对问题时的判断和解决思路。目前虽然大部分操作系统都可以运行 Storm，但操作系统层面上的问题却相当多样性，所以这里我们选择一个典型的操作系统来讲解：基于 Linux。

在本章中讨论的所有工具，都可以在各种版本的 Linux 中找到，也可以以其他类似功能的形式存在其他 UNIX 类操作系统，如 Solaris 或 FreeBSD。如果你用的是 Windows 系统，那可能需要多花点时间来寻找类似功能的工具，但原理上类似。这里要注意的是，我们提到的工具并不是万能的，它只能提供一个基础的支持。要想判断生产环境中集群的问题，还需要你先熟悉这些工具以及对应的操作系统。书籍、搜索引擎、Storm 的邮件列表、IRC 聊天室或者运维的同事都是能为你提供帮助和支持的渠道。

7.1 调整一个工作结点上运行的工作进程数量

在本章各小节中，有一个判断冲突的方式是调整一个工作结点上运行的工作进程数量，如图 7.2 所示。

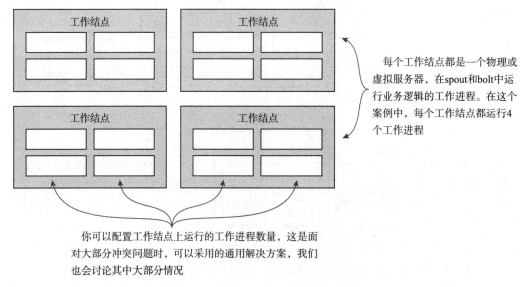

每个工作结点都是一个物理或虚拟服务器，在spout和bolt中运行业务逻辑的工作进程。在这个案例中，每个工作结点都运行4个工作进程

你可以配置工作结点上运行的工作进程数量，这是面对大部分冲突问题时，可以采用的通用解决方案，我们也会讨论其中大部分情况

图 7.2 一个工作结点上运行着大量的工作进程

在一些情况中，这意味着需要增加工作进程的数量，在另外一些情况中，则需要调低工作进程的数量。我们将这个解决方案分解到各小节中讲解，以便你可以随时随地能回顾中间的细节。

7.1.1 问题

你面临的冲突需要考虑在一个工作结点上增加或调低工作进程的数量。

7.1.2 解决方案

一个工作结点上的工作进程数量是由 supervisor.slots.ports 的属性来定义的，分别保存在每个工作结点的 storm.yaml 配置文件中。这个属性还定义了每个工作进程用于监听消息的端口号。该属性中的默认配置如代码清单 7.1 所示。

代码清单 7.1　supervisor.slots.ports 的默认配置

```
supervisor.slots.ports
  - 6701
  - 6702
  - 6703
  - 6704
```

要增加工作结点上可运行的工作进程数量，只需要在该列表中添加一个端口即可。相反的，如果要减少工作结点上可运行的工作进程数量，只需要在该列表中删掉一个端口即可。

更新这些属性后，你需要重新启动工作结点上的 Supervisor 进程，以便使得修改生效。如果按照第 5 章里讲解的安装方法，你将 Storm 安装在 /opt/storm 目录下，那就需要先杀掉 Supervisor 进程，然后用如下命令做重启：

```
/opt/storm/bin storm supervisor
```

重启之后，Nimbus 会更新配置文件，然后基于列表中定义的端口重新分发消息。

7.1.3　讨论

Storm 默认为每个工作结点配置了 4 个工作进程，每个工作进程分别监听端口 6701、6702、6703 和 6704。通常情况下，在刚创建一个集群的时候，是不需要担心配置这些细节的。但如果需要增加端口，那么请先确定这个端口是否被占用，例如在 Linux 下的工具 netstat 就可能因为占用而出现冲突。

关于工作结点的另外一件事就是你需要考虑集群中的结点数量。如果需要大范围的调整，甚至是对成百上千台服务器做配置更新，或者大规模重启 Supervisor 进程，这将是一件相当耗时且枯燥的工作。所以这里推荐大家使用一个工具，叫 Puppet（http://puppetlabs.com）来为每个结点执行自动化部署和配置。

7.2　修改工作进程（JVM）上的内存分配

在本章的部分章节里，用于判断冲突的解决方法是修改每个工作结点上工作进程（JVM）的内存分配。

在某些情况下，这意味着需要对某些内存做提升，某些情况下也意味着需要去调低。但无论是出于何种解决方案，调整的步骤是一样的，接下来我们单独就这部分做一些讨论。

7.2.1　问题

你面对的问题是需要对运行中的工作结点上的工作进程做内存分配量的调整。

7.2.2　解决方案

对于调整一个工作结点上全部工作进程（JVM）的内存分配，可以在每个工作结点的 storm.yaml 配置文件中修改 worker.childopts 属性。这里的属性包含了所有 JVM 相关的启动选项，提供了配置内存分配池初始化的参数（-Xms），以及为工作结点上 JVM 最大分配的内存池参数（-Xmx）。如代码清单 7.2 所示，这里仅需要关注和内存相关的参数调整。

代码清单 7.2　在 storm.yaml 中配置 worker.childopts

```
worker.childopts: "...
-Xms512m
-Xmx1024m
..."
```

这里要注意很重要的一点，就是修改了这里的参数将更新指定工作结点上的全部工作进程。同时在更新配置之后，你需要重启 Supervisor 进程，使结点上的改变生效。如果你将 Storm 安装在 /opt/storm 目录下，那么如同我们在第 5 章中讨论的安装路径，你需要先杀掉 Supervisor 进程，然后在使用以下命令重启服务。

```
/opt/storm/bin storm supervisor
```

重启之后，结点上的全部工作进程（JVM）都将按照新配置的内存数量来运行。

7.2.3　讨论

在提升 JVM 容量之后，有一点需要注意，那就是需要确保工作结点（物理机或虚拟机）本身拥有足够的内存。否则无论你设置多大的 -Xmx 参数，工作结点都无法支撑配置生效。此时需要做的就是先调整物理机或虚拟机分配到 JVM 上的内存用量。

另外一个技巧就是我们建议你把 -Xms 和 -Xmx 参数都配置为一样的值。因为如果值不同，JVM 需要对堆（heap）做管理，主要基于堆的使用情况，动态调整堆的大小。而我们发现这种对堆的调整其实并没有必要，所以建议设置为同样的参数，反而可以降低在堆调整上的消耗。这种策略也是基于 JVM 的内存调用机制，因为在 JVM 的生命周期中堆的容量其实始终是个固定值。

7.3　定位拓扑上运行的工作结点 / 进程

本章的部分小节中都会涉及工作结点和工作进程级别的冲突。通常情况下，冲突会在 Storm UI 上显示错误的信息，无论是在调整的过程中，还是调整之后。在这些场景中，你需要学会判断拓扑上，具体是影响到哪一个工作结点或者是哪一个工作进程。

7.3.1　问题

当前你的拓扑面临一个冲突上的问题，需要先确认受影响的是哪一个工作结点以及哪一个工作进程。

7.3.2 解决方案

解决冲突需要充分利用 Storm UI，从中找到判断拓扑中问题的依据。我们建议先从 bolt 区域中寻找线索，如图 7.3 所示，其中一个 bolt 就出现问题了。

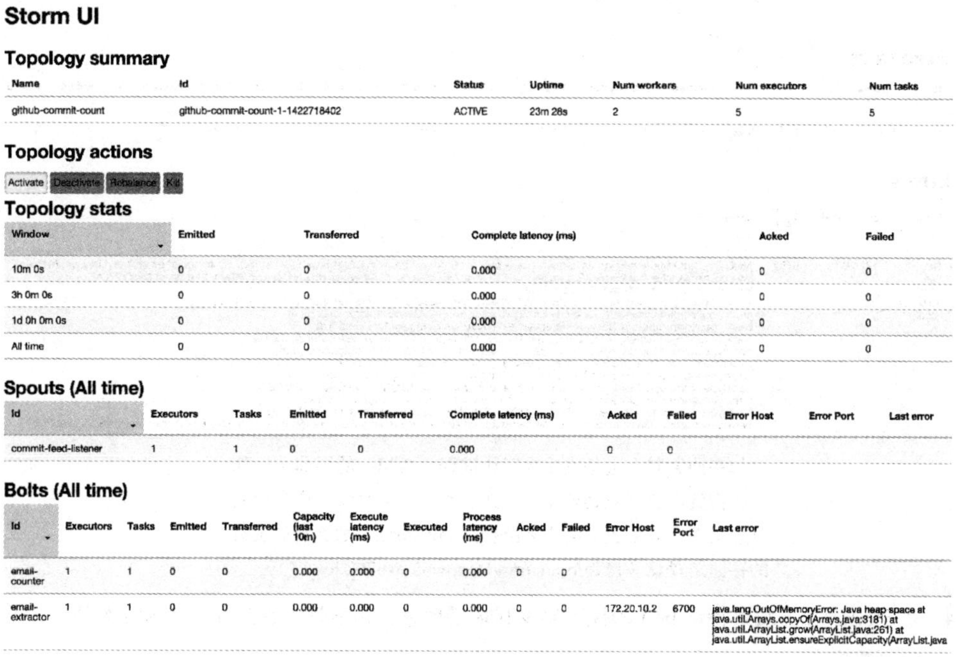

Storm UI

Topology summary

Name	Id	Status	Uptime	Num workers	Num executors	Num tasks
github-commit-count	github-commit-count-1-1422718402	ACTIVE	23m 28s	2	5	5

Topology actions

Activate Deactivate Rebalance Kill

Topology stats

Window	Emitted	Transferred	Complete latency (ms)	Acked	Failed
10m 0s	0	0	0.000	0	0
3h 0m 0s	0	0	0.000	0	0
1d 0h 0m 0s	0	0	0.000	0	0
All time	0	0	0.000	0	0

Spouts (All time)

Id	Executors	Tasks	Emitted	Transferred	Complete latency (ms)	Acked	Failed	Error Host	Error Port	Last error
commit-feed-listener	1	1	0	0	0.000	0	0			

Bolts (All time)

Id	Executors	Tasks	Emitted	Transferred	Capacity (last 10m)	Execute latency (ms)	Executed	Process latency (ms)	Acked	Failed	Error Host	Error Port	Last error
email-counter	1	1	0	0	0.000	0.000	0	0.000	0	0			
email-extractor	1	1	0	0	0.000	0.000	0	0.000	0	0	172.20.10.2	6700	java.lang.OutOfMemoryError: Java heap space at java.util.Arrays.copyOf(Arrays.java:3181) at java.util.ArrayList.grow(ArrayList.java:261) at java.util.ArrayList.ensureExplicitCapacity(ArrayList.java

当在指定拓扑上诊断问题时，我们通常先从指定拓扑的 **bolt** 区域开始，寻找可能的线索。在当前这个场景中，看上去我们的 email-extractor bolt 好像出现了内存不足的问题

图 7.3　在 Storm UI 中对指定的拓扑做故障诊断

当检测到问题出在哪一个 bolt 上后，接下来就需要定位问题 bolt 中的具体问题和相关细节。这时，你可以开始检查 Executors 和 Errors 区域中每个独立 bolt 的情况，如图 7.4 所示。

Executors 区域将显示每个独立 bolt 的详情，包括该 bolt 运行所在的工作结点和工作进程。那么，如果当前出现冲突，那你基本上可以定位问题了，接下来要做的就是按照既有步骤进行故障的修复。

7.3.3 讨论

Storm UI 是你最好的伙伴，因为一旦熟悉了各个区域所传递的功能价值，就可以很轻松地在第一时间了解冲突的类型。实践告诉我们，最有价值的经验就是能快速找到问题所在，包括拓扑、bolt、工作结点或工作进程。

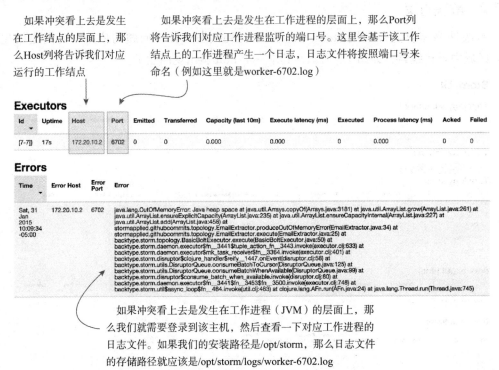

如果冲突看上去是发生在工作结点的层面上，那么Host列将告诉我们对应运行的工作结点

如果冲突看上去是发生在工作进程的层面上，那么Port列将告诉我们对应工作进程监听的端口号。这里会基于该工作结点上的工作进程产生一个日志，日志文件将按照端口号来命名（例如这里就是worker-6702.log）

如果冲突看上去是发生在工作进程（JVM）的层面上，那么我们就需要登录到该主机，然后查看一下对应工作进程的日志文件。如果我们的安装路径是/opt/storm，那么日志文件的存储路径就应该是/opt/storm/logs/worker-6702.log

图 7.4　在 Storm UI 上观察特定 bolt 的执行器及其报错信息，判断发生在工作结点和工作进程上出现的问题类型

　　尽管这是一个强大的工具，但 Storm UI 也并不能提供你所有需要的信息，所以它仅能作为一个参考来提供适当的信息，支撑你深入了解每个独立工作结点，或自定义的 bolt 运行健康状态。因此你不能完全依赖于 Storm UI 传递出来的信息，你需要一些其他的方式来覆盖问题的判断方式。最后你需要知道的是，问题并不在于出现在什么地方，而是什么候会出现。

7.4　在一个 Storm 集群中的工作进程冲突

　　当你安装了一个 Storm 集群，你将默认为工作结点配置一些固定数量的工作进程。每当你部署一个新的拓扑到集群，你都需要指定拓扑需要包含多少工作进程。所以你一定会遇到一种情况，就是在增加拓扑中工作进程时，并不确定这些工作进程是否已经被指派到现有的拓扑中。这也因此导致拓扑存在不可用的情况，因为一旦没有了工作进程，拓扑将无法进行数据处理和加工，如图 7.5 所示。

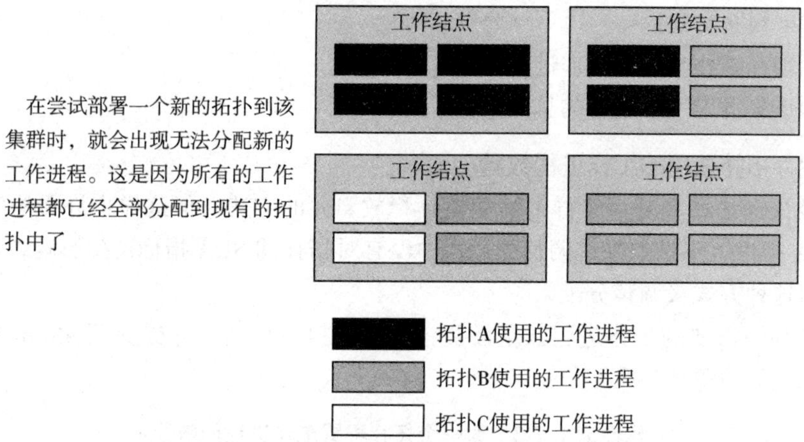

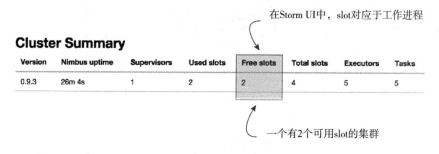

图 7.5　Storm 集群中全部进程都被指派给拓扑的演示

如图 7.5 所示，这种问题你一定会遭遇到，幸运的是，这种问题很容易被判断出来，只需要在 Storm UI 中观察 summary 页面，如图 7.6 所示。

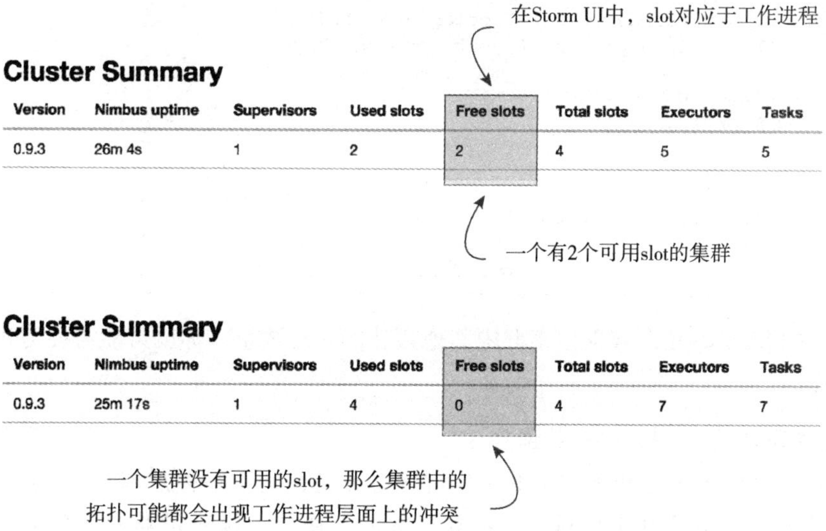

图 7.6　Storm UI：可用有效 slot 数量为 0，这意味着拓扑面临 slot 冲突

7.4.1　问题

在 Storm UI 中，你发现一个拓扑没有在执行任何处理动作，或者在过程中突然停止了下来，没有可用的空闲 slot。

7.4.2　解决方案

由于你在配置拓扑时，都需要至少配置一个固定数量的工作进程，你可以通过以下这些策略操作来判断问题：

❑ 减少现存拓扑在用的工作进程数量。
❑ 增加该集群中工作进程的总数量。

减少现存拓扑在用的工作进程数量

这是最快也是最容易为集群中其他拓扑释放 slot 的方法。但这样也许无法完成你现有拓扑的 SLA 指标，不过如果在调整的过程中没有对拓扑的 SLA 指标产生影响，那我将强烈推荐你采用这种方式来调整分配。

一个拓扑中需要的工作进程数量需要在代码中执行构造，并提交至 Storm 集群的拓扑中。代码如代码清单 7.3 所示。

代码清单 7.3 为一个拓扑配置工作进程的数量

```
import backtype.storm.Config;
import backtype.storm.StormSubmitter;
import backtype.storm.topology.TopologyBuilder;

...

TopologyBuilder builder = new TopologyBuilder();
// build the various pieces of your topology here

Config config = new Config();                         在这里为拓
config.setNumWorkers(2);                              扑配置工作进
                                                      程的数量
...

StormSubmitter.submitTopology("topology-name",
                             config,
                             builder.createTopology());
```

如果你的 SLA 不允许减少你集群中其他拓扑的 slot 数量，你就可能需要为集群增加新的工作进程。

增加该集群中工作进程的总数量

这里有两种方式来提升集群中的工作进程总数量，其中一种是基于 7.1 节中介绍的步骤，为你的工作结点增加工作进程。但如果你的工作结点没有足够的资源来支撑额外的 JVM，这种方法也不管用。所以在这种情况下，你就需要为集群直接增加更多的工作结点，方法是配置更多的工作进程池。

我们建议如果可以的话，尽可能配置新的工作结点，因为这样对现有的拓扑影响最少，否则直接在现有的结点上调度进程将触发一些潜在的冲突。

7.4.3　讨论

工作进程级别的冲突可能是由多种原因导致的，一部分是内因，而另外一部分是外因，场景大致包含如下情况：

❑ 你部署的新集群所需要消耗的工作进程数远大于集群中现有可用的 slot 数量。

❑ 你部署拓扑的集群中没有可用的 slot。

❑ 一个工作结点挂了，导致可用的 slot 数量减少，因此可能在现有的拓扑中产生冲突。

所以在部署一个新拓扑的时候，很有必要去了解集群中可用的资源。如果你忽略了集群中什么资源是可用的，那你在集群上部署任何组件都会产生潜在的资源冲突。

7.5　在一个工作进程（JVM）中的内存冲突

和你在安装一个 Storm 集群时配置固定数量工作进程的步骤类似，你也需要为每个工作进程（JVM）配置一个固定数值的分配内存。内存的限制条件决定了 JVM 上可调用的进程（执行器）数量，因为每个进程都需要花费一定数量的内存（默认 64 位的 Linux JVM 设置是 1MB）。

JVM 上出现的冲突更多是基于每个独立拓扑的，在上面运行的 bolt、spout、线程等所消耗的内存量可能远超出 JVM 本身的分配内存，如图 7.7 所示。

因此发生在 JVM 上的冲突通常表现为内存不足（out-of-memory，OOM）的

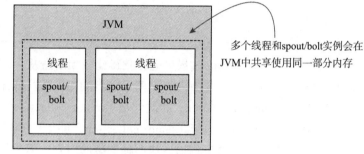

多个线程和spout/bolt实例会在JVM中共享使用同一部分内存

图 7.7　工作进程、执行器和任务与 JVM、线程、spout/bolt 实例的关系映射图，以及线程与实例在 JVM 中的内存竞争关系

错误，或者进入长时间的垃圾回收（Garbage Collection，GC）期。可以在 Storm 的日志和 UI 中查看 OOM 的错误记录，一般是以 java.lang.OutOfMemory-Error:Java heap space 的堆栈跟踪来显示错误。

如果要定位 GC 问题，可能需要更多的操作配置了，不过 JVM 和 Storm 在这一部分的配置支持还是比较方便的。JVM 提供了启动配置项用于跟踪和记录 GC 的用量，Storm 也提供了一种方式来设置 JVM 启动时工作进程的配置。storm.yaml 中的 worker.childopts 属性用于配置 JVM，storm.yaml 中一个工作结点的配置如代码清单 7.4 所示。

这里有一个参数需要特别注意一下，那就是 –Xloggc 配置。记住，你可以在每个工作结点上设置多个工作进程，其中 worker.childopts 属性可以应用修改到一个结点的所有工作进程上，所以如果不做特定命名，日志文件将默认记录全部的工作进程日志。为了让跟踪 GC 在 JVM 上的用量更轻松，建议为每个工作进程分别建立日志文件。Storm 提供了一套完整的日志机制来记录每个工作进程的信息：ID 用于为工作结点上的每个工作进程建立唯一标识符，为每个 GC 日志文件添加这样一个 "%ID%" 参数，可以实现日志文件按照工作进程来分别进行存储。

代码清单 7.4　为工作进程配置 GC 的日志记录功能

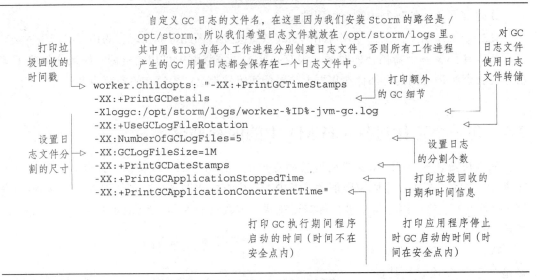

刚开始阅读 GC 日志的时候可能会觉得比较无所适从，所以接下来我们简单了解一下代码清单 7.4 产生的日志详细内容。例子输出的 GC 日志包含两种类型的输出，一种是面向年轻对象（young generation）的次垃圾（minor collection）回收，一种是面向年老对象（tenured generation）的主垃圾（major collection）回收，分别对应不同的操作频率。有可能不是每一个 GC 日志文件都将输出这两种类型的内容，因为对于主垃圾回收来说，不一定会发生在每一个 GC 周期中，但为了确保数据和信息完整，我们需要同时保留两种模式。

Java 分代垃圾回收机制

Java 采取的是一种分代垃圾回收机制，这意味着内存将被划分成不同的"年代"，如果对象经过回收事务之后，还能继续存活下来，那么它将被划入年老的一代。每一个对象在最开始的时候，都是按照年轻对象的方式做回收对待，然后逐渐经历足够的 GC 事务，才能成为年老对象。我们称全部的年轻对象集合为次回收，而全部的年老对象集合为主回收。

代码清单 7.5　GC 日志输出范例

```
2014-07-27T16:29:29.027+0500: 1.342: Application time: 0.6247300 seconds

2014-07-27T16:29:29.027+0500: 1.342: [GC 1.342: [DefNew: 8128K->8128K(8128K),
    0.0000505 secs] 1.342: [Tenured: 18154K->2311K(24576K), 0.1290354 secs]
    26282K->2311K(32704K), 0.1293306 secs]

2014-07-27T16:29:29.037+0500: 1.353: Total time for which application threads
    were stopped: 0.0107480 seconds
```

让我们将这个日志分段解读，最近一次 GC 运行之后，程序输出的日志分段说明如图 7.8 所示。

图 7.8 展示 –XX:+PrintGCDateStamps、–XX:+PrintGCTimeStamps 和 –XX:+PrintGCApplicationConcurrentTime 输出的 GC 日志

接下来的一行是由 –XX:+PrintGCDetails 配置的输出，我们分解成多张图来分别解释每部分的意义，分别标注了日期 / 时间戳，以便更容易理解。针对年轻对象的次回收细节如图 7.9 所示。

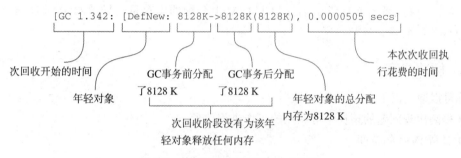

图 7.9 年轻对象的次回收日志输出

针对年老对象的主回收细节如图 7.10 所示。如图 7.11 所示，–XX:+PrintGCDetails 输出的最后一部分显示了全部堆的值以及全部 GC 循环花费的时长。

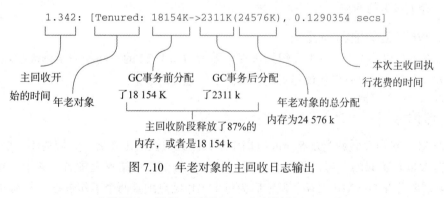

图 7.10 年老对象的主回收日志输出

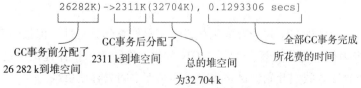

图 7.11 全部堆的值，以及全部 GC 循环花费时长的日志输出

以上是 GC 输出的第一和第二行，而最后一行就很简单了，是 –XX:+PrintGCApplicatio nStoppedTime 选项配置输出的结果，为 2014-07-27T16:29:29.037+0500:1.353:Total time for which application threads were stopped:0.0107480 seconds，这是由于 GC 处理导致程序被暂停的时间概要信息。

这就是所有的日志输出，当你把这些打印结果分开来看，每一部分输出的内容都清晰明了，学会阅读这些日志有助于你查找 Storm 中的问题，特别是调试 JVM 层面上运行的各程序间冲突。当你能配置并在 GC 日志输出中找到 OOM 错误，那么你基本上具备了定位拓扑上 JVM 冲突的能力。

7.5.1　问题

你的 spout 或者 bolt 在尝试消耗超出 JVM 上分配的内存量，导致 OOM 错误或者较长时间的 GC 事务。

7.5.2　解决方案

你可以通过以下方式来定位问题：

❏ 提高出现问题的拓扑中可调用的工作进程数量。

❏ 提高 JVM 的空间。

提高出现问题的拓扑中可调用的工作进程数量

具体方法可以参考 7.1 节中介绍的步骤，通过为拓扑添加一个工作进程，可以降低该拓扑上的整体运行负载。这种方法主要是在 JVM 中降低每个工作进程的内存占用，从而消除 JVM 在内存上产生的冲突。

提高 JVM（工作进程）的空间

具体方法可以参考 7.2 节中介绍的步骤，因为增加 JVM 的空间相当于修改物理机或虚拟机的运行内存，所以我们建议尽可能先提高工作进程的数量。

7.5.3　讨论

在 JVM 中对内存做调配是 Storm 应用中最具有挑战性的工作之一，因为不同的拓扑对内存的需求量是不同的。到目前为止，我们已经从每个工作结点上配置了 4 个工作进程，每个结点需要分配 500 MB 内存，调整后为每个工作结点配置两个工作进程，分别分配 1 G 的内存。

我们的拓扑在每个线程上对内存的消耗设置了足够高的并行性，但依然要面对 500 MB 的优化问题。当为每个工作进程分配了 1 GB 内存，我们就为拓扑提供了足够多的处理空间。为了更接近极限，我们开始尝试在多个工作结点之间去释放负载。

不可能一开始就一切顺利，别担心，我们现在已经在生产环境中运行了多年的 Storm，依然面临因为拓扑的调整、增长或扩展时，需要在每台服务器上去调整工作进程及其分配内存。所以请记住，这是一个没有尽头的过程，因为集群和拓扑永远会发生改变。

在调整一个 JVM 中的内存时务必要小心，这里有一个经验方式，当你在调整时，观察一些关键结点的 GC 消耗时间，例如 500 MB、1 GB、2 GB 或者 4 GB，此时 GC 的消耗时间会出现一个小幅波动。所以调试的过程更像是一种技法而不是纯技术理论，面对 OOM 的调试务必要耐心一点，没有什么能比得上增大 JVM 内存空间却没有看到 GC 时间受到影响更沮丧了。

7.6　在一个工作结点上的内存冲突

工作结点其实在一定程度上和 JVM 有类似之处，都是一个独立运行的环境且拥有有限的内存资源。Storm 中除了要保证正常运行工作进程（JVM）所需的内存，还需要准备额外的内存来确保 Supervisor 进程，或者其他运行在工作结点中不执行交换的进程，如图 7.12 所示。

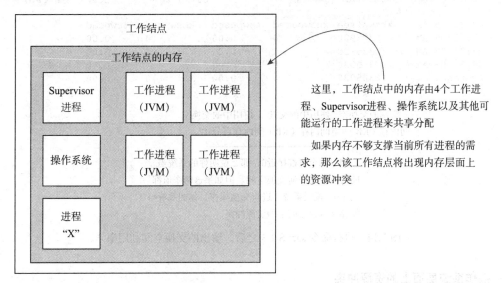

图 7.12　拥有固定分配内存的工作结点，其中运行着自有的工作进程以及其他程序的进程

如果一个工作结点正在遭遇内存上的使用冲突，那么工作结点将开启结点间的内存调度，或称之为交换（swapping）。交换在平时不会引起你的注意，但如果你开始考虑延迟率和吞吐率时，就需要注意它的作用了。在使用 Storm 中存在这样一个问题：每个工作结点都需要足够的内存，此时进程和系统之间不需要考虑资源交换，但如果出现了性能冲突，那你必须开启 Storm 在 JVM 上的交换开关。

有一种方法，就是借助 sar（system activity reporter，系统活动报告）命令来监控 Linux 系统的运行状况。这个命令是 Linux 用于收集并显示全部系统活动的信息，如图 7.13 所示，执行该命令的格式为 sar [option] [interval [count]]。

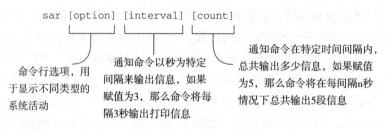

图 7.13　sar 命令分解

通过不同的参数可以实现展示不同类型的信息，对于辅助诊断工作结点上的内存冲突，我们可以添加 -S 参数，来查看交换空间的利用统计信息。输出的交换空间利用率如图 7.14 所示。

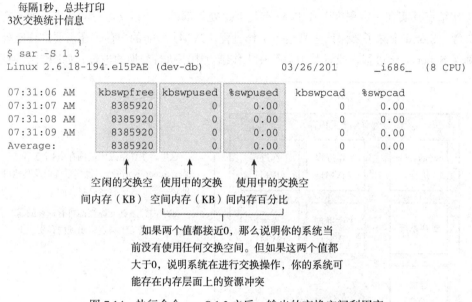

图 7.14　执行命令 sar -S 1 3 之后，输出的交换空间利用率

操作系统层面上的资源冲突

唯一避免操作系统层面上出现资源冲突的方式，就是完整地回避掉任何潜在因素！这意味着什么呢？下面简单做个解释。

如果每个工作结点上都运行一个工作进程，那么结点上是不可能出现冲突关系的，这样会使得集群的性能管理更轻松。据我所知，有不少的开发团队都采取这样的策略，来规避资源上的冲突，如果条件允许的话，我们也建议你采用这样的方式。

如果你是运行在虚拟机上的话，这种方式虽然简单粗暴但还算行之有效，但如果里运行的是实实在在安装有操作系统的物理机，那么这样的成本就太高了。在虚拟机环境下，你想这么做只需要分配足够多的资源就可以了，试想一个操作系统需要 n 个 GB 的安装控件，还需要额外分配 2 GB 的内存来运行操作系统。如果你在集群上按照这种策略启动了八个工作结点每个结点分别分配四个工作结点，那么就需要使用 $n*2$ GB 的磁盘空间，4 GB 的内存来运行配套的操作系统。如果你希望结点内都是单工作结点的分配方式，那么总共需要 $n*8$ GB 的磁盘空间，以及 16 GB 的内存。这对于一个小型的集群，就需要面对四倍的资源增长。试想如果需要增加新的结点需求，那么集群上的资源将按照 16、32、128 的比例来增加。如果你的运行环境是亚马逊网络服务（Amazon Web Services，AWS），那么按照结点来进行计费，总成本将迅速上升。因此，我们仅建议你在运行一些私有的虚拟环境，硬件成本相对可控，包括足够的硬盘和内存资源时，才使用这样的设计策略。

如果这样的案例描述没有把策略设计讲清楚，没关系，我们接下来将详细介绍更多的技巧来帮助你解决类似的问题。即使你认为已经理解我们的意思了，也建议关注一下接下来提到的一些资料，因为即便是一个最简单的拓扑也会面临类似的问题。

7.6.1　问题

由于结点的内存资源不足，工作结点之间将进行空间交换。

7.6.2　解决方案

你可以这样来解决问题：

❑ 为每个工作结点增加可用内存，这意味着需要在物理机或虚拟机上安装或分配更多的内存资源，这基于你的整体集群配置。

❑ 降低工作进程使用的整体内存量。

降低工作进程使用的整体内存量

降低工作结点中全部工作进程的内存消耗，可以通过两步操作来实现。首先需要降低每个工作结点中的工作进程数量，可以按照 7.1 节中介绍的步骤来操作。减少整体工作进程的数量，将相应降低该结点上整体内存的需求量。

第二步是降低 JVM 的空间大小，可以按照 7.2 节中介绍的步骤来操作。不过在调低 JVM 分配内存的时候要格外小心，否则反而会引入 JVM 的内存资源冲突。

7.6.3　讨论

我们的方案始终都围绕着如何分配每台服务器上的内存，这是最简单也是最容易理解的办法。如果你的可用内存比较吃紧，那么就尝试去降低内存的消耗，但你需要去放眼全局，看待 JVM 上因此导致的 GC 和 OOM 问题。长话短说，如果你有足够的内存资源，那么就尽可能为每台服务器上去扩展内存吧。

7.7　工作结点的 CPU 资源冲突

工作结点上的 CPU 资源冲突，一般发生在对 CPU 的需求量超过了现有的资源量，这也是在应用 Storm 时集群将面临的主要资源冲突之一。如果你的 Storm 拓扑吞吐率低于你的预期，你可能就需要检查一下拓扑上运行的工作结点情况了，看看是否存在 CPU 的资源冲突。

你依然可以使用 Linux 的 sar 命令来查看资源的消耗情况，借助参数 -u 即可显示实时的 CPU 使用率。输出的 CPU 使用率信息如图 7.15 所示。

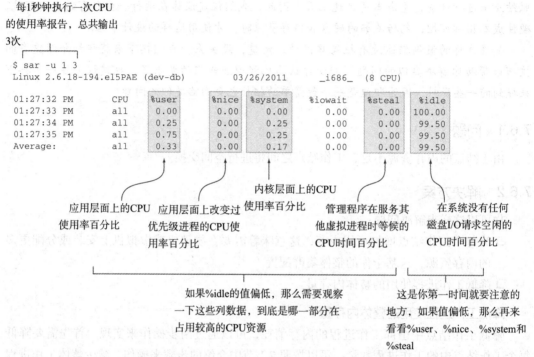

图 7.15　命令 sar -u 1 3 输出的 CPU 使用率统计信息

7.7.1　问题

如果你的拓扑吞吐率太低，同时借助 sar 命令，发现存在 CPU 的资源冲突。

7.7.2　解决方案

出现这类问题时，你有以下几种方案可以选择：
- ❑ 增加当前服务器上的可用 CPU 数量，但仅限于虚拟机环境。
- ❑ 升级到一个更强大的 CPU（例如 Amazon Web Services（AWS）这样的生产环境）。
- ❑ 减少每个工作结点上的工作进程数量来分担 JVM 上的负载。

让更多工作结点来分担 JVM 负载

要借助更多的工作结点来分摊工作进程（JVM）的负载，你需要降低每个工作结点上的工作进程数量（参考 7.1 节介绍的步骤来实现）。由于每个工作结点上的工作进程数量减少，意味着每个工作进程可以获得更多的处理资源（CPU 计算）。在两种情况下，你需要尝试这样的解决方式。第一种是你的集群中存在未使用的工作进程，那么可以直接将它从工作结点上移除掉，减少不必要的负载（如图 7.16 所示）。

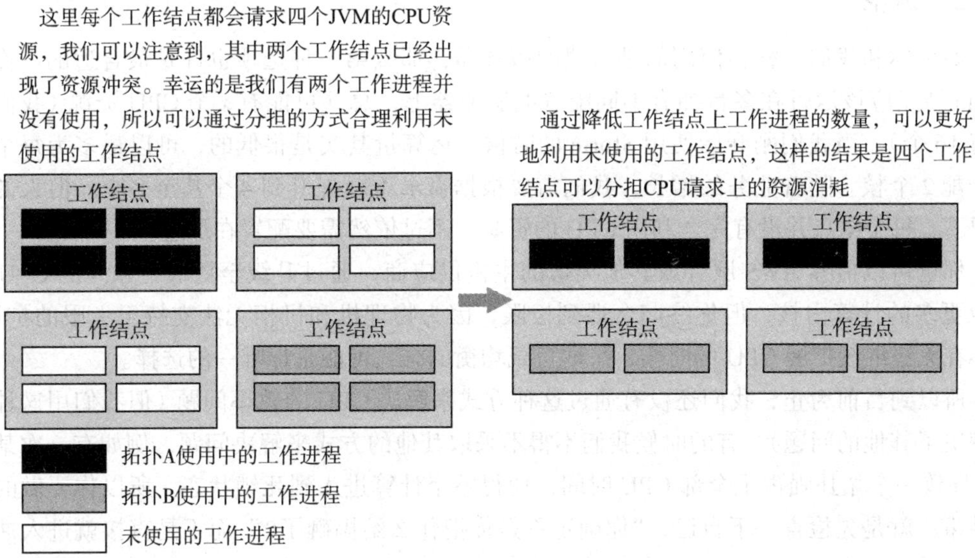

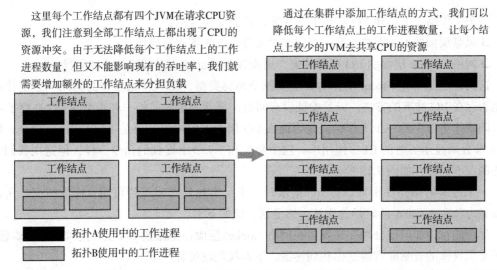

图 7.16　在集群中降低每个工作结点上的未使用的工作进程数量

第二种是你所有工作进程都处于使用当中，你需要添加额外的工作结点来分担当前结点上的工作进程（如图 7.17 所示）。

图 7.17　在一个集群中降低工作结点上工作进程的数量，但此时已经没有额外的空闲进程了，就需要增加新的工作结点

通过降低每个工作结点上的工作进程，可以较好地降低每个结点上对 CPU 资源的抢占。所以你唯一要需要关心的就是在你的场景应用中，哪些资源是可用的，哪些是正在使用中的。

7.7.3　讨论

如果你和我们一样，使用的是自建的服务器，那么第一种选项也许是最合适的。你的 Storm 结点应该运行在多台拥有不同配置的服务器上，总共可能有 x 个 CPU 资源（我们是拥有 16 个）。当我们刚开始使用 Storm 的时候，运算量其实是很低的，可以最多为每个结点分配 2 个核。随着业务的增长，我们需要根据需求不断提升到 4 个甚至 8 个。但大部分情况下，每个结点并没有完全利用 CPU 的资源，不过依然需要配置在那里。

你也可以借鉴 AWS 服务或其他类似的主机供应商，通过升级至更快更强劲的 CPU 来获取更多的计算内核，但你终归会遇到极限，因为物理机和机柜无法支持无上限的扩展。当你在无法继续扩展 CPU 的时候，采取负载均衡的方式可能是你唯一的选择。

所以到目前为止，我们还没有通过这种方式来解决 CPU 的效率问题（但我们用这种办法解决了其他的问题）。有的时候我们不得不采取其他的方式来解决问题，例如有一次某个 bug 导致一个拓扑强占了全部 CPU 时间，使得整个计算进入到死锁状态。所以你要做的第一件事，就是先检查一下自己，"你确定不是你把什么给搞砸了？"而不是直接就进入冲突解决方案的讨论阶段。

7.8　工作结点的 I/O 冲突

一个工作结点上出现 I/O 层面上的冲突，只会存在两类：
❏ 磁盘层面的 I/O 资源冲突，出现在对文件系统的读和写操作。
❏ 网络 /socket 层面的 I/O 资源冲突，出现在通过 socket 对网络的读和写操作。

这两种类型都是 Storm 拓扑的典型资源型冲突类型，第一种通常作为判断一个工作结点是否存在 I/O 冲突的方法，一旦验证没有问题，那就一定是另外一种类型的 I/O 冲突了。

确认你集群中的一个工作结点是否面临 I/O 层面上的冲突，还是可以利用 sar 命令，以及 -u 参数来显示实时的 CPU 使用率。这个命令和 7.7 节中提到的命令一样，但这次我们要关注的点不一样，如图 7.18 所示。

一个健康的拓扑在正常执行 I/O 请求时，不会出现长时间等待可用资源的情况，所以这就是为什么 10.00% 的时候你应该会感受到性能的下滑。

你可能在想如何区分冲突是发生在网络 /socket 层面还是磁盘 I/O 上，这确实是个难题，但不要惊讶你的直觉通常能带你找到答案，下面我们就解释一下。

如果你已知拓扑运行在一个工作结点上（在 7.3 节中讨论过类似情况），你会发现它们调用了大量的网络资源和磁盘 I/O，同时注意到了 iowait 指标的异常，此时你可以大致判断到底是哪一类冲突了，方法就是：如果你注意到有 I/O 冲突的前兆，首先尝试去判断是否是网络 /socket 的 I/O 层面上的冲突，如果不是，那么你基本上就能确定遇到的是磁盘 I/O 层面上的冲突了。尽管不可能总是这样去做判断，所以你需要去学习一些工具来支撑你。让我们先看看每种 I/O 冲突分别能带来什么样的影响。

每1秒钟执行一次CPU的使用率
报告，总共输出3次

```
$ sar -u 1 3
Linux 2.6.18-194.el5PAE (dev-db)        03/26/2011        _i686_   (8 CPU)

01:27:32 PM      CPU     %user    %nice    %system    %iowait    %steal    %idle
01:27:33 PM      all     0.00     0.00     0.00       10.00      0.00      90.00
01:27:34 PM      all     0.25     0.00     0.25       11.01      0.00      88.49
01:27:35 PM      all     0.75     0.00     0.25        9.17      0.00      89.83
Average:         all     0.33     0.00     0.17        0.00      0.00      99.50
```

CPU时间空闲的百分比，在此期间系统将执行
I/O请求。如果这个值约为10.00，那么你会有大
概出现因I/O冲突导致的性能问题。如果值大于
25.00，那么你一定面临严重的冲突情况

图 7.18　命令 sar -u 1 3 输出的 CPU 使用率统计信息，以及 I/O 的等候信息

7.8.1　网络 /Socket 层面的 I/O 冲突

如果你的拓扑需要通过网络和外部服务进行交互，那么你的集群很有可能面临网络 /Socket 层面的 I/O 冲突。在我们过去的经历中，出现这类问题的原因，一般都是所有可用的 socket 端口都被占用了。

一般情况下，Linux 在安装时会默认将每个进程的最大文件 /socket 设置为 1024，在一个 I/O 密集型的拓扑中，很容易就会超出默认设置的配额。而我们在设计拓扑的时候，会为每个工作结点启用数千个 socket 端口。在确认你是否触碰到系统的极限时，可以检查一下 /proc 文件系统中进程数的限制。首先你需要知道你的进程 ID，然后获取完整的限制条件列表。如代码清单 7.6 所示，演示了如何使用 ps 和 grep 命令来查找你的进程 ID（简称 PID），然后从 /proc 文件系统中获取限制条件的列表。

代码清单 7.6　判断资源的限制

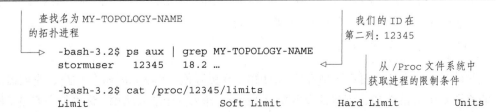

查找名为 MY-TOPOLOGY-NAME
的拓扑进程

我们的 ID 在
第二列：12345

```
-bash-3.2$ ps aux | grep MY-TOPOLOGY-NAME
stormuser   12345   18.2 …
```

从 /Proc 文件系统中
获取进程的限制条件

```
-bash-3.2$ cat /proc/12345/limits
Limit                   Soft Limit        Hard Limit        Units
```

```
Max cpu time              unlimited         unlimited         seconds
Max file size             unlimited         unlimited         bytes
Max data size             unlimited         unlimited         bytes
Max stack size            10485760          unlimited         bytes
Max core file size        0                 0                 bytes
Max resident set          unlimited         unlimited         bytes
Max processes             47671             47671             processes
Max open files            1024              1024              files      ←┐
Max locked memory         unlimited         unlimited         bytes       │
Max address space         unlimited         unlimited         bytes       │
Max file locks            unlimited         unlimited         locks       │
Max pending signals       47671             47671             signals     │
Max msgqueue size         819200            819200            bytes       │
Max nice priority         0                 0                             │
Max realtime priority     0                 0                             │
                                                    open file 的最大数量 ─┘
```

如果你已经触碰到了设置的极限值，那么 Storm UI 将在你拓扑最近异常错误的一栏里，提示 open file 已经达到了调用的上限，日志输出的堆栈信息一般以 java.net.SocketException:Too many open files 开头。

在一个对网络 /socket 的 I/O 有密集型需求的拓扑中，如何处理一个相当饱和的网络连接

我们从来都没遇到过一个饱和的网络连接，但理论上这是可能会出现的，所以这里只是简单提及一下，而不作为讨论的重点。对于你当前的操作系统，你可以使用不同的工具来检测网络连接的状态，在 Linux 下，我们推荐 iftop。

对于饱和的网络连接，你可以做两件事：切换到一个更快的网络，或者减少每个工作结点上的工作进程，让更多的服务器来分担负载。不过这些方式仅限帮助你解决本地的网络问题，而不能解决外网的问题。

问题

你的拓扑在经历较低的吞吐率，或者完全无法吞吐数据，同时你还发现 open socket 上抛出了触碰极限的错误异常。

解决方案

可以有以下几种方式来解决问题：

❏ 增加工作结点上的可用端口数。

❏ 在集群中增加更多的工作结点。

对于增加工作结点上的可用端口数，在大部分版本的 Linux 系统上，你可能需要修改 /etc/security/limits.conf 文件，在其中添加如下两行：

```
* soft nofile 128000
* hard nofile 25600
```

这些设置可以为每个用户分别设置 hard 和 soft 极限值，作为 Storm 的用户，我们需要关注的值是 soft limit 参数，不建议设置超过 128 k。作为一个经验法则（你可能需要更了解

Linux 中 open file 的 soft/hard limits 参数设置），我们建议将 hard limit 的值设置为 soft limit 的两倍。注意，修改 limits.conf 文件时，你需要拥有超级管理员权限，同时重启系统使修改生效。

在集群中增加工作结点的数量，可以为你提供更多的端口。如果你没有足够资源来扩展物理机或虚拟机，你就不得不选择第一种方案了。

讨论

第一种情况下的冲突是因为我们触碰到了每台服务器的 socket 极限值，这是由于拓扑需要调用大量的外部服务来获取额外的信息，以弥补初始源中不具备的数据，所以不得不在拓扑设计中使用大量的端口，因此有必要设置足够多的 socket 值。除非你无法再增加新的 socket 时，再考虑在其他服务器上增加工作结点吧。当你配置完成之后，记住再检查一下你的代码。

你是否有不断开启或关闭端口的行为？如果你能保持连接，尽可能不要去断开。因为连接中存在一个值叫 TCP_WAIT，当一个 TCP 连接启用时，它将保持等待接收数据的状态。如果网络环境不是很好（其实 TCP 设计初衷就是为了应对较差的网络），这将是一个很好的策略来保持数据在线。如果你处于一个高速的网络环境中，那就比较疯狂了。你在不同的操作系统中可以通过调整 TCP stack 来适应 TCP_WAIT 的监听，但当你在调用大量的网络请求时，反而并不能起到有效地支撑连接效率。所以聪明点，尽可能不要去频繁开启然后断开连接。

7.8.2 磁盘 I/O 冲突

磁盘上的 I/O 冲突体现在你对磁盘的读写效率，这可能会成为 Storm 的一个短板，但并不常见。如果你在写入较大体积的日志文件，或保存计算的输出结果到本地文件系统，这可能会是一个问题，但通常不大可能。

如果拓扑在写入数据到磁盘时，吞吐率低于预期，那么你就应该检查一下是否有工作结点在遭遇磁盘层面的 I/O 冲突了。对于 Linux 系统，你可以借助命令 iotop 来查看当前磁盘的 I/O 使用率状态，特别是有问题的工作结点。这个命令能以列表的形式显示当前系统中进程 / 线程的 I/O 用量，其中 I/O 吞吐率最密集的进程 / 线程将排在最前面。如图 7.19 所示，为命令输出的结果以及我们需要关注的点。

问题

你的一个拓扑在从磁盘读取或向磁盘写入数据，看上去工作结点运行中出现了磁盘的 I/O 资源冲突。

解决方案

有以下方式

❑ 尽可能减少对磁盘的数据写入，这需要对拓扑做一些修改，但也意味着在同一个工作结点中依赖磁盘的工作进程数被减少了。

❏ 换一块更快的磁盘，也许可以考虑固态存储。

❏ 如果你写入的是 NFS 或者是其他类型的网络文件系统，赶紧停下，因为写入 NFS 系统本身就很慢，你这是在为自己制造了一个磁盘层面的 I/O 冲突。

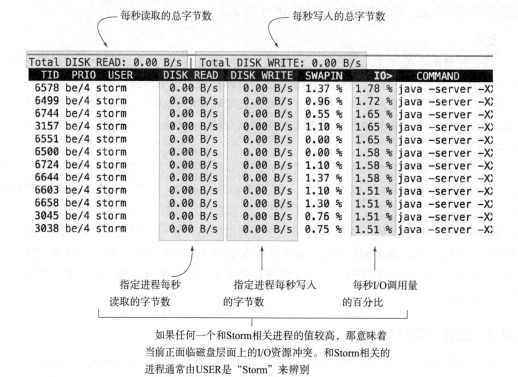

图 7.19 命令 iotop 的输出，用于判断一个工作结点是否处于磁盘层面上的 I/O 资源冲突

讨论

速度慢的磁盘固然很糟糕，这会把人逼疯的，而速度快的磁盘价钱又不便宜。我们运行自己 Storm 工作结点的磁盘速度并不快，最快的磁盘留到最需要高速读写的地方，例如：Elasticsearch、Solr、Riak、RabbitMQ 以及类似重读写的组件。如果你需要向磁盘写入大量的数据，而此时你手边又没有高速磁盘，那你就不得不接受当前冲突的事实吧，也是少有只能用钱来解决的问题。

7.9 小结

在本章中，你学到了：

❏ 在拓扑层面上存在多种类型的资源冲突，所以有必要监控运行工作结点的操作系统各方面状态，如 CPU、I/O 以及内存用量。

❑ 熟悉一些监控工具很重要，可以用来帮助你监控集群中物理机或虚拟机的操作系统。在 Linux 中，这些工具包括命令 sar、netstat 和 iotop。

❑ 需要了解 JVM 启动的常用配置选项，例如 -Xms、-Xmx 以及 GC 日志相关。

❑ 尽管 Storm UI 提供了足够强大的工具来支撑对各种类型冲突的诊断，还是有必要借助其他工具来监控物理机 / 虚拟机层面上的各项指标，来确保运行状态良好。

❑ 借助自定义的指标或监控方式，可以获得比 Storm UI 更有效的拓扑运行状态信息。

❑ 在增加工作结点上运行的工作进程数量时务必小心，因为你可能引入内存或者 CPU 层面上的资源冲突。

❑ 在减少工作结点上运行的工作进程数量时务必小心，因为你可能会影响拓扑的吞吐率，同时在你的集群上引入工作进程层面上的冲突。

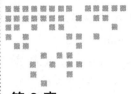

第 8 章

Storm 内核

本章要点：

❏ 执行器的运行原理

❏ 元组是如何在执行器之间传输的

❏ Storm 的内部缓存机制

❏ Storm 内部缓存的溢出和调优

❏ 路由和任务

❏ Storm 的 debug 日志输出

到目前为止，我们已经花了四章的篇幅来讲述 Storm 的应用，解释了如何借助 Storm UI 来判断拓扑的运行情况，并利用这些信息来调试优化你的拓扑，以及如何诊断并处理拓扑之间的资源冲突问题。在了解了各种类型的工具之后，你也学会了如何充分利用每种工具的优势。在本章中，我们将更进一步：深入理解 Storm 的内部原理。

为什么这点很重要？在前面的三章里，我们提供了各种工具和策略来排查并解决各种问题，但永远会出现意料之外的情况。每个 Storm 集群都是独一无二的，硬件、基础环境和代码会有多种情况的构成，我们无法覆盖中间可能出现的所有问题。所以，只有更深入地了解 Storm 的原理，你才能在遇见问题的时候具备判断和解决问题的能力。本章的目的，和前面的几章不一样，将不再针对具体的问题展开讨论。

如果希望精通如何对 Storm 执行调优，如何调试 Storm 上出现的各种问题，设计具有最佳效率的拓扑结构，以及其他各种和生产环境应用相关的任务，你就必须深入掌握每一个你正在使用的工具。在本章中，我们将重点关注 Storm 的抽象（abstraction）层，不会深入到最底层，因为 Storm 是一个在持续开发演变的项目，特别是它的最底层内核。这个抽象层会远复杂于我们目前所讨论的所有内容，而这也正是我们希望在本章中重点说明的部分。不敢保证你可以从本章中掌握多么有深度的知识，但可以确信的一点是，想要熟悉Storm 的内核原理，就必须先理解本章中所描述的各个重点。

> 📷 注意　在本章中你可能会发现一部分术语和 Storm 源代码中的措辞略有不同，但含义上是类似的。先说明，这其实是刻意的，因为关注的重点应该是内核的工作原理，而不是它们应该叫什么名字。

为了更专注于解释 Storm 的内核原理而不是去描述一个新的案例，我们将以之前的案例为例，那就是在第 2 章中提到的对提交次数执行统计操作的拓扑设计。先回顾这个案例中的重点部分，确保你还记得。

8.1　重新考虑提交数的拓扑设计

统计提交数的拓扑其实是一个很简单的拓扑结构（只有一个 spout 和两个 bolt），非常适合用来解释 Storm 的内核及上下文的应用，不需要去考虑过多的细节。不过在此之前需要对其中几个点做下澄清，以便更清晰地表述接下来的讲解目的，以及需要额外增加的几个术语。首先梳理下这个拓扑。

8.1.1　回顾拓扑的设计

回顾一下第 2 章，提交数的统计拓扑被分为了两个部分：一个用于从数据源读取提交数的 spout；两个 bolt 分别完成从提交消息中抽取 email 地址，以及对每个 email 执行存储。如图 8.1 所示。

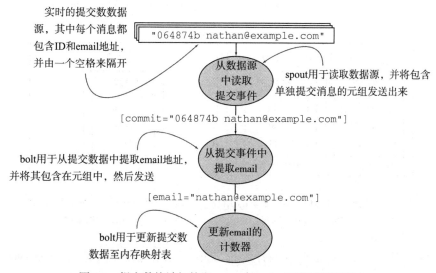

图 8.1　提交数统计拓扑和 spout 与 bolt 之间的数据流向

这是一种前向的设计，所以很容易理解，也是为什么我们选择它作为解释 Storm 内核的案例。有一件事情，就是我们在本章中部署拓扑的方式是远程，而不是在本地运行。所以先说说为什么这么做，以及如何实现远程部署和相应的工作结点配置。

8.1.2 假设该拓扑运行在远程 Storm 集群上

了解运行在远程 Storm 集群上的这个拓扑，对于理解本章的内容很重要，因为我们接下来要讲解的 Storm 内核仅限于配置远程集群。为此，我们假定拓扑运行在两个工作结点之上，这样可有助于理解元组在相同工作进程（JVM）的组件之间，以及不同工作进程（从一个 JVM 到另外一个）之间的传输问题。两个工作结点执行 spout 和 bolt 的情况如图 8.2 所示。这幅图可能看上去很熟悉，因为在第 5 章我们提到过类似的配置，是信用卡授权验证的拓扑配置。

8.1.3 数据是如何在集群的 spout 和 bolt 之间传输的

让我们先看看元组是如何流转于拓扑之间的，这点和第 2 章中介绍的类似，但演示角度不同，如图 8.1 所示，我们要演示的是在实例之间，跨越执行器和工作进程的 spout 与 bolt 中数据流动情况，如图 8.3 所示。

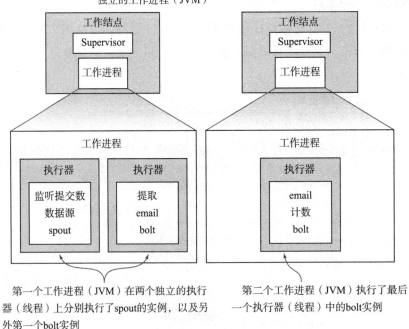

图 8.2 在两个工作结点上运行的提交数统计拓扑，其中一个工作进程用于执行 spout 和 bolt，另外一个则只是执行 bolt

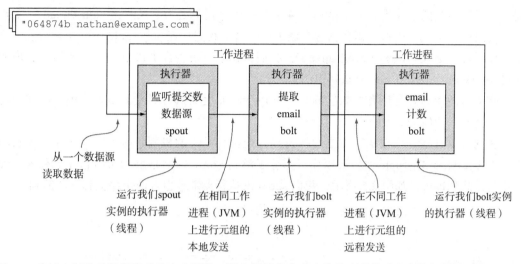

图 8.3　将流入拓扑的数据流分为六个部分，每个部分的突出内容是和其他进程中执行器处理有区别的地方

图 8.3 很好地解释了元组在同一个 JVM（工作进程）下不同工作结点的 spout 和 bolt 实例之间传输的过程，以及在不同 JVM（工作进程）之间不同工作结点的 spout 和 bolt 实例之间传输的过程。试想如果将图 8.3 放大 10 000 倍，元组又是如何在这些组件之间流转的呢。本章的目的就是将图 8.3 中的内容做更深一步地分析，追随数据的路线，了解这些执行器的具体执行原理。

8.2　探究执行器的细节

在上一章中，我们提到执行器其实是运行在一个 JVM 上的独立线程，这种说法没有问题。在我们平常发布拓扑时，需要对这个执行器的概念做抽象性思考，那就是它不仅仅是一个简单的线程。具体什么意思呢，我们就先从数据源读取数据的 spout 实例开始说起吧。

8.2.1　监听提交数数据源 spout 的执行器细节

数据要进入拓扑，需要先进入数据源，然后由监听提交数数据源的 spout 获取，按照独立的提交数来输入。拓扑中涉及这一部分的数据流向图如图 8.4 所示。

所以这里的执行器远不止是一个简单的线

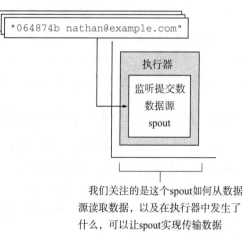

我们关注的是这个 spout 如何从数据源读取数据，以及在执行器中发生了什么，可以让 spout 实现传输数据

图 8.4　数据是如何流入 spout 的

程，它实际上是两个线程和一个队列。其中第一个线程称之为主线程（main thread），主要运行由用户自定义的代码，那么在这个例子中，就是我们写在 nextTuple 中的功能部分。第二个线程称之为发送线程（send thread），我们将在下一节中详细讲解，它主要用于处理如何将元组发送至拓扑中下一个 bolt 中的。

除了这两个线程，还有个独立的队列，用于将元组从执行器发射出来，你可以理解这是一个具备后期处理能力的 spout 队列。

队列被设计成一个在执行器之间执行高性能消息发送的机制，队列实现依赖于著名的第三方库 LAMX Disruptor [⊖]，所以你只需要了解到 Storm 内部是采用 disruptor 队列来实现的执行器队列即可。如图 8.5 所示，我们 spout 的执行器细节包含两个线程和一个队列。

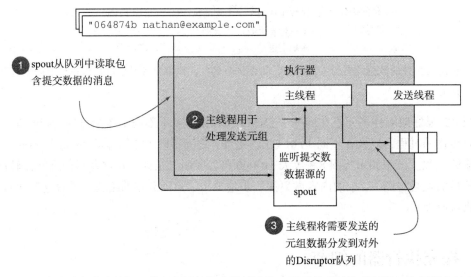

图 8.5　spout 从队列中读取数据，其中包括了提交数的消息，需要将其转换成元组。执行器中的主线程是处理发送元组，将这些数据发送至执行器的发出队列

图 8.5 中包含了需要由 spout 实例读取输入的数据，以及主线程如何处理由 spout 发射的元组，并将其置入输出的队列中。这里唯一没有包含的内容，是当元组置入到输出队列之后的部分，因为这里是由发送线程来控制的。

8.2.2　在同一个 JVM 中两个执行器之间传输元组

我们的元组已经置入到用于输出的分发队列中了，现在呢？在我们开始讲解之前，先看看数据在拓扑中的位置，如图 8.6 所示。

一旦数据被置入到 spout 的分发队列，发送线程就会依次从队列中读取元组，然后通过传输功能（transfer function）发送至对应的执行器。

　⊖　LMAX Disruptor 是一个开源的高性能内置三方消息队列库，项目地址：http://lmaxexchange.github.io/disruptor。

因为监听提交数数据源的 spout 和提取 email 的 bolt 在同一个 JVM 上，所以传输方法会在本地执行器之间来执行一个本地传输（local transfer）方法。当一个本地数据传输开始了，那么执行器将在线程上直接发送元组到另外一个执行器。由于两个执行器都在同一个 JVM 中，所以发射的过程中不会出现什么瓶颈，效率会相当高，具体效果如图 8.7 所示。

那么我们第一个 bolt 的执行器是如何直接接收元组的呢？这部分内容将在下一节中讲解，我们将一一分解用于提取 email 的 bolt 执行器。

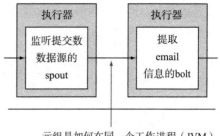

元组是如何在同一个工作进程（JVM）的不同执行器（线程）之间传输的

图 8.6　数据如何在同一个 JVM 内传输

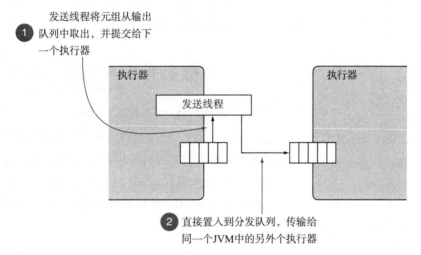

① 发送线程将元组从输出队列中取出，并提交给下一个执行器

② 直接置入到分发队列，传输给同一个 JVM 中的另外个执行器

图 8.7　监听提交数数据源的 spout 和提取 email 的 bolt 之间实现元组传输的具体细节

8.2.3　提取 email bolt 的执行器细节

到目前为止我们已经分析了读取提交数数据源的 spout，以及将处理后的提交消息数据以元组形式发射出来的部分，这也是第一个 bolt 的实现过程，接下来就是接收元组数据然后提取 email。如图 8.8 所示，突出部分为数据流程。

你可能会有一种疑问，那就是这样的 bolt 和之前提到 spout 中的执行器有什么区别呢？其实这里唯一真正的区别，就在于 bolt 中的执行器相比 spout 的执行器，拥有一条额外的队列：专门处理输入的元组。这意味着我们 bolt 的执行器有一个输入

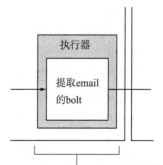

在一个执行器上运行的 bolt 实例，关注如何实现从另外一个组件接收输入元组，并发送一个输出元组

图 8.8　发送一个元组的 bolt

的分发队列，一个主线程将从分发线程上读取元组，然后推到处理环节，并排列在外发的
分发队列上，以一个或多个的形式发送出去。结构的细化详情如图 8.9 所示。

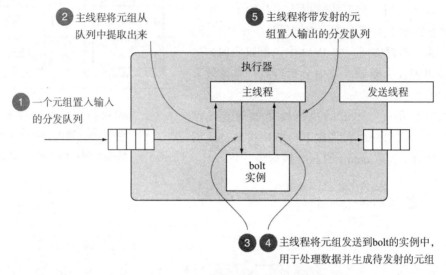

图 8.9 bolt 中的执行器，包含两个线程和两个队列

一旦用于提取 email 的 bolt 完成了元组的处理，就可以置入下一个 bolt，继续接下来的
流程。这里已经讨论了一个元组在提交数数据源的监听 spout 与提取 email 的 bolt 之间建立
的传输机制，而且一切全部发生在本地。但当从提取 email 的 bolt 发送数据到提交数计数
的 bolt 时，由于两个 bolt 分别运行在不同的 JVM 上，所以情况会略有不同。我们接下来就
来看看这种情况下，系统的工作机制是什么。

8.2.4　在不同 JVM 上的两个执行器之间传输元组

在之前曾讨论过，负责 email 的提取和提交数技术的 bolt 分别运行在不同的 JVM 上。
接下来要讨论的拓扑中处理这部分数据的位置，如图 8.10 所示。

当一个元组发射到运行在另外一个 JVM 上的执行器
时，发射的线程将执行传输功能方法来调用远程传输。远
程传输不仅仅包含本地的传输，还包含额外的发射功能。
当 Storm 需要在 JVM 之间发射元组时，系统会做什么响
应呢？首先是将需要发射的元组执行序列化，针对不同类
型的元组，这一步可能会消耗大量的资源。当序列化完成
之后，Storm 会开始尝试为对象寻找一个 Kryo 序列化容
器，并准备发射的工作。如果 Kryo 资源不足，Storm 会
回退采用标准的 Java 对象序列化方式。Kryo 的序列化操
作在性能上要远高于 Java 的序列化功能，所以如果你特

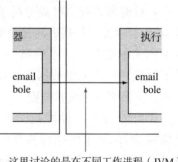

这里讨论的是在不同工作进程（JVM）
上执行器（线程）之间发送元组的过程

图 8.10　在 JVM 之间发送元组

别看重对拓扑每一个环节的性能优化，那么在这里就需要为元组做序列化的自定义配置。

一旦一个元组在 JVM 内部实现了序列号的传输配置，我们的执行器将通过发送或传输线程，将其置入到另外一个分发队列中。这个队列是整个 JVM 的传输队列，任何时间一个 JVM 上的执行器需要传输元组到另外一个 JVM 上的执行器，所有的序列化元组都需要被置入到这个队列中。

一旦元组进入了该队列，另外一个工作进程的发送或传输线程将基于 TCP 通信在这里来执行提取操作，并基于网络传送到目标 JVM 中。

在目标 JVM 中，也就是另外一个工作进程将执行接收线程，按次序等待并接收元组，然后再依次传入另外一个方法来执行接收功能。负责接收功能的方法，和执行器的传输方法类似，是一个针对元组传输执行路由操作的功能。接收线程将我们的元组置入到输入队列，用于等待其他执行器的主线程来获取并执行下一步的处理工作。这个流程完整效果如图 8.11 所示。

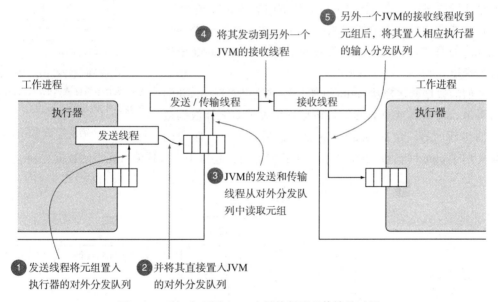

图 8.11　元组在不同 JVM 之间执行远程传输的过程

在我们的提交数计数案例中，提取 email 的 bolt 将把元组中的 email 信息分离出来，格式类似于 sean@example.com，并将其置入执行器的传输队列，由发送线程取出然后提交至传输方法。由于已经执行了序列化，所以可以直接置入结点的传输队列。另外一个线程将从队列中取出这些元组，然后通过 TCP 发送到下一个结点，并交由接收线程接收，然后基于接收的方法，引导至正确的执行器输入分发队列。

简单介绍下 Netty

在本节中，我们在讨论 Storm 中 JVM 之间连接时提到了 TCP。在当前的 Storm 版本中，网络的传输是基于 Netty 来实现的，这是一个极其强大的高性能网络应用程序框架，提供了足够丰富的设置来支持你优化性能。

对于一个标准安装下的 Storm，你不需要对 Storm 提供的 Netty 可配置项做任何调整。如果你发现遇见了和 Netty 有关的网络性能问题，那么和调试其他问题的方式一样，先找到评估的标准，然后再进行优化操作。

如何基于系统的信息调整对应的配置，实现对 Netty 的优化工作，这些不在本书的讨论范围中。如果你感兴趣，希望了解更多关于 Netty 的信息，推荐阅读由 Netty 贡献者 Norman Maurer 著的《Netty 指南》(Manning 出版，2015 年) 一书。

8.2.5 email 计数 bolt 的执行器细节

该执行器中的 bolt 和前一个执行器中的 bolt 原理很类似，但由于这个 bolt 不需要发射元组，所以不需要为这个执行器增加发送线程。执行器之间的元组流向如图 8.12 所示。

执行器中的具体细节如图 8.13 所示，注意这里的处理环节相比之前有所减少，那是因为我们不需要在这个 bolt 中执行发射操作。

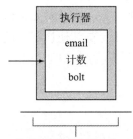

这个运行在执行器上的bolt实例接收从其他组件置入的输入元组，但并不外发任何输出元组

图 8.12　不需要发送元组的 bolt

我们的数据就这样从 spout 开始，经过这里实现 email 的统计环节，完成后这个 bolt 的价值也就结束了。统计数据接下来将更新内容，包括 email 的地址，然后进入下一阶段的处理。用于 email 统计的 bolt 不会产生新的元组，它只用于实现输入元组的数据更新。

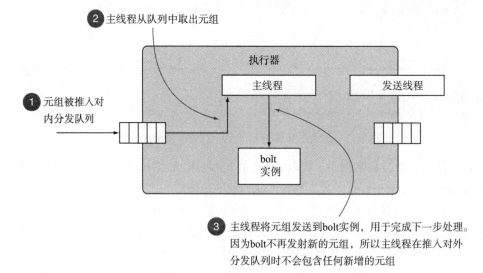

图 8.13　用于 email 统计的 bolt 所在执行器详情，一个主线程负责从对内分发队列里取出元组，然后将该元组推入 bolt 实例完成后续计算

8.3　路由和任务

在本书的前部分中，我们为了解释一些基本概念，不得不省略了大量的细节。那么在本章的前半部分，我们也省略了一些重点内容。但不用担心，接下来我们就要集中解释省略掉的这部分内容，是属于 Storm 中的一块核心组成：路由和任务。

回顾第 3 章，我们提到了执行器和任务，如图 8.14 所示，看上去是不是很熟悉？这是对一个工作结点中 JVM 里运行任务的执行器（spout 或者 bolt 实例）分解，但根据我们目前涉及的内容，做了些补充更新。

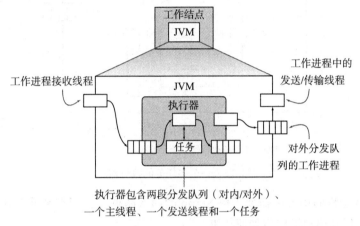

图 8.14　将工作进程中的线程和队列做分解，包括执行器、内部线程、队列和任务

如果对任务再深挖一点，会发现在第 3 章中我们曾提到，一个执行器可以运行一个或多个任务，所以执行器实现的就是在任务中执行用户逻辑。当一个执行器拥有多个任务时，具体的流程是什么样的呢（如图 8.15 所示）？

这里就引入了重要的路由功能，路由（routing）在上下文中担负着控制工作进程的接收线程（远程传输），或者是控制执行器的发送线程（本地传输）发射一个元组到下一个任务的正确地址，所以它是一个多进程化的组件。这里以 email 提取的部分为例，如图 8.16 所示，看看 email 提取器主线程执行 execute 方法发射一个元组之后的情况。

如图 8.16 所示，情况看上去是不是很熟悉呢，它包含了一些之前我们讨论过的内部队列和线程，从而分别决定每个任务的分工，包括执行元组的发射工作。图中引用的任务 ID 和元组将进行配对，格式类似于如下对象的类型

```
TaskMessage:

public class TaskMessage {
  private int _task;
  private byte[] _message;
  ...
}
```

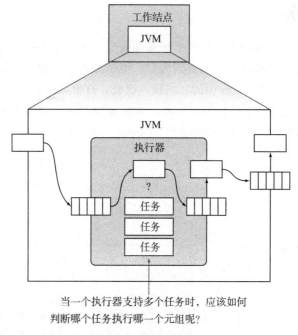

当一个执行器支持多个任务时，应该如何
判断哪个任务执行哪一个元组呢？

图 8.15　一个多任务的执行器

　　这基本上就是我们接下来需要了解 Storm 的内部队列了，现在来看看什么情况下队列可能产生溢出，以及出现溢出后如何解决。

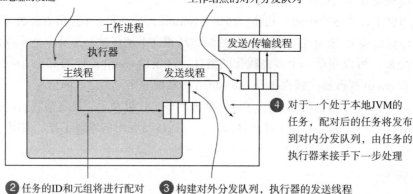

❶ 执行器的传输方法，基于bolt（字段分组）的流分组方式，用于查找哪个任务（注意这里提到的是任务，而不是执行器）将处理email地址的发送

❷ 任务的ID和元组将进行配对（任务，元组），然后发布到执行器的对外分发队列

❸ 构建对外分发队列，执行器的发送线程将选取配对后的任务/元组，选择是由本地JVM的执行器来处理该任务，还是将其寄存到另外一个远程JVM中

❹ 对于一个处于本地JVM的任务，配对后的任务将发布到对内分发队列，由任务的执行器来接手下一步处理

❺ 对于一个处于远程JVM上的任务，将首先为任务寻找结点的端口，然后将配对的消息任务推入工作结点的对外分发队列

图 8.16　对发射元组的目标任务处理过程做分解

8.4　当 Storm 的内部队列出现溢出时

目前我们已经介绍了大量有关任务和队列的信息，你已经对执行器的组成有了一个深入的理解，在正式进入讲解调试方法之前，我们还需要先总结一下 Storm 中已知的三种内部队列。

8.4.1　内部队列的类型和可能出现溢出的情况

在讨论执行器时，我们将 Storm 的内部队列划分为三种：

❑ 一个执行器的输入队列。

❑ 一个执行器的输出队列。

❑ 一个工作结点中的对外队列。

在正式讨论故障排查和故障隐患之前，先解决一个问题：是什么将导致队列出现溢出？

这个问题其实不复杂，想让一个队列出现溢出，只需要让输入的数据量超过队列的处理能力即可。这也就等价于讨论生产者和消费者之间的关系，所以我们先看看执行器的输入队列情况吧。

执行器的输入队列

这个队列将用于接收由拓扑中 spout/bolt 产生的元组，如果 spout/bolt 产生的元组速度快于接收 bolt 的处理速度，那么该队列将面临溢出的问题。

下一个可能出现问题的队列，是执行器的对外传输队列。

执行器的对外传输队列

这个队列的问题比较棘手，因为它存在于执行器的主线程和用户逻辑之间，而传输线程用于处理元组到下一个任务的路由选择。如果该队列上需要启动备案应急，那就说明输入元组的处理速度远大于路由选择和序列化等处理的效率。不过这种情况真的很少见，至少我们到目前都没有遇到过，但相信一定有人遭遇过类似经历。

如果我们在处理一个需要传输到另外一个 JVM 的元组，就可能遇见第三个队列，工作进程的对外传输队列。

工作进程的对外传输队列

这个队列将接收各工作结点上不同工作进程上所有执行器发射过来的元组，如果有来自足够多的工作进程的执行器在产生元组，并且通过网络途径发射到其他工作进程中，那就有极大的可能出现缓冲区溢出，但除非极大的资源处理需求才可能会遇到这样的情况。

如果其中任意一个缓冲区出现溢出，会出现什么情况呢？理想情况下，Storm 会把溢出的元组放到一个临时的缓存区，直到队列腾出可用的空间，但这可能会导致缓冲区吞吐量出现严重堵塞，最终使拓扑不得不选择将它摧毁掉。如果你在元组中采取了随机分组的方式，每个任务都进行了平均分发，出现问题后你可以采取第 6 章和第 7 章中介绍的方法来进行排查以及目标优化。

但如果你没有对任务采取平均分发的设计，那么问题将会很难排查，可能停留在一个微观水平上，第 6 章和第 7 章中的方法将无法支持你做出判断。所以你需要做的是先确定到底是哪个缓存区出现了堵塞，然后判断怎么样去优化它，所以此时我们就要正式开始讨论 Storm 的调试日志。

8.4.2　使用 Storm 的 debug 日志来诊断缓冲区溢出

查询 Storm 内部哪里出现缓冲区溢出的最好手段，就是查看 Storm 日志输出中的 debug 日志。一个 Storm 日志文件的样例如图 8.17 所示。

图 8.17　一个 bolt 实例的 debug 日志输出截图

在图 8.17 中，我们突出显示的部分与发送 / 接收队列有关，其中定义的指标分别针对对应的对内。接下来，我们就分别看看这两个队列的相关细节。

两个队列情况打印输出如图 8.18 所示，很容易看出是否面临溢出。假设你在使用随机群组的方式，在 bolt 和任务中平均分配元组，那么出现问题的时候排查起来会稍显容易点。但假设你没有使用平均分配的方式来实现元组的分组，那么排查问题的时候就会困难很多。此时一些自动化日志分析方式也可以提供一些支持，因为日志条目的格式已经事先规范好了，所以要做的就是找到合适的工具，从日志中提取有价值的信息或者接近于我们需要的临界指标参数值。

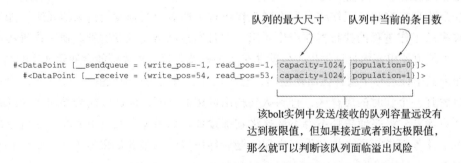

图 8.18　从 debug 日志的输出中提取队列的发送 / 接收指标

那么现在当你已经知道如何判断 Storm 的内部是否存在一个队列有溢出问题，我们就接下来看看如何解决溢出的问题。

8.5　处理 Storm 内部缓冲区溢出问题

你可以按照以下四种方式来处理 Storm 中内部缓冲区出现的溢出问题，当然这些手段也不是万能或者需要单独应用的，你可以根据情况来组合出合适的方案，解决问题：

❑ 调整生产与消耗的比例。
❑ 提升所有拓扑的缓冲区大小。
❑ 提升指定拓扑的缓冲区大小。
❑ 设置 spout 的最大待定数。

让我们来逐一了解下，首先从第一个开始。

8.5.1　调整生产与消耗的比例

让元组的产生速度慢一点，或者提高消耗的速度，是最佳处理缓冲区溢出的方案。你可以通过调低生成器的并行性参数，或者增加消耗器的并行性参数，来获得缓冲区的处理平衡（当然也可能会导致新的问题）。除了调节并行性参数，还有种方式是检查你部署在消耗 bolt 上的代码（在 execute 方法内），看看是否能让其效率有所提升。

对于执行器相关的缓冲区问题，可能有很多原因导致调节并行性的方案无效。数据流的分组方式，特别是随机分组模式，可能导致一部分任务去处理一些额外的数据，从而导致缓冲区内的处理格外活跃。如果将分发处理关闭，你唯一能解决内存问题的方法就是增加大量的消耗器来处理数据分发问题。

当优化一个出现溢出情况的工作传输队列时，"增加并行性"的方式意味着增加更多的工作进程，这很有可能（希望）降低执行器与工作结点（executor-to-worker）之间的比例，从而减轻工作传输队列的压力。然而，数据的分发依然需要追溯到源头，如果大部分元组都绑定在同一个工作进程的任务上，那么当你在添加新的工作进程时，不会产生任何额外的效果。

所以，当你没有均匀分配元组时，调整生产与消耗的比例的效果并不会很好，哪怕获得一点效果，都有可能因为新入一个元组，而对整体运行状态产生改变而变化失效。尽管调节这个比例依然可以在一定程度上提供优化支持，但如果你不是严重依赖于随机分组的方式，以上其他三个选项更可能会提供帮助。

8.5.2　提升所有拓扑的缓冲区大小

对于这种方式，我只想说：纯粹是在用大炮打蚊子！每个拓扑都需要增加缓冲区大小的几率其实很低，我想你也不希望去尝试在集群上给每个结点都增加缓冲区参数，除非你真的有一个非常让人信服的理由。你可以通过调整 storm.yaml 中的一些参数，来修改拓扑中的默认缓冲区大小：

❑ 默认全部执行器输入队列的大小可以在 topology.executor.receive.buffer.size 中修改。

❑ 默认全部执行器输出队列的大小可以在 topology.executor.send.buffer.size 中修改。

❑ 默认一个工作进程的输出传输队列尺寸可以在 topology.transfer.buffer.size 中修改。

这里有一点需要额外注意，那就是设置的队列缓冲区大小参数值务必是 2 的指数，例如 2、4、8、16、32 等，这也是由 LMAX Disruptor 强制规定的。

如果你不希望通过改变全部拓扑的缓冲区大小值来实现路由的优化目的，而是希望进行粒度更细的调整，那么可以试试为独立的拓扑分别设置缓冲区大小值。

8.5.3　提升指定拓扑的缓冲区大小

每一个独立的拓扑都可以对集群配置中的默认值做重写，配置成为针对当前拓扑自己分发队列的属性。可以在提交拓扑时，将 Config 类中的值传到 StormSubmitter 中。如上一章中所提及的，我们可以将这段代码加入到 RemoteTopologyRunner 类中，如代码清单 8.1 所示。

代码清单 8.1　在 RemoteTopologyRunner.java 类中提高缓冲区大小配置

```
publc class RemoteTopologyRunner {
  public static void main(String[] args) {
    ...

    Config config = new Config();
    ...
    config.put(Config.TOPOLOGY_EXECUTOR_RECEIVE_BUFFER_SIZE,
               new Integer(16384));
    config.put(Config.TOPOLOGY_EXECUTOR_SEND_BUFFER_SIZE,
               new Integer(16384));
    config.put(Config.TOPOLOGY_TRANSFER_BUFFER_SIZE,
               new Integer(32));

    StormSubmitter.submitTopology("topology-name",
                                  config,
                                  topology);
  }
}
```

接着就是最后一种方案了（也是可能大家最熟悉的一种方案）：设置 spout 的最大待定数。

8.5.4　spout 的最大待定数

我们曾经在第 6 章中讨论过 spout 的最大待定数，如果你回忆一下，就会记得 spout 的最大待定数参数可以允许一个拓扑中同一时间最多存在多少个 spout。但这个参数怎么可能会帮助避免缓冲区溢出呢？首先，做个简单的数学题：

❑ 一个 spout 的最大待定数为 512。

❑ 最小队列缓冲区大小为 1024。

这里 512<1024。

假设你的全部 bolt 都无法再创建新的元组时，那么也就不可能让拓扑中的缓冲区去承载更多的元组。所以从这个数学计算方式来看可能结果会更复杂，如果你的 bolt 只能消耗一个元组，但是会发射出大量的元组，那么这个复杂的例子就是下面这个情况：

❑ 一个 spout 的最大待定数为 512。

❑ 最小队列缓冲区大小为 1024。

我们其中的一个 bolt 每吸收 1 个元组，便会发射 1 到 4 个元组，这意味着 512 个元组进入之后，spout 将会在指定的时间区间内，发射 512 到 2048 个元组到拓扑中。或者换句话说，这里有几率出现缓冲区溢出的情况。当缓冲区出现溢出之后，调整 spout 的最大待定值，可能会是一个解决问题的最有效办法。

了解了这四种解决缓冲区溢出的方法之后，我们接下来就看看如何调整缓冲区的大小，以便来让你的 Storm 拓扑获得最佳的性能。

8.6　调整缓冲区大小来提升性能

有不少的博客都提到，如何基于调整 Storm 内部中断缓冲区的大小来提高 Storm 的性能指标。在这里，我们不打算围绕这个方向来解决性能调优的问题，但首先要注意的是：Storm 有很多内部组件的配置都可以在 storm.yaml 中实现，因为它面向代码层是公开的。在 8.5 节中，我们曾经提到过这样一段，但如果你去尝试寻找这样的设置时，发现你根本不知道怎么修改，那就最好什么都别动！先研究下，理解你要修改的目标对象以及配置的内容变化后，会对周边系统带来什么影响，例如影响吞吐率和内存消耗等。所以仅限在你已经理解，并且找到了一个办法可以实时监控修改后的结果，并且能有验证修改效果的时候。

最后，记住 Storm 是一个非常复杂的系统，每个额外的调整都会依赖于上一步的基础之上，所以你可能需要准备两套不同的配置方案：我们称之为 AB 配置法。这两个方案都会产生不重复的性能变化，但当组合在一起的时候，很有可能反而导致退化。如果按照先 A 后 B 的顺序来执行，也有几率削弱 B 产生的影响效果。但这些都不是问题，我用以下的一个假设的场景来解释我想表达的意思：

❑ 调整 A 可以提高 5% 的吞吐效率。

❑ 调整 B 可以提高 10% 的吞吐效率。

❑ 同时调整 A 和 B 可能导致吞吐量出现 2% 的下降。

所以如果是以上的情况，理想的方案应该是采取 B 方案，而不是 A，从而获得最优化的性能体现。所以务必确保分别进行测试和验证，或者尝试采用叠加的方式，例如在已经应用方案 A 的配置基础上，叠加 B 方案，就像是一种在 Storm 配置上执行附加配置。

　　这里假设你计划将拓扑的性能调优进行到极致，那么我们这里分享一个秘密，即使我们很少这么做。我们会花大量的时间在一个指定的拓扑上进行性能的优化，但是最多只会给一个工作日，然后紧接着去忙其他工作了。相信你也是这么做的，因为这是一种比较合理的取舍方案。我们认为更重要的是，如果你在增加 Storm 的使用率，就尽可能地先尝试学习和了解它的内部原理，以及调优的方式，如何设置参数，还有认识对性能有影响的地方。学习这部分知识的唯一目的就是体验它在调校后的焕然一新。

　　有关 Storm 的内核部分还没结束，我们希望你至少了解了 Storm 内部缓冲区中的各个有价值信息，什么情况下会产生溢出以及如何应对的。接下来我们要来了解的就是讲解 Storm 最重要的一个功能：Storm 中高维度的抽象框架 Trident。

8.7　小结

　　在本章中，你学到了：

❑ 执行器不仅仅是一个线程，它是由两个（主 / 发送）线程，以及两个终端（输入 / 输出）队列来组成。

❑ 在同一个 JVM 中不同的执行器之间发送元组的速度是最快的。

❑ 工作进程有它们自己的发送 / 传输线程、能实现对外和对内应用，可以在 JVM 之间进行元组的发送操作。

❑ 每个内部队列（缓冲区）都会出现溢出，从而导致 Storm 拓扑出现性能问题。

❑ 每个内部队列（缓冲区）都可以配置，并用于解决潜在的各种溢出问题。

第 9 章 *Chapter 9*

Trident

本章要点：

❑ 什么是 Trident，为什么说它有用

❑ Trident 以批处理的方式对元组进行处理

❑ 在设计上 Kafka 是如何与 Trident 结合的

❑ 部署一个 Trident 拓扑

❑ 使用 Storm 的分布式远程过程调用（Distributed Remote Procedure Call，DRPC）功能

❑ 借助 Storm UI 将 Storm 的原生组件映射至 Trident 工作模式

❑ Trident 架构下拓扑的伸缩性

到本章为止，我们已经对 Storm 的全貌有所了解。在第 2 章里，我们学习了 Storm 的抽象原语：bolt、spout、Tuple 和 Stream。在第 6 章的前半部分，我们深度探讨了这些原语，其中包括一些高级应用，例如如何保证消息被处理、流数据分组、控制并发度等。第 7 章介绍了一些识别资源冲突的方法。同时，第 8 章介绍了 Storm 抽象原语的底层实现细节。完整理解这些知识对掌握 Storm 框架至关重要。

这一章我们将学习 Storm 的另一大应用组件 Trident，一个基于 Storm 基本原语更高一级的抽象系统，并讨论如何在使用和理解拓扑时，采取 "What（是什么）" 的方式，而不再仅仅是 "How（怎么实现）"。我们将用本书最后一个案例（网络电台应用）来讲解 Trident。但和之前章节中先通过案例为切入点来学习概念的方式不同，这章里我们采取先讲概念，再看示例。这是因为 Trident 是一个基于 Storm 基础抽象层的更高一级抽象，所以先了解这种抽象本身的逻辑，比直接用案例来讲解更容易理解，同时，掌握了这些抽象逻辑对如何设计这款应用的拓扑逻辑结构也很有指导意义。

本章首先会介绍什么是 Trident 以及它的一些核心功能，进而讨论 Trident 是如何把数据流进行分批的，这也是 Trident 对比 Storm 基础功能的一个最明显区别，然后再讨论为什么 Kafka 特别适合作为 Trident 拓扑逻辑的数据源。在此基础上，我们再对这个互联网广播应用进行方案设计，以及相关代码实现，其中包含一部分 Storm 的 DRPC 功能。一旦完成了部署，我们将讨论如何对 Trident 的拓扑实施扩展，因为 Trident 毕竟只是以 Storm 拓扑逻辑为基础的抽象，实际应用中我们还需要做大量的工作来优化它的运行效率。

言归正传，首先我们介绍什么是 Trident，以及为什么说它是基于 Storm 基础原语的高级抽象。

9.1 什么是 Trident

Trident 是构建在 Storm 基本原语之上的一个抽象模型，它帮助拓扑逻辑的开发者从"命令式（declarative）"开发向"申明式（imperative）"开发转变。为了实现这个目的，Trident 定义了诸如连接（join）、聚合（aggregation）、分组（grouping）、函数（function）和过滤（filter）等操作，通过 Storm 的原语在任何数据库或持久化存储设备上实现状态性和增量性的数据处理。如果你了解过类似 Pig 或者 Cascading 这样的批处理工具，那么理解 Trident 的处理模式就不会太难。

将 Storm 从命令式描述计算过程转换为申明式描述计算过程是什么意思呢？要回答这个问题，我们可以先回忆一下第 2 章中提到的 GitHub 提交数统计案例，再对比一下它的 Trident 拓扑版本。首先，如果你还记得，在第 2 章中，统计 GitHub 提交数的拓扑采取的是直接读取提交消息的数据流，每个消息中都包含 email 信息，然后基于此来实现对提交数的统计。

在第 2 章中，我们的拓扑采取的是基于 email 为关键词来统计 GitHub 的提交数。这其实就是一种数学的命令式流程，代码清单 9.1 演示了构建拓扑的这部分代码。

代码清单 9.1 构建一个统计 GitHub 提交数的 Storm 拓扑

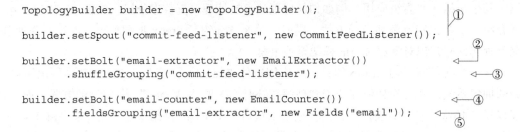

```
TopologyBuilder builder = new TopologyBuilder();                              ①

builder.setSpout("commit-feed-listener", new CommitFeedListener());
                                                                              ②
builder.setBolt("email-extractor", new EmailExtractor())
    .shuffleGrouping("commit-feed-listener");                                 ③

builder.setBolt("email-counter", new EmailCounter())                         ④
    .fieldsGrouping("email-extractor", new Fields("email"));
                                                                              ⑤
```

先看看这个拓扑是如何构建的，你可以看到，①我们为拓扑分配一个 spout 用于监听提交消息，②定义我们的第一个 bolt 从每个提交消息中提取 email 信息，③然后通知 Storm 元组是如何从 spout 发送到第一个 bolt 的，④接着定义我们的第二个 bolt 用于统计 email 的数量，⑤最后通知 Storm 元组是如何在这两个 bolt 之间进行传输的。

可以看到，这是一个数学命令式的流程，用于指导我们如何解决提交数统计的过程。其中的代码很容易理解，因为这个拓扑本身并不复杂。但是，当遇到更复杂的 Storm 拓扑时可能就不是这样，因为理解上层的业务逻辑会非常困难。

这就是 Trident 的价值所在，凭借连接、群组、聚合等各种功能，我们可以在更上一层来实现业务逻辑，而不是在 bolt 或 spout 上去编辑计算过程，让系统自己来决定底层功能如何实现。那么接下来就看看采用 Trident 的 GitHub 提交数统计的拓扑结构，如代码清单 9.2 所示，注意代码中不再直接命令拓扑要怎么实现，而只是告诉拓扑有哪些工作要做。

代码清单 9.2　构建一个基于 Trident 实现统计 GitHub 提交数的 Storm 拓扑

```
TridentTopology topology = new TridentTopology();
TridentState commits =                                          ①
  topology.newStream("spout1", spout)                                      ②
        .each(new Fields("commit"), new Split(), new Fields("email"))
        .groupBy(new Fields("email"))
        .persistentAggregate(new MemoryMapState.Factory(),      ③
                             new Count(),
                             new Fields("count"))
        .parallelismHint(6);                                    ④
```

一旦你了解了 Trident 的原理，那么接下来就很好理解如何为 spout 和 bolt 添加业务逻辑了。即使目前我们对 Trident 还没有完整的认识，但是可以看到，①首先创建了一个来自 spout 的数据流，②然后针对流中的每一个条目，拆分出 commit 字段，并保存数量到 email 字段的条目，③基于 email 字段进行分组，④最后持久化 email 的统计数。

如果我们已经理解了这段代码，相比较之前直接调用 Storm 原语的代码，那么明显会更轻松地理解组件中数据的处理流程。这种表达业务的方式，更接近于一个纯粹的"是什么"设计逻辑，而不是"怎么实现"的设计驱动。

部分代码涉及 Trident 的一些抽象实践，可以帮助你快速写出"是什么"而不是"怎么实现"的逻辑代码。接下来，我们就来看看 Trident 提供的全部操作方法。

9.1.1　Trident 中不同的操作方法

到目前为止，对于如何以"是什么"而不是"怎么实现"的方式来实现代码逻辑的思路，还是比较模糊的。在上一节中的代码里，我们让一个 Trident 的 spout 实现了一个数据流的发射，并提交给一系列的 Trident 的操作符（operation）来实现传输，这些操作符最终组成了一个 Trident 拓扑框架。

这听起来和基于 Storm 的原语（spout 和 bolt）来构建 Storm 拓扑很类似，只是我们将 Storm 的 spout 替换成了 Trident 的 spout，将 Storm 的 bolt 替换成了 Trident 的操作符。但这样的认识是错误的，千万不要将 Trident 的操作符直接映射到 Storm 的原语逻辑上。这一点很重要，因为在一个原生的 Storm 拓扑中，是通过直接修改 bolt 中的代码来实现业务的操作逻辑。因为此时你的操作和执行单元是一个 bolt，你可以在其内部拥有极高的自由度。但是对于 Trident，你没法获得这么高的灵活性。你现在能拥有的工具是一系列的操作符，你要做的工作是将业务逻辑拆分为这些操作符可实现的处理流程，然后将操作符在实现中串联起来。

Trident 提供了大量不同类型的操作符来实现业务逻辑所需要的功能。整体来说，可以归纳为以下几种类型：

❏ 功能（function）：针对一个输入元组执行指定操作，或者将一个或多个相关元组发射出去。

❏ 过滤（filter）：决定保留或过滤掉数据流中的输入元组。

❏ 拆分（split）：基于同一个数据或字段，将一个数据流拆分为多个数据流。

❏ 合并（merge）：仅当多个数据流拥有共同的字段（例如名称或者同一个编号）才可以执行合并。

❏ 连接（join）：可以将多个数据流，除了共用的字段，还能基于不同的字段进行连接（类似于 SQL 的连接）。

❏ 分组（grouping）：在某一个特定的分区（更多是出于分区之后）基于某个特定字段进行分组。

❏ 聚合（aggregation）：为聚合的元组集执行计算。

❏ 状态更新（state updater）：持久化元组或者计算结果到一个数据库。

❏ 状态查询（state querying）：查询一个数据库。

❏ 重新分区（repartitioning）：基于特定的字段（类似于字段分组）或者基于随机的方式（类似于随机分组），对数据流的分区做重新排列。基于某些特定字段的重新分区与分组不同，因为重新分区发生在所有分区上，而分组发生在单个分区中。

借助这些操作符将你的问题进行重新拆分时，可以基于更高一层的应用层面来思考，而不需要降至原生 Storm 原语那样去考虑具体的执行细节。这也使得基于 Trident 的 API 进行业务逻辑的编写时，更像是在使用一种特定领域的语言（Domain-Specific Language，DSL）。举个例子，我们需要实现一个步骤，用于将计算结果保存到数据中，那么这里首先要调用一个状态更新操作符，而至于这个操作符的操作对象是 Cassandra、Elasticsearch 还是 Redis 都不重要，因为你的关注点只有操作。事实上，你也可以指定这个状态更新将数据写入 Redis，并且在不同的 Trident 拓扑之间进行共享。

希望通过这样的描述，你能对 Trident 的抽象类型有一个大致的了解。现在不用担心这些操作符的具体实现，我们将在稍后的互联网无线广播案例中，通过设计和部署的演示，帮助你理解具体细节。但在此之前，我们还需要先讨论另外一个话题，那就是 Trident 是如何处理数据流的。因为它的处理方式和原生的 Storm 拓扑处理数据流的方式完全不同，这也将影响我们互联网无线广播的设计思路。

9.1.2 将 Trident 数据流看作批数据

Trident 拓扑相比原生 Storm 拓扑的一个本质区别就是：在 Trident 拓扑中，数据流是以一批元组的形式进行处理；而在原生 Storm 拓扑中，数据流是作为一系列独立的元组进行处理。这也就意味着每个 Trident 操作符处理的是一批元组，而原生 Storm 的 bolt 操作和处理的是一个独立的元组。两者之间的区别如图 9.1 所示。

因为 Trident 是以批量的方式来处理数据流，所以它其实属于第 1 章中提到的微型批处理工具一类。如果你回忆第 1 章中对该类工具的描述，那就是微型批处理是批处理和流处理的一种混合式处理方式。

这种本质上的区别，也就是 Trident 如何以批量的方式对流数据执行处理，说明了 Trident 本身不会再包含 bolt，而只有操作符。我们需要调整思维的方式，以一系列操作符的形式来对待数据流中的具体操作处理。在 9.1.1 节中提到的操作符，既可以修改数据流

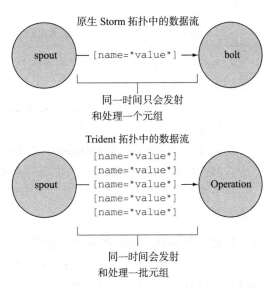

图 9.1　Trident 拓扑以一批元组形式处理数据流，而原生 Storm 拓扑针对数据流中独立的元组进行单独处理

中的元组，也可以修改数据流本身。为了更进一步了解 Trident，你必须先了解数据流，以及 Trident 对数据流的处理方式。

接下来，我们就来讨论一个非常适合与 Trident 一起使用的消息队列实现，它与 Trident 的需求紧密匹配，同时结合 Trident 拓扑也非常适合与 Storm 一起使用。

9.2　Kafka 及其在 Trident 中的角色

当谈论到作为输入源形式的消息队列时，Storm 与 Apache Kafka 保持着一种十分独特的关系。这并不是说不能使用其他消息队列技术，我们在本书中都非常明确地指出，Storm 是可以和许多不同的技术搭配使用的，例如 RabbitMQ 和 Kestrel。但为什么要将 Kafka 与其他消息代理实现分开讨论呢？这归结于 Kafka 的核心架构设计。为了帮助你理解为什么 Kafka 和 Trident 如此相互匹配，我们先简单了解一下 Kafka 的设计，然后再看看其设计为什么如此匹配 Trident 的运用。

9.2.1 解构 Kafka 的设计

这一节中，我们将简单讨论一下 Kafka 的设计，仅供支持你理解它与 Storm 和 Trident

之间的协作关系。

注
意   我们会在这一章中引用一些标准的 Kafka 术语，其中两个最常出现的术语是
❑ topic（主题），它是一个特定类目的消息源。
❑ broker（代理），它通常是 Kafka 集群中众多运行的服务器 / 结点之一。

Kafka 的官网上用了两种方式来介绍自己，你可以从描述中感受到为什么它的设计可以与 Trident 完美配合：

❑ 它是一个发布 – 订阅（publish-subscribe）的消息代理，可以理解为是一种分布式的提交日志。

❑ 它是一个分布式（distributed）、可分区（partitioned）、可复制（replicated）具备提交日志服务的功能消息系统，但设计更加独特。

接下来我们就分别讨论这两点，因为理解这些设计，可以有助于你了解 Kafka 如何与 Trident 保证一致性。

针对一个 Kafka topic 的分布式分区

当消息发起方在写入 Kafka topic 时，它将在该 topic 的一个指定分区中写入消息。由于分区是有序分布且不可变动的消息队列，所以消息将连续存储至分区中。一个 topic 可以有多个分区，而这些分区又可以分布在多个 Kafka broker 上。一个消息的消费者能连接所有的 topic，因此它能从不同分区上读取消息。如图 9.2 所示，为一个 broker 如何分布在多个分区上的结构图。

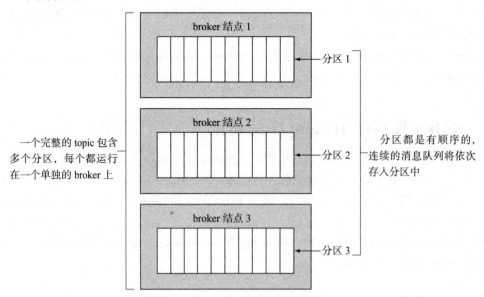

图 9.2　一个 Kafka topic 以分区的形式分布在多个 Kafka broker 上

通过将 topic 进行分区，Kafka 可以具备将单 topic 在单 broker（结点）上扩展读和写的

能力，每个分区都是可复制的，这将意味着具备更加弹性的应用灵活度。如果你在一个分区中有 n 个副本，那么在损失 n−1 个副本之前，你都不会出现数据丢失的情况。

拥有多个分区并且能对分区做扩展性操作，这两个特性对于 Trident 来说至关重要。在本章稍后部分里，你可以看到 Trident 是如何利用这些特性来实现从数据流中读取数据，并构建拓扑结构的。但在此之前，我们还需要了解一下 Kafka 是如何实现消息存储的。

基于提交日志来建模存储

Kafka 用于 topic 中消息的存储模型在性能和功能特征方面产生许多优点，我们从前面的部分知道，分区在文件系统上是有序且不会变动的消息序列。这表示提交日志。分配给分区中的每个消息都会分配一个称为偏移量的顺序标识符，它标记每个消息存储在提交日志中的哪个位置。

Kafka 还维护着分区内的消息顺序，使得当某个消费者从分区中读取数据时，可以确保为其提供强排序性。一个消息的消费者在一个指定分区中读取信息后，将维护其当前位置的引用，我们称之为消费者提交偏移量至提交日志。多个分区的偏移量结构如图 9.3 所示。

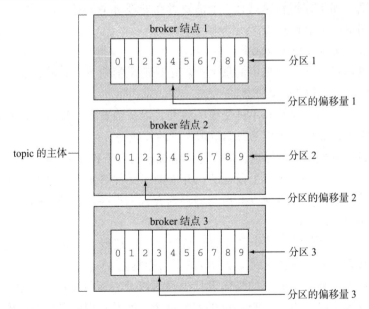

图 9.3　一个分区包含了不可变动且有序的消息队列，当消费者读取消息时，需要维护读取位置的偏移量

消费者在读取数据时产生的消息偏移量不会被 Kafka 抛弃掉，它们会基于一个配置的时效期（例如 24 小时或 7 天）保存在一个日志文件里。一旦超出时间段，Kafka 将压缩日志文件并且清理较早的记录。

你现在应该大致了解 Kafka 的设计逻辑了吧，topic 是用于为特定的类目提供消息源，这个 topic 随后将被划分为多个分区，成为不可变动且有序的消息序列，而这些分区也将被分配到 Kafka 集群的不同 broker 结点上。接下来，我们将介绍这种设计在功能和性能上带来的优势。

Kafka 设计在功能和性能上的优势

该设计所带来的功能优势大致如下：

❑ 由于消息不会立刻被丢弃掉，消费者可以决定什么时候将偏移量提交至提交日志中，也可以决定不提交，所以从 Kafka 中回放消息是一件很容易的事情。

❑ 同样，如果你的消费者长时间跟不上处理进度，由于某些消费处理具备时效性，这些队列消息也将不存在任何意义了，标识靠后的新近偏移量就可以直接跳过过期的消息，置入到新的位置。

❑ 如果你的消费者采取批量的方式来处理消息，并且要求全部同时完成批处理，或者不同时完成，那么可以通过一次性从分区中提取一批消息序列偏移量来实现。

❑ 如果你有不同的应用并且都同时订阅了同一个 topic 中的相同消息，消费者可以轻松地从分区中的该 topic 上同一个 topic 集中获取信息。由于一个消费者完成消息查看后，系统不会执行销毁，消费者只是将偏移量保存在提交日志中。

❑ 另一方面，如果你想确保只有一个消费者在处理每个消息，你可以将单个消费者的实例，固定在一个 topic 的特定分区上。

性能所带来的功能优势大致如下：

❑ 无论你的消息总线瓶颈是由消息生产者还是消息消费者导致的，都可以通过增加分区数量的方式来解决性能瓶颈。

❑ 由于提交日志的有序性和不可变更的特性，以及消费者偏移量高级模式下的有序特性（大部分情况下），可以为我们带来大量的性能提升：

● 磁盘读写的成本非常昂贵，但大部分情况下是由于程序的访问机制是随机读取的。而由于 Kafka 是从下至上设计的，并借助了文件系统中的序列化访问，那么实现的操作符将借助预读缓存和后写缓存的方式来提高读取的效率，为性能优化提供可大幅改进的空间。

● Kafka 很好地利用了操作系统的磁盘缓存，这使得 Kafka 可以回避维护过程中的高速缓存，并且不会受到垃圾回收的压力影响。

我们现在已经了解了 Kafka 的整体设计思路，以及它所带来的功能和性能上的优势。接下来，就可以来认识 Kafka 和 Trident 的匹配度了，以及它们两者是如何构建一个最佳的 Storm 实践方案的。

9.2.2　Kafka 与 Trident 的匹配度

你现在可以想象 Kafka 的设计可以为 Storm 带来多大的支持，不论是功能还是性能上。其中，Kafka 相比其他产品，在性能提升上拥有无与伦比的特性优势。正因为此，Kafka 是原生 Storm 的最佳消息总线选项。那么当它与 Trident 搭配使用时，就更容易理解为什么它是实施消息传输的最佳选项了：

❑ 由于 Trident 在流数据中执行微型批处理操作，所以它需要依赖于自动处理一批元组数据的能力，而 Kafka 刚好支持这样的功能，优化了 Trident 的消费者偏移量。

❑ 为了保证消息不被丢弃，就需要不断更新偏移量，这样才能保证消息可以在任何时间点得以重现（当然时间最长不超过 Kafka 的日志限定时效）。这样的特性使得 Kafka 成为一个稳定可靠的数据源，基于这样的数据源才能构建稳定可靠的 spout，不论是基于 Storm 还是 Trident。

❑ 在后面我们会提到，Trident 可以基于 Kafka 的分区构建 Trident 拓扑中的并行性属性主键。

❑ 基于 Kafsa 部署的 Storm spout 可以在 Zookeeper 中维护不同分区里的消费者偏移量，因此当你的 Storm 或者 Trident 拓扑需要重启或者重新部署时，你可以直接恢复至最近一次的状态。

让我们稍微暂停一下，回顾一下刚才到现在所涉及的内容，你应该还记得以下几点：

❑ Trident 提供了基于 Storm 的抽象类原语，允许你的代码更接近于一个"是什么"的设计逻辑，而不是"怎么实现"的设计驱动。

❑ Trident 对数据流的处理是基于一个批量化的元组操作，作为一系列元组来处理，而不是一次一个元组。

❑ Trident 对数据流的处理采取的是操作符，而不是调用 bolt，这些操作符包括了函数、过滤、拆分、合并、连接、分组、聚合、状态更新、状态查询和重新分区。

❑ Kafka 是 Trident 拓扑结构的理想队列实现组件。

接下来，我们可以正式开始了解 Trident 的原理以及针对一个案例的设计和实施了。在开始之前，确保你已经理解了 Trident 的操作符以及它对流数据的处理方式，因为这两点特性决定了我们的设计方案。

9.3　问题定义：网络电台应用

假设我们要创立一个互联网广播公司，主要的产品是构建一个基于互联网的音乐媒体分享平台，并为在平台上授权播放作品的音乐制作人和艺术家提供公平合理的版税收入。基于此，我们希望跟踪并统计每首歌曲的播放次数，这些数据将用于版权费用的查询和结算。另外，这个统计结果除了为艺术家提供公平合理的报酬，还希望可以基于用户对曲目的播放和搜索行为，通过一定算法为用户主动推送他们可能喜欢的作品，提高用户的体验。

我们的用户可以使用各种设备来收听音乐广播服务，这些设备上的程序将担负收集"播放日志"的工作，并将这些采集数据以流的方式，接入我们的 Trident 拓扑的 spout。

既然已经定义问题，首先我们看看数据的起点和终点，如同我们上一章中所提到的那样。

9.3.1 定义数据点

针对我们的应用场景，每个播放日志都会包含艺术家名称、歌曲名称和歌曲的类型标签列表信息，并以 JSON 格式的流数据形式传输到我们的拓扑中，单个播放日志的示例如代码清单 9.3 所示。

代码清单 9.3　流数据中一个播放日志条目的范例

```
{
  "artist": "The Clash",
  "title": "Clampdown",
  "tags": ["Punk","1979"]
}
```

播放日志的 JSON 文件将作为我们数据的起点，我们需要对三种不同类型的统计数据做持久化操作：艺术家名称、歌曲名称和歌曲的类型标签。Trident 提供了一个 TridentState 类，但我们稍后再进一步解释这个类，现在更重要的是，先了解我们的初始数据以及我们想要达到的结果数据。

基于数据的定义，接下来要明确的步骤是如何从播放日志的数据源到保存数据到 TridentState 实例之后，提取各条目的统计数字。

9.3.2 将问题进行步骤划分

首先我们已经确定了以播放日志作为数据源开始，以艺术家、歌曲名和标签的统计为结束，那么在思考概念方案时，就需要先理清楚在两端之间将要发生哪些步骤。

还记得之前我们在讨论用例设计时，如何实现 Trident 操作符的吗？当我们在观察步骤划分时，就可以看看哪些操作符对这个场景是有意义的，总结出来以下几点：

1. 需要一个 spout 用于发射 Trident 数据流，这里要记住，一个 Trident 流包含了多批元组，而不是独立的元组个体。

2. 需要一个功能对输入的播放日志做反序列化（分割）操作，按照艺术家、歌名和标签做分类。

3. 需要一个分离的功能，分别实现对艺术家、歌名和标签做统计计数。

4. 需要一个 Trident 的状态功能，分别实现对艺术家、歌名和标签做持久化操作。

如图 9.4 所示，这些步骤的一个流程演示更清晰地解释了设计的目标。接下来，我们就要基于这个思路，利用 Trident 的操作符，来实现对这个包含播放日志的批量元组处理。

9.4　基于一个 Trident 拓扑来实现网络电台的设计

在这里，我们需要基于一个 Trident 拓扑来实现图 9.4 的方案。你会注意到，实现功能的代码大量都包含在拓扑的构建类（TopologyBuilder）中。即使我们为功能实现增加了一些代码，但大部分都以操作符的方式表示，以一个"是什么"的设计逻辑，而不是"怎么实现"的方式在驱动。

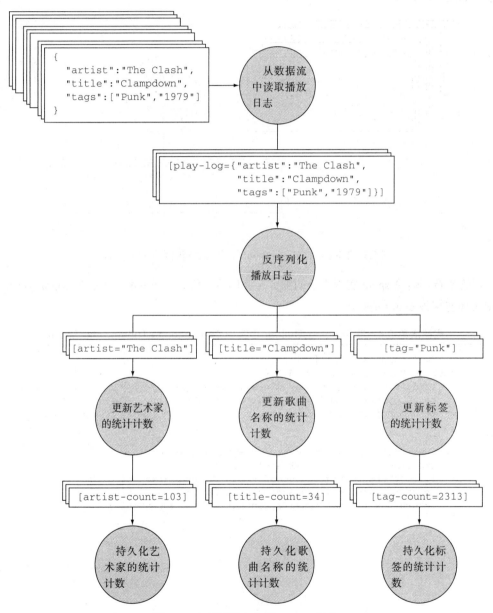

图 9.4　实现网络电台的 Trident 拓扑

让我们先从拓扑的 spout 部分开始，幸运的是，Storm 配置了一个内置的 spout 实现，可以直接调用，非常节省时间。

9.4.1 实现一个 Trident 的 Kafka spout

我们使用的是 Storm 官方配备的 Trident 内置 Kafka spout，拓扑中使用该 Trident Kafka spout 的地方如图 9.5 所示。

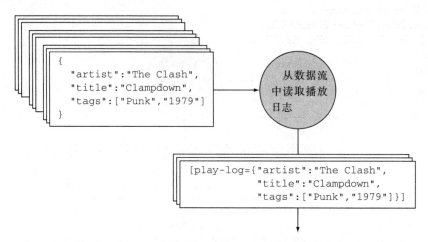

图 9.5 Trident 的 Kafka spout 将用于处理输入的播放日志

尽管本章不讨论 spout 实现之外的细节，我们将在代码清单 9.4 中展示在 TopologyBuilder 类中实现连接该 spout 的代码。

代码清单 9.4 在 TopologyBuilder 中实现 TransactionalTridentKafkaSpout

```
public TopologyBuilder {
  public StormTopology build() {
    TridentTopology topology = new TridentTopology();
    topology.newStream("play-spout", buildSpout());
    return topology.build();
  }

  private TransactionalTridentKafkaSpout buildSpout() {
    BrokerHosts zk = new ZkHosts("localhost");
    TridentKafkaConfig spoutConf = new TridentKafkaConfig(zk, "play-log");
    spoutConf.scheme = new SchemeAsMultiScheme(new StringScheme());
    return new TransactionalTridentKafkaSpout(spoutConf);
  }
}
```

将 Trident 的拓扑转换成一个 Storm 的拓扑

实例化 Trident 拓扑

创建一个新的数据流，命名为 play-spout，并且传参给 Kafka 的 spout 实例

使用事务性的 Trident spout，提供稳定性

分别指定 ZkHosts 和 Kafka 的 topic 名

定义 StringScheme 来反序列化 Kafka 的消息至一个字符串

ZkHosts 用于配置连接 Kafka 的 Zookeeper，这个 spout 用于通过查询的方式动态确定 Kafka 的 topic 分区信息

现在我们已经实现了第一个 spout，用于发射批次播放日志数据，下一步要实现的是第一个操作符，用于将 JSON 格式的批量元组拆分为分别包含艺术家、歌曲名和标签的 JSON 格式元组。

9.4.2　对播放日志做反序列化操作，并分别创建每个字段的独立数据流

接下来要实现的是设计部分，将我们关注的统计数据——艺术家、歌曲名和标签，分别从输入的 play-log 元组中提取出来，然后以批量元组的形式发射出去。如图 9.6 所示，为输入的批量元组、操作符和输出的批量元组，其中每个字段的数据流都将分别发射出去。

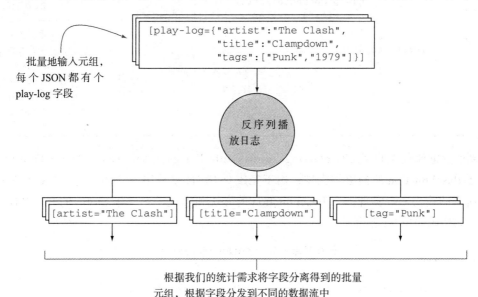

图 9.6　将 JSON 格式的艺术家、歌曲名和标签反序列化至 Trident 元组的操作

从图中，我们可以看到这里有两个动作：第一个动作将整体的 JSON 文件基于艺术家、歌曲名和标签转换成分离的 JSON 文件；第二个动作分别为这些字段创建一个数据流。那么对于第一个动作，我们需要关注其中的 each 操作符。

Trident 在每一个元组上都应用了一个 each 的操作符，一次一个。其中，each 操作符可以以函数或者过滤器的形式调用。在我们的场景中，each 函数看上去应该是更合适的选择，因为我们在基于艺术家、歌曲名和标签转换 JSON 文件至 Trident 元组时，如果我们需要针对某一个字段的数据执行过滤操作，那么这里就可以搭配一个过滤器来操作。

实现一个 each 函数

一个函数需要有一个输入的字段，然后不发射或者发射更多的元组数据。如果它不发射任何数据，那么说明原始数据被过滤掉了。当我们在使用 each 函数时，输出元组的字段将被附加在输入元组之上，实现拓扑上该 each 函数的代码如代码清单 9.5 所示。

代码清单 9.5　TopologyBuilder.java 代码段，用于实现 each 函数，以便能对播放日志做反序列化操作

从元组中提取需要发送给 each 函数的字段，在这里，我们将全部字段都发送到流数据中（play-log 是唯一的字段）

each 操作符被应用到从 spout 中发射出去的数据流中

```java
public TopologyBuilder {
  public StormTopology build() {
    TridentTopology topology = new TridentTopology();

    Stream playStream = topology.newStream("play-spout", buildSpout())
      .each(
          new Fields("play-log"),
          new LogDeserializer(),
          new Fields("artist", "title", "tags")
        );

    return topology.build();
  }
  ...
}
```

LogDeserializer 就是将运行在数据流中全部元组上的 each 函数

为从 LogDeserializer 中输出元组的字段命名

在 each 操作符之后，你将得到一个全新处理后的数据流，可用于下一个操作符

新的数据流包含的字段有 play-log、artist、title 和 tags，其中 each 函数 LogDeserializer 是基于 BaseFunction 的抽象类实现，用于完成对 JSON 字符串格式的输入元组执行反序列化到所需的输出中。实现一个 BaseFunction 的方法和实现一个原生 Storm 的 BaseBasicbolt 类似，如代码清单 9.6 所示。

代码清单 9.6　LogDeserializer.java

一个元组和收集器（collector）中的 execute 方法和 BaseBasicbolt 很类似，但在这里它们都是 TridentTuple 和 TridentCollector，而不是元组和 BasicOutputCollector

在这个函数中寻找输入的字段，注意这里仅能访问拓扑构建器中 each 方法下命名的输入字段

```java
public class LogDeserializer extends BaseFunction {
  private transient Gson gson;
  @Override
  public void execute(TridentTuple tuple,
                      TridentCollector collector) {
    String logLine = tuple.getString(0);
    LogEntry logEntry = gson.fromJson(logLine, LogEntry.class);
    collector.emit(new Values(logEntry.getArtist(),
                              logEntry.getTitle(),
                              logEntry.getTags()));
  }

  @Override
  public void prepare(Map config,
                      TridentOperationContext context) {
    gson = new Gson();
  }

  @Override
  public void cleanup() { }

  public static class LogEntry {
    private String artist;
```

借助 Google 的 GSON 将一个字符串反序列化至一个 POJO

将由 TridentCollector 反序列化的字段发射出来，在一个函数中，你可以为输入元组发射零个或更多的元组。在这个案例中，我们只发射一个

```
        private String title;
        private List<String> tags = new ArrayList<>();

        public String getArtist() { return artist; }
        public void setArtist(String artist) { this.artist = artist; }

        public String getTitle() { return title; }
        public void setTitle(String title) { this.title = title; }

        public List<String> getTags() { return tags; }
        public void setTags(List<String> tags) { this.tags = tags; }
    }
}
```

映射

当你将每个 each 函数都以 stream.each（inputFields,function,outputFields）的格式来定义时，只有原始数据流中的字段子集（由 inputFields 来表示）才能被发送至函数中（其余部分将无法通过函数来访问），我们称这种方式为映射（projection），它最大的好处就是可以避免向函数传递不必要的参数。

你可以使用 project(..) 方法，在流数据上执行一个操作符后移除不需要的字段。在这个案例中，我们在流数据上执行 LogDeserializer 操作后，需要保留 play-log 字段，并移除原始的 JSON 文件。这么做的好处还包括将不必要的数据从内存中移除，以提高资源的利用效率（特别是在 Trident 中，因为相比普通的 Storm 拓扑，JVM 需要提供更多的内存来进行批量的数据处理操作）：

```
playStream = playStream.project(new Fields("artist", "title", "tags"));
```

如上面提到的，这里我们需要做两件事情：将 JSON 转换成独立的元组，这一步我们已经实现了；为每个字段分别创建数据流。接下来就看看如何实现第二步。

基于字段分组进行数据流分离

如果我们现在就停下来只能得到一个数据流，其中的批量元组包含四个值，这些都是 LogDeserializer 实现的：

```
collector.emit(new Values(logEntry.getArtist(),
                          logEntry.getTitle(),
                          logEntry.getTags())));
```

我们目前希望实现的效果如图 9.7 所示。

幸运的是，要实现数据流的分离其实很容易。我们可以为每个分发的数据流建立引用，然后基于这些引用应用不同的操作符完成剩下的 Trident 操作，如代码清单 9.7 所示。

我们已经有了实现数据流分离的代码部分，但这些数据流里面还没有任何内容，它们目前还仅仅是指向初始化 playStream 的引用。接下来需要将字段关联到对应的数据流中，利用字段名来对元组实现分组的功能就派上用场了。

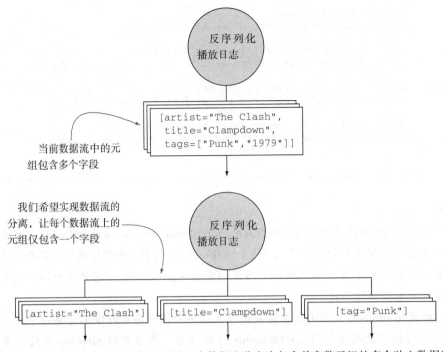

图 9.7 我们希望将包含多参数元组的一个数据流分离为包含单参数元组的多个独立数据流

代码清单 9.7 将从 LogDeserializer 输出的原始数据流分解为独立的数据流

```
public StormTopology buildTopology() {
    TridentTopology topology = new TridentTopology();

    Stream playStream =
        topology.newStream("play-spout", buildSpout())
        .each(new Fields("play-log"),
            new LogDeserializer(),
            new Fields("artist", "title", "tags"))
        .each(new Fields("artist", "title"),
            new Sanitizer(new Fields("artist", "title")));

    Stream countByTitleStream = playStream;

    Stream countByArtistStream = playStream;

    Stream countByTagStream = playStream;

    return topology.build();
}
```

我们在这里新增了一个过滤器名为 Sanitizer，可以实现对无效的艺术家或歌名等信息的过滤。具体方式可以查看该过滤器的实现代码

通过在不同的流数据变量中，保存对同一个分割点 playStream 的引用，可以持续在同一个点开始对其中的每一段应用不同的操作符

基于字段名来分组元组

Trident 提供了一个 groupBy 的操作符，可以实现基于一个指定的字段名将对应的元组执行分组操作。一个 groupBy 操作符将先对流数据执行分区，以便具有相同选定字段值的元组可以归类到相同的分区中，然后将其中字段一致的元组进行分组，如代码清单 9.8 所

示，为执行该 groupBy 操作的代码。

代码清单 9.8 将艺术家、歌曲名和标签分别分组至三个独立的数据流中

```
public StormTopology buildTopology() {
    TridentTopology topology = new TridentTopology();

    Stream playStream =
        topology.newStream("play-spout", buildSpout())
        .each(new Fields("play-log"),
            new LogDeserializer(),
            new Fields("artist", "title", "tags"))
        .each(new Fields("artist", "title"),
            new Sanitizer(new Fields("artist", "title")));

    GroupedStream countByTitleStream = playStream
        .project(new Fields("artist"))
        .groupBy(new Fields("artist"));

    GroupedStream countByArtistStream = playStream
        .project(new Fields("title"))
        .groupBy(new Fields("title"));

    GroupedStream countByTagStream = playStream
        .each(new Fields("tags"),
            new ListSplitter(),
            new Fields("tag"))
        .project(new Fields("tag"))
        .groupBy(new Fields("tag"));

    return topology.build();
}
```

除了艺术家抛弃其他全部值
基于艺术家进行分组
除了歌曲名抛弃其他全部值
基于歌曲名进行分组
除了标签抛弃其他全部值
由于标签是一个 `<String>` 字符串列表，所以先使用一个 each 函数将列表进行拆分，然后将分离出来的元组命名为标签
基于标签进行分组

ListSplitter 就是和 LogDeserializer 功能类似的 each 函数，区别在于 ListSplitter 是将 tags 列表分割成单个的 tag 元组。

现在，我们已经完成了对数据流的拆分，然后基于艺术家、歌曲名和标签进行了分组工作，接下来就要针对这些字段流数据执行统计操作了。

9.4.3 将艺术家、歌曲名和标签进行统计计数和持久化操作

下面要做的是基于艺术家、歌曲名和标签元组执行聚合操作，以便可以进行统计计数操作。我们现在所在拓扑设计中的位置如图 9.8 所示。

如图 9.8 所示，这里主要有两个步骤：第一步为每个数据流的元组基于字段值进行统计计数；第二步将统计结果进行持久化。首先这里有三种方式可以实现元组的聚合操作，我们需要判断哪一种方式最适合目前的场景。

为实现计数统计先要选择聚合的实现方法

这里有三种方式可以实现对元组的聚合操作，每一种都有自己的接口，可以进行独立部署，代码如下：

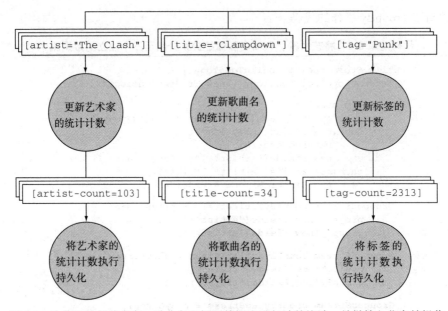

图 9.8　为分组后的艺术家、歌曲名和标签数据流进行计数统计，并做持久化存储操作

1. CombinerAggregator
```
public interface CombinerAggregator<T> extends Serializable {
  T init(TridentTuple tuple);
  T combine(T val1, T val2);          ←      ①
  T zero();                        ←      ②
}                                  ③
```

CombinerAggregator 将为每个元组调用 init ①方法，然后使用 combine ②方法组合每个元组的 init 值，并返回结果值，如果没有可聚合的元组，则返回 zero ③值。

2. ReducerAggregator
```
public interface ReducerAggregator<T> extends Serializable {
  T init();                                      ←
  T reduce(T curr, TridentTuple tuple);  ←      ①
}                                        ②
```

ReducerAggregator 将为聚合调用一次 init 方法①，接着为每个元组和当前值调用 reduce ②。

3. Aggregator
```
public interface Aggregator<T> extends Operation {
  T init(Object batchId, TridentCollector collector);
  void aggregate(T state, TridentTuple tuple, TridentCollector collector);
  void complete(T state, TridentCollector collector);
}
```

Aggregator 是一个更底层级别抽象接口的实现，用于完成更复杂的聚合。详细信息可以参阅 Storm 的文档。

大部分情况下，你都会使用 CombinerAggregator 或 ReducerAggregator。如果整个聚合

中所需要的初始值不依赖于任何单个元组，那么就必须使用 ReducerAggregator。否则，我们更建议使用 CombinerAggregator，因为它的效率更高。

CombinerAggregator 相比 ReducerAggregator 的优势

当你基于 ReducerAggregator 或是 Aggregator 来进行聚合操作时，系统需要执行一个重分区的操作，使得所有的分区都将折叠在一起，让聚合的操作计算仅发生在该分区上。但是，如果你是基于 CombinerAggregator 的实现（与 Count 的实现类似），Trident 将在当前分区执行部分聚合操作，然后再将数据流重分配为一个流，并通过进一步部分聚合操作来完成全部元组的聚合。这个方式更有效率，因为在重新分区期间，只有少量的元组可以通过队列通道。正因为如此，CombinerAggregator 才是首选的方案；只有当你需要基于初始值来执行聚合，而不是独立元组时，才需要使用 ReducerAggregator。

对于我们的场景，需要使用一个名为 Count 的内置聚合器来实现 CombinerAggregator。这个实现十分简单，能完成针对艺术家、歌曲名和标签的分组统计，如代码清单 9.9 所示，为实现 Count 的代码部分。

代码清单 9.9　继承 CombinerAggregator.java 实现的内建 Count.java

```
public class Count implements CombinerAggregator<Long> {
    @Override
    public Long init(TridentTuple tuple) { return 1L; }

    @Override
    public Long combine(Long val1, Long val2) { return val1 + val2; }

    @Override
    public Long zero() { return 0L; }
}
```

聚合的结果数据类型是 Long

将两个值聚合在一起，这会在每个独立的元组和当前统计值上都调用一次

如果没有可聚合的元组，使用这个值为默认值

对于每个元组，从中选出要在聚合中使用的值，由于我们只是对元组做计数，所以需要选择的值只有一个。Storm 也有一个内置的 SumCombinerAggregator，用于从元组 ((Number)tuple.getValue(0)) 获取需要的值

虽然我们确定使用 Count 类来获取实际的统计结果值，但依然需要在 TopologyBuilder 构建中连接 Count 的实例，接下来就看看如何实现。

选择一个聚合操作符来实现聚合操作

Trident 提供了三种数据流的聚合实现：

❏ partitionAggregate：这个操作符仅能作用于独立的聚合元组操作，而且仅能在单个分区中工作。这个操作可以让一个 Stream 包含聚合完成的结果元组，用于设置 partitionAggregate 的代码如下：

```
Stream aggregated = stream.partitionAggregate(new Count(),
                                    new Fields("output"));
```

❑ aggregate：这个操作符仅能作用于独立的聚合元组操作，但可以在该批量元组所在全部分区上有效。这个操作可以让一个 Stream 包含聚合完成的结果元组，用于设置 aggregate 的代码如下：

```
Stream aggregated = stream.aggregate(new Count(),
                                     new Fields("output"));
```

❑ persistentAggregate：这个操作符可以应用在多个批量的数据上，并且承担聚合和持久化的双重功能。它将使用 <state-factory> 来实现持久化到数据库的操作，这里的 <state-factory> 也是 Trident 用来与数据库交互的抽象类。由于它需要与状态量一起使用，persistentAggregate 可以实现垮批次的数据处理。它将首先对流中当前的批次实现聚合，然后基于当前的值在数据库中完成后续的聚合操作，而这个操作还可以实现 TridentState 的查询。用于设置 persistentAggregate 的代码如下：

```
TridentState aggregated = stream.persistentAggregate(<state-factory>,
                                     new Count(),
                                     new Fields("output"));
```

在以上代码中，Count 聚合器可以替换成任意 CombinerAggregator、ReducerAggregator 或 Aggregator 的实现。

这里面哪种聚合操作最适合我们呢？让我们先看看 partitionAggregate。由于我们知道 partitionAggregate 仅能在单个分区中运行，所以我们必须弄清楚，聚合的操作是否需要在一个分区内完成。由于已经应用了一个 groupBy 操作来完成通过一个字段（艺术家、歌曲名和标签）实现元组的分组，以及将整个批次中的元组进行计数。这意味着如果我们要跨越分区，那么 partitionAggregate 将不是我们的选择。

接下来是 aggregate，这个操作适用于存在所有分区的一批元组，这也是我们需要的。但是，如果我们决定使用 aggregate，那么就需要应用另一个操作来完成聚合结果的持久化。因此，如果我们决定采取额外的方法来实现跨区处理和持久化等功能，那么 aggregate 可以用来实现聚合功能。

对于我们的场景，这里一定有一个更好的选择，所以接下来看看 persistentAggregate，只是从名字上看，感觉这可能是我们需要的操作符。由于我们需要先实现聚合计数，然后将聚合结果持久化完成存储。persistentAggregate 需要配合状态量，而且可以在批量元组之间工作，所以感觉更匹配我们的场景需求。此外，persistentAggregate 还提供了 TridentState 查询对象，使我们能够轻松构建之前在问题定义中讨论的各种报告。

既然我们已经选择 persistentAggregate 作为解决方案，但在进入下一步之前，还有最后一部分需要定义，先来看一下 persistentAggregate 的代码：

```
TridentState aggregated = stream.persistentAggregate(<state-factory>,
                                     new Count(),
                                     new Fields("output"));
```

这里还需要一个 <state-factory>，那么接下来就讨论下这部分。

配合状态量

我们需要为 Trident 实现一个 StateFactory，用于处理状态量。StateFactory 作为一个抽象类，它具备查询和更新数据库的功能。那么对于我们的场景，要做的就是直接选择 Trident 内置的 MemoryMapState.Factory。MemoryMapState.Factory 可以与内存中的 Map 映射配合工作，刚好满足当前的需求。用于实现该状态工厂的代码如代码清单 9.10 所示。

代码清单 9.10　在 TopologyBuilder.java 中使用 persistentAggregate 操作符来更新 / 持久化统计计数

```java
public class TopologyBuilder {
 public StormTopology buildTopology() {
  TridentTopology topology = new TridentTopology();

  Stream playStream =
    topology.newStream("play-spout", buildSpout())
    .each(new Fields("play-log"),
          new LogDeserializer(),
          new Fields("artist", "title", "tags"))
    .each(new Fields("artist", "title"),
          new Sanitizer(new Fields("artist", "title")));

  TridentState countsByTitle =
    playStream
    .project(new Fields("artist"))
    .groupBy(new Fields("artist"))
    .persistentAggregate(new MemoryMapState.Factory(),
                         new Count(),
                         new Fields("artist-count"));

  TridentState countsByArtist =
    playStream
    .project(new Fields("title"))
    .groupBy(new Fields("title"))
    .persistentAggregate(new MemoryMapState.Factory(),
                         new Count(),
                         new Fields("title-count"));

  TridentState countsByTag =
    playStream
    .each(new Fields("tags"),
          new ListSplitter(),
          new Fields("tag"))
    .project(new Fields("tag"))
    .groupBy(new Fields("tag"))
    .persistentAggregate(new MemoryMapState.Factory(),
                         new Count(),
                         new Fields("tag-count"));

  return topology.build();
 }
}
```

将 persistent-Aggregate 操作符应用在 GroupedStream 上，结合由 MemoryMapState.Factory 中 CombinerAggregator 实现的 Count，可以为我们提供一个 TridentState 值

将 persistentAggregate 操作符应用在 Grouped-Stream 上，结合由 Memory-MapState.Factory 中 CombinerAggregator 实现的 Count，可以为我们提供一个 TridentState 值

以上就是我们基本上实现的基础 Trident 拓扑结构，现在内存中已经可以得到所有我们感兴趣的字段统计结果了，分别标识为：artist、title 和 tag。接下来是否可以继续了呢？

还不完全，因为我们觉得还是有必要把这些内存中的计数结果解释一下，因为目前可能还没办法直接读取。现在我们要实现的就是能读取这些统计结果，采取的方式就是 Storm 的 DRPC 功能。

9.5　借助 DRPC 访问持久化的统计结果

现在我们已经获得了包含艺术家、歌曲名称和标签计数的 TridentState 对象，接下来需要通过查询对象中的这些计数来构建所需要的报告。由于设计上我们希望将应用程序和 Storm 隔离，它们之间只能通过外部方式来访问，所以程序需要具备这样一个功能来查询拓扑以获取所需的数据。我们可以使用 DRPC（分布式远程过程调用）来实现这个目的。

在 Storm 的 DRPC 中，客户端将向 Storm 的 DRPC 服务器发出一个 DRPC 请求，服务器将把请求发送到相应的 Storm 拓扑来协调请求，并等待该拓扑的应答。一旦收到应答，它将把应答返回到请求客户端。这实际上是通过并行查询的方式，非常高效地查询多个艺术家或标签的统计值，然后求和返回最终值。

本节将讲解为了满足我们需求，实现 Storm DRPC 查询方式的三个步骤：

❑ 创建一个 DRPC 流。

❑ 向流中应用一个 DRPC 状态查询。

❑ 使用 DRPC 客户端向 Storm 发起 DRPC 调用请求。

我们先从创建一个 DRPC 流开始。

9.5.1　创建一个 DRPC 流

当 Storm 的 DRPC 服务器收到请求时，需要将其路由到我们的拓扑。对于我们的拓扑来说，如果要处理这个传入请求，它需要先由一个 DRPC 流，可以让 Storm 的 DRPC 服务器把所有传入的请求都路由到这个数据流上。DRPC 数据流可以指定一个名称，用于我们在执行分布式查询时的目标地址，以及 DRPC 服务器在处理传入请求时，控制路由的目标数据流（以及拓扑中转发的数据流）。如何创建一个 DRPC 流的命令如代码清单 9.11 所示。

代码清单 9.11　创建一个 DRPC 流

```
topology.newDRPCStream("count-request-by-tag")
```

DRPC 服务器接收到参数将以文本的形式传入 DRPC 函数，并转发至 DRPC 数据流，因此我们需要将文本参数解析成可以在 DRPC 数据流中使用的格式。代码清单 9.12 展示了如何为 count-request-by-tag 结构的 DRPC 数据流，以逗号分隔来定义用于查询的标签列表参数。

如代码清单 9.12 所示，每个 each 函数都会去调用 SplitOnDelimiter，接下来看看类的实现，如代码清单 9.13 所示。

代码清单 9.12　为 DRPC 数据流定义参数的格式

```
topology.newDRPCStream("count-request-by-tag")
        .each(new Fields("args"),
              new SplitOnDelimiter(","),
              new Fields("tag"));
```

代码清单 9.13　SplitOnDelimiter.java

```
public class SplitOnDelimiter extends BaseFunction {
  private final String delimiter;

  public SplitOnDelimiter(String delimiter) {
    this.delimiter = delimiter;
  }

  @Override
  public void execute(TridentTuple tuple,
                      TridentCollector collector) {
    for (String part : tuple.getString(0).split(delimiter)) {
      if (part.length() > 0) collector.emit(new Values(part));
    }
  }
}
```

这里的实现和之前用于解析播放日志的 LogDeserializer 类似

到这里，我们已经有了一个基础的 DRPC 数据流，下一步是在这个数据流上应用一个状态查询语句。

9.5.2　向流中应用一个 DRPC 状态查询

我们希望执行完状态查询语句，提交了 DRPC 请求后，可以获得的应答是基于给定标签变量的播放统计量，还记得我们之前是如何计算 TridentState 标签的吗，代码如代码清单 9.14 所示。

代码清单 9.14　创建 counts-by-tag 数据流以便输出 TridentState

```
TridentState countsByTag = playStream
    .each(new Fields("tags"),
          new ListSplitter(),
          new Fields("tag"))
    .project(new Fields("tag"))
    .groupBy(new Fields("tag"))
    .persistentAggregate(new MemoryMapState.Factory(),
                         new Count(),
                         new Fields("tag-count"));
```

我们基于一个给定的标签，将查询的统计计数存储至一个内存映射中，其中标签作为主键，统计数作为值。现在我们需要做的是基于标签查询统计个数，并作为 DRPC 查询语句的返回值。这需要在 DRPC 数据流上执行 stateQuery 操作来实现，stateQuery 操作的说明如图 9.9 所示。

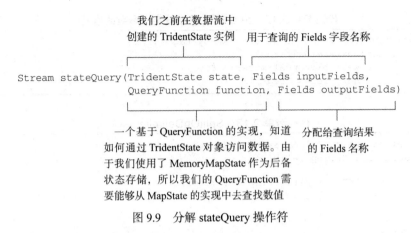

图 9.9　分解 stateQuery 操作符

如图 9.9 所示，我们选用的 QueryFunction 需要知道如何通过 TridentState 对象来访问数据，幸运的是，Storm 自带的 MapGet 查询函数，可以与我们实现的 MemoryMapState 搭配使用。

但是，实现这个状态查询并不像在 DPRC 数据流增加 stateQuery 查询那么简单，原因是在我们原始的播放数据流中，使用 groupBy 操作符对数据流基于 tag 字段做了重分配。为了从 DRPC 数据流向包含 TridentState 所需标签的同一个分区，发送 count-request-by-tag 请求，我们也需要基于同样的字段标签，在 DRPC 数据流上应用 groupBy 操作。如列表 9.15 所示，为实现这部分的代码。

代码清单 9.15　查询 counts-by-tag 以便获得一个状态源

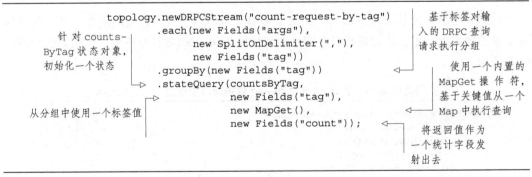

现在我们已经得到了我们想要的基于每个标签的统计结果，到这里 DRPC 的数据流已经完成使命了，不过我们还可以增加一个额外的 each 操作，用来过滤掉空的统计值（也就是说，在播放流中没遇到的标签），但我们打算将这些空值留给 DRPC 的调用者来处理。

接下来就进入了最后一步：能够通过 DRPC 客户端与 Storm 建立通信。

9.5.3　借助 DRPC 客户端发起一个 DRPC 调用

通过将 Storm 作为依赖项包含在客户端应用程序中，并使用构建在 Storm 中的 DRPC

客户端，可以对此拓扑进行 DRPC 请求。完成此操作后，您可以使用类似于代码清单 9.16 中的代码来进行实际的 DRPC 请求。

代码清单 9.16　执行一个 DRPC 请求

```
DRPCClient client = new DRPCClient("drpc.server.location", 3772);

try {
    String result = client.execute("count-request-by-tag",
                        "Punk,Post Punk,Hardcore Punk");
    System.out.println(result);
} catch (TException e) {
    // thrift error
} catch (DRPCExecutionException e) {
    // drpc execution error
}
```

初始化一个 DRPC 客户端，包括主机名和 Storm DRPC 服务器的端口号

通过 comma-delimited 列表格式向函数传参

在拓扑中调用一个和 DRPC 函数一样名称的 DRPC 请求

打印结果中包含 JSON 格式的元组

　　DRPC 请求是基于 Thrift 协议来完成的，所以你需要学会处理与 Thrift 有关的错误（通常是和连接相关的），以及 DRPCExecutionException 的错误（通常是和功能相关的）。就这样，我们已经基本覆盖了主要的知识点，现在你已经实现了一个拓扑，用于维护艺术家、歌曲名称和标签的统计计数和状态量，并提供查询。所以，我们已经使用 Trident 和 Storm 的 DRPC，基本构建了一个功能完善的拓扑结构。

　　还是什么遗漏的吗？如果你还记得前几章的内容，那就是在你部署完拓扑结构之后，作为开发人员，你的工作尚未结束。这里也一样，在 9.6 节中我们将讨论如何借助 Storm UI 将 Trident 的操作映射至 Storm 的原语，用于识别底层中对应的 spout 和 bolt。接下来，9.7 节将进一步实现 Trident 拓扑的扩展。

9.6　将 Trident 的操作符映射至 Storm 的原语

　　回忆一下，在本章的开头，我们讨论了 Trident 拓扑是如何构建在 Storm 原语之上的，并且做了比较详细的解释。那么在这个案例完成之后，我们来看看 Storm 是如何将 Trident 拓扑转换成 bolt 和 spout 的。首先看看我们的 DRPC 是如何映射 spout 到 Storm 原语的。为什么不从整体开始呢？因为这样一步步可能会更有助于理解，通过先了解核心的 Trident 流，然后再来解构 DRPC 数据流。

　　去掉 DRPC 的 spout，我们的 TopologyBuilder 代码如代码清单 9.17 所示。

代码清单 9.17　去掉 DRPC 数据流的 TopologyBuilder.java

```
public TopologyBuilder {
  public StormTopology build() {
    TridentTopology topology = new TridentTopology();

    Stream playStream = topology
      .newStream("play-spout", buildSpout())
```

```
        .each(new Fields("play-log"),
            new LogDeserializer(),
            new Fields("artist", "title", "tags"))
        .each(new Fields("artist", "title"),
            new Sanitizer(new Fields("artist", "title")));

    TridentState countByArtist = playStream
        .project(new Fields("artist"))
        .groupBy(new Fields("artist"))
        .persistentAggregate(new MemoryMapState.Factory(),
                        new Count(),
                        new Fields("artist-count"));

    TridentState countsByTitle = playStream
        .project(new Fields("title"))
        .groupBy(new Fields("title"))
        .persistentAggregate(new MemoryMapState.Factory(),
                        new Count(),
                        new Fields("title-count"));
    TridentState countsByTag = playStream
        .each(new Fields("tags"),
            new ListSplitter(),
            new Fields("tag"))
        .project(new Fields("tag"))
        .groupBy(new Fields("tag"))
        .persistentAggregate(new MemoryMapState.Factory(),
                        new Count(),
                        new Fields("tag-count"));

    return topology.build();
  }

  ...
}
```

当我们的 Trident 拓扑需要转换为 Storm 拓扑结构时，Storm 将会以一种非常高效的方式，将 Trident 的操作符打包为 bolt。其中一部分操作符将被分组并组成相同的 bolt，其他的操作符也将被分组打包。如图 9.10 所示，Storm UI 提供了一个视图用于查看映射关系。

你可以看到，我们有一个 spout 和六个 bolt，其中两个 bolt 拥有一个共同的 spout，另外四个分别标记为从 b-0 到 b-3。我们还可以看到一些组件，但并不清楚它们与 Trident 操作符的关系。

Spouts (All time)

Id		Executors	Tasks	Emitted
$mastercoord-bg0		1	1	800

Bolts (All time)

Id		Executors	Tasks	Emitted	Transferred
$spoutcoord-spout0		1	1	180	180
b-0		1	1	0	0
b-1		1	1	0	0
b-2		1	1	4440	4440
b-3		1	1	0	0
spout0		1	1	1720	1720

图 9.10　Storm UI 将我们的 Trident 拓扑分解为 spout 和 bolt

与其试图从名字中寻找答案，不如采取我们介绍的这一种方法，能更容易地识别组件。Trident 有一个命名操作符，它可以为操作符指定一个自定义的名称，如果我们在拓扑中为每个操作集合都单独命名，那么我们的代码可能会如代码清单 9.18 所示。

代码清单 9.18　进行自定义命名的 TopologyBuilder.java

```java
public TopologyBuilder {
  public StormTopology build() {
    TridentTopology topology = new TridentTopology();

    Stream playStream = topology
      .newStream("play-spout", buildSpout())
      .each(new Fields("play-log"),
            new LogDeserializer(),
            new Fields("artist", "title", "tags"))
      .each(new Fields("artist", "title"),
            new Sanitizer(new Fields("artist", "title")))
      .name("LogDeserializerSanitizer");

    TridentState countByArtist = playStream
      .project(new Fields("artist"))
      .groupBy(new Fields("artist"))
      .name("ArtistCounts")
      .persistentAggregate(new MemoryMapState.Factory(),
                           new Count(),
                           new Fields("artist-count"));

    TridentState countsByTitle = playStream
      .project(new Fields("title"))
      .groupBy(new Fields("title"))
      .name("TitleCounts")
      .persistentAggregate(new MemoryMapState.Factory(),
                           new Count(),
                           new Fields("title-count"));

    TridentState countsByTag = playStream
      .each(new Fields("tags"),
            new ListSplitter(),
            new Fields("tag"))
      .project(new Fields("tag"))
      .groupBy(new Fields("tag"))
      .name("TagCounts")
      .persistentAggregate(new MemoryMapState.Factory(),
                           new Count(),
                           new Fields("tag-count"));

    return topology.build();
  }
  ...
}
```

如果我们这时再来看看 Storm UI，那么底层到底发生了什么就一目了然了，如图 9.11 所示。

我们可以看到，名为 b-3 的 bolt 执行了日志反序列化和清理，而 b-0、b-1 和 b-2 分别实现了歌曲名、标签和艺术家的统计计数。为了更清楚地区分各部分的名称，我们建议始终要对分区做重命名。

那日志的反序列化 bolt 名称应该是什么样的呢？例如可以是这样的，LogDeserializerSanitizer-ArtistCounts-LogDeserializer-Sanitizer-TitleCounts-LogDeserializer-Sanitizer-TagCounts，天呐，想一口气念出来都不可能！但这样的方式确实为我们提供足够的信息，查看到数据是如何从日志的反序列和清理器中取出，然后进行艺术家名称、歌曲名和标签的统计计数。这虽然不是最优雅的查看方式，但至少比 b-0 这样的命名提供的信息量准确。

了解了这些规则后，再来看看如图 9.12 所示的 Trident 与 bolt 的映射逻辑，就更容易理解了。现在，我们再看看如何为 DRPC 数据流也添加类似的命名规则，代码如代码清单 9.19 所示。

图 9.13 展示了将自定义命名的操作符添加至 DRPC 数据流之后的 Storm UI 视图效果。

看看有什么变化吗？

此时，我们的日志 bolt 现在变成了 b-2 而不是 b-3，这一点非常重要。因为当你更改了拓扑中的 bolt 数量时，就不可能要求自动生成的 bolt 命名维持不变。

因此，bolt 的命名也将由于

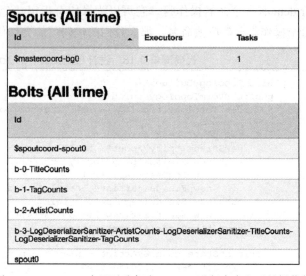

图 9.11　Storm UI 中显示我们在 Trident 进行自定义后的操作符

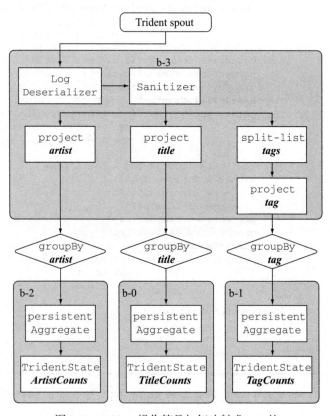

图 9.12　Trident 操作符是如何映射成 bolt 的

数量的变化，从 4 个增加到 5 个。

代码清单 9.19　DRPC 数据流和自定义命名的操作符

```
topology.newDRPCStream("count-request-by-tag")
  .name("RequestForTagCounts")
  .each(new Fields("args"),
      new SplitOnDelimiter(","),
      new Fields("tag"))
  .groupBy(new Fields("tag"))
  .name("QueryForRequest")
  .stateQuery(countsByTag,
          new Fields("tag"),
          new MapGet(),
          new Fields("count"));
```

Bolts (All time)

Id	Executors	Tasks
$spoutcoord-spout0	1	1
b-0-TitleCounts	1	1
b-1-LogDeserializerSanitizer-ArtistCounts-LogDeserializerSanitizer-TitleCounts-LogDeserializerSanitizer-TagCounts	1	1
b-2	1	1
b-3-TagCounts-QueryForRequest	1	1
b-4	1	1
b-5-RequestForTagCounts	1	1
b-6-ArtistCounts	1	1
spout0	1	1

图 9.13　自定义命名操作符之后的 Trident 拓扑和 DRPC 数据流在 Storm UI 中的显示效果

我们还有一些未命名的 bolt，那么这些 bolt 的命名会发生了什么变化？由于额外添加的 DRPC spout 修改了 Storm 原语的映射关系，所以相关命名都会发生变化。如图 9.14 所示，为最终的 Trident 中 DRPC 操作符和 bolt 的映射关系。

注意"标签计数"和"查询请求"是如何映射到同一个 bolt 上，并且相应地调整了命名。好吧，那些未命名的 bolt 又怎么办呢？我们在 UI 中的 bolt 区域可以看到，部分组件的命名和 spout 一样，原因是 Storm 是在一个 bolt 中运行 Trident 的 spout。请记住，Trident 的 spout 和 Storm 的原生 spout 是不一样的，Trident 拓扑拥有多种协调器，可以将传入的流数据以批量数据的方式处理对待，引入后，基于我们添加的 DRPC spout 来实现拓扑上的映射处理。

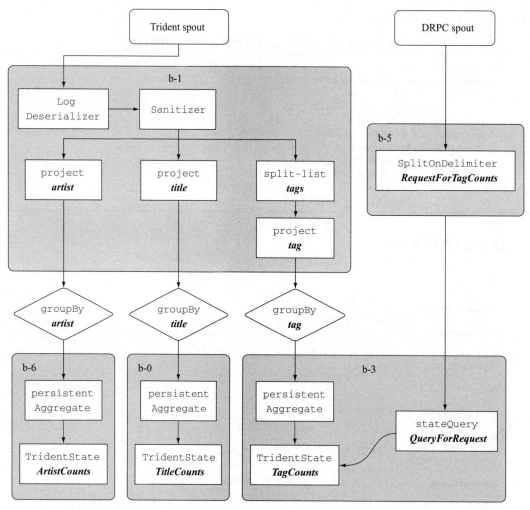

图 9.14　Trident 和 DRPC 数据流以及操作符是如何最终映射至 bolt 的

　　标识 Storm 是如何将 Trident 的操作符映射至 Storm 的原生组件很容易，只需要几行代码。另外自定义命名很重要，它可以为你减少大量不必要的麻烦。现在，你已经了解了如何通过自定义命名和查看 Storm UI 的方式了解 Storm 组件和 Trident 操作符的映射关系，接下来我们将把注意力转到本章的最后一个话题：对 Trident 拓扑实现扩展。

9.7　扩展一个 Trident 拓扑

　　先回忆一下并行性，当在使用 bolt 和 spout 时，我们需要和执行器和任务打交道，那么它们实际上就构成组件之间的主要桥梁，也就是并行性。在使用 Trident 时，我们仍然需要它们，只是从另一个角度将 Trident 的操作映射到这些原语中。那么在 Trident 中，我们用于构建并行性的手段，就是分区（partition）。

9.7.1　实现并行性的分区

在使用 Trident 时，我们可以通过对数据流进行分区，并在每个分区上并行应用我们的操作符，从而通过一个或多个工作进程来完成对数据流的处理。如果我们的拓扑中有 5 个分区和 3 个工作进程，那么其中的工作分发方式如图 9.15 所示。

和 Storm 不同，那里的并行性是在一系列的工作进程之间对执行器做工作的分发，而在这里，并行度是一系列的工作进程之间对分区做分发。因此，我们如果要对 Trident 拓扑实现扩展，其实是对分区数量的扩展。

图 9.15　分区被分发至 Storm 的工作进程（JVM）之间，但可以平行执行

9.7.2　Trident 数据流中的分区

我们先从 Trident 的 spout 说起，一个 Trident spout（和 Storm 的 spout 完全不同）将会发射一个数据流，并在上面应用一系列的操作符。该数据流被分区化，以便能为拓扑提供并行度。同时 Trident 将根据你的输入吞吐量，将这些分区流分解成一系列的批次数据流，每个批次可能包含数千个元组，甚至数百万个元组。如图 9.16 所示，显示了在两个 Storm 操作符，或者在 Trident spout 和第一个 Trident 操作符之间的 Trident 数据流放大视图。

如果并行度配置在 spout，我们可以通过调整分区数来控制并行度，那么应该如何调整 spout 的分区数量呢？我们可以调整订阅的 Kafka topic 分区数，但如果我们的 Kafka topic 只有一个分区，那么就只能配置拓扑中的该唯一分区。如果我们将 Kafka topic 的分区增加到 3 个，那么 Trident 拓扑中的分区数将被相应地改变，如图 9.17 所示。

在这里，我们拥有 3 个分区的数据流，可以通过各种操作符实现进一步的分区。我们先不讨论 3 个分区的情况，回到只有一个分区的情况，因为在这种情况下，更容易理解 Trident 拓扑结构中的并行性配置。

在 Trident 拓扑中，存在分区的原生分割点（natural point），这些分割点也是基于应用操作符的结果。在这些分割点上，你可以调整每个分区的并行度。我们在拓扑中使用了 groupBy 操作符来重新分割分区，而且每个 groupBy 操作符还将在新分区上应用一个并行性，代码如代码清单 9.20 所示。

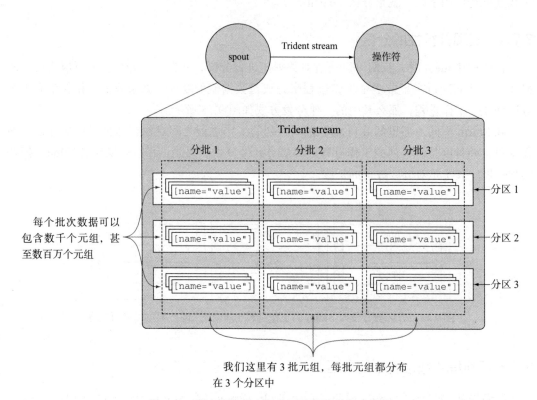

图 9.16 两个操作符之间分区数据流的批次数据

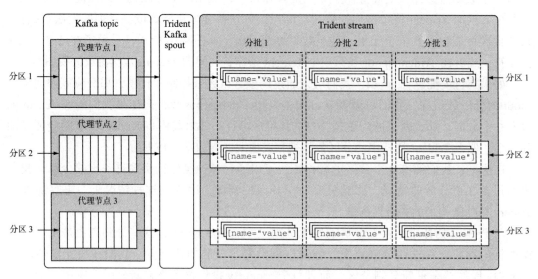

图 9.17 Kafka topic 的分区以及和 Trident 数据流中分区的关系

代码清单 9.20 在重分区中应用并行性

```
public static StormTopology build() {
  TridentTopology topology = new TridentTopology();

  Stream playStream =
    topology.newStream("play-spout", buildSpout())
            .each(new Fields("play-log"),
                  new LogDeserializer(),
                  new Fields("artist", "title", "tags"))
            .each(new Fields("artist", "title"),
                  new Sanitizer(new Fields("artist", "title")))
            .name("LogDeserializerSanitizer");

  TridentState countByArtist = playStream
    .project(new Fields("artist"))
    .groupBy(new Fields("artist"))
    .name("ArtistCounts")
    .persistentAggregate(new MemoryMapState.Factory(),
                         new Count(),
                         new Fields("artist-count"))
    .parallelismHint(4);

  TridentState countsByTitle = playStream
    .project(new Fields("title"))
    .groupBy(new Fields("title"))
    .name("TitleCounts")
    .persistentAggregate(new MemoryMapState.Factory(),
                         new Count(),
                         new Fields("title-count"))
    .parallelismHint(4);

  TridentState countsByTag = playStream
    .each(new Fields("tags"),
          new ListSplitter(),
          new Fields("tag"))
    .project(new Fields("tag"))
    .groupBy(new Fields("tag"))
    .name("TagCounts")
    .persistentAggregate(new MemoryMapState.Factory(),
                         new Count(),
                         new Fields("tag-count"))
    .parallelismHint(4);

  topology.newDRPCStream("count-request-by-tag")
          .name("RequestForTagCounts")
          .each(new Fields("args"),
                new SplitOnDelimiter(","),
                new Fields("tag"))
          .groupBy(new Fields("tag"))
          .name("QueryForRequest")
          .stateQuery(countsByTag,
                      new Fields("tag"),
                      new MapGet(),
                      new Fields("count"));

  return topology.build();
}
```

在这里，我们为每三个 bolt 都应用四个并行性，这意味着它们每个都有四个分区。因为 bolt 之间存在自然分割点，借助 groupBy 和 persistentAggregate 操作符，我们可以直接指定一个特定的并行性等级。但我们不需要向前两个 bolt 指定任何并行性，因为它们之间不具备任何继承分区关系，所以它们和 spout 具备同样的分区数。在 Storm UI 中查看配置的详情如图 9.18 所示。

Bolts (All time)

Id	Executors	Tasks	Emitted	Transferred	Capacity (last 10m)
$spoutcoord-spout0	1	1			0.000
b-0-RequestForTagCounts	1	1			0.000
b-1-TagCounts-QueryForRequest	4	4			0.000
b-2-LogDeserializerSanitizer-ArtistCounts-LogDeserializerSanitizer-TitleCounts-LogDeserializerSanitizer-TagCounts	1	1			0.000
b-3-ArtistCounts	4	4			0.000
b-4	1	1			0.000
b-5	1	1			0.000
b-6-TitleCounts	4	4			0.000
spout0	1	1			0.000

图 9.18　对 Trident 拓扑上的 groupBy 操作符应用一个并行性后的结果

强制重分区

除了由 groupBy 操作符执行分区调整之外，我们还可以强制要求 Trident 执行重新分区的操作。这种操作将导致元组在分区更改时，需要通过网络来进行传输，这也将对性能产生负面影响。所以要避免为了调整并行性而直接进行重新分区，除非你能够验证经过对并行度的调整，可以提升总体的吞吐量。

这就是 Trident 的详情，希望你可以基于对前八章知识的掌握，在本章中对它有足够的认识。也希望这只是你探索 Storm 的开始，我们也期待你可以继续优化和改进学到的这些知识点，用来解决未来使用 Storm 中可能遇到的任何问题。

9.8　小结

在本章中，你学到了
❏ Trident 允许你采取"是什么"的方式，而不再仅仅是"怎么实现"来完成拓扑设计。
❏ Trident 使用操作符来处理批量的元组，这不同于在原生 Storm 是对单个元组执行操作。

❏ Kafka 是一个分布式的消息队列实现，与 Trident 在分区之间进行批量元组操作是完美匹配的。

❏ Trident 操作符不会是一对一的与 spout 和 bolt 映射，所以对操作符做自定义命名很重要。

❏ 相比较 Storm 拓扑计算持久化状态，Storm 的 DRPC 是一种更有效的分布式状态查询方式。

❏ 扩展 Trident 拓扑与扩展原生 Storm 拓扑结构的方式完全不同，它采取跨分区的方式来实现，而不是为 spout 和 bolt 创建额外的实例。

编　后　记

恭喜，你已经完成了本书的学习，接下来何去何从？答案取决于你的学习路径。如果你是从第 1 章开始读到最后，那么我们建议你尝试部署一套自己的拓扑，并回顾各个章节中的知识，直到你认为自己"摸到了 Storm 的门路"。我们不提倡说"去精通 Storm"，因为不确定你是不是真掌握了它。Storm 就像是一头强大且难以捉摸的野兽，能驾驭它真不是一件轻松的事情。

如果你希望采取反复练习的方式，不断地尝试，并且从过程中积累更丰富的知识，那么希望考虑一下编后记中我们提出的建议。如果你是一个从零开始学起的新人，不用担心，因为当你真正感受到对 Storm 有所入门时，再来看看编后记中的这些建议，兴许会有所帮助。而我们也希望这些建议能陪伴你放下这本书之后，继续在学习和掌握 Storm 的旅程中前进。

你意识到你不知道

我们已经在生产环境中使用了很长一段时间 Storm 了，但依然还在不断地摸索和学习，所以当你发现自己遇到了一个陌生的概念，这一定是很正常的。能有这个意识就已经证明你在掌握它了，所以运用你学到的知识去尝试突破，被 Storm 的概念卡住是很常见的事情。

你意识到学得不够

我们没办法在本书中囊括 Storm 的每个细节，所以一定要去学习官方的文档，加入 IRC 的聊天室和邮件列表，深挖更多的细节。Storm 是一个不断演变的项目，所以在本书出版期间，它应该不止发布一个迭代版本了。如果你是在商业场景中使用 Storm，那么务必确保自己的知识点可以保持持续更新，以下这些建议供你参考，用于维持知识升级。

❏ Yarn 中的 Storm。

❏ Mesos 中的 Storm。

什么是 Yarn ？什么又是 Mesos ？要说清楚真的又是一本书了。你可以这样认为，它们都是一套集群的资源管理器，允许你在上面分享 Storm 的集群资源，类似 Hadoop 相关的技术内容，非常的简洁。所以我强烈建议，如果你打算在生产场景中部署一个大型的 Storm 集群，一定要经常去查看 Yarn 和 Mesos，看看上面是否有什么帮助。

量化和报表

Storm 中集成的量化指标非常少，但我们预感这部分会在短时间内快速增长起来。此外，最新版本的 Storm 引入了 REST 的 API，允许你以程序或脚本来实现 Storm UI 中同样的信息获取。对于自动化操作或者场景监控，这是一个相当令人兴奋的消息，因为它提供了更方便的手段从外部去直接获取 Storm 的内部信息。我们也很期待借助这些接口，可以实现一些相当酷的应用和功能。

Trident 更难驾驭

我们虽然花了整整一章来讨论 Trident，但涉及 Trident 的各种异议和问题，可能远不止几个章节能覆盖的，所以我们只是花了一章来引入一些 Trident 的概念。为什么要这么做？那是因为我们发现，想完整解释 Trident 没有问题，但你在学习 Storm 的时候，其实完全不需要去接触 Trident，因为它并不是 Storm 的一个核心概念和组件，而只是基于 Storm 构建的一种典型抽象类架构（稍后再详细解释）。即使真的很重要，在早期审阅本书的时候，几乎所有的反馈都是建议仅需要引入 Trident 的概念就行了，因为确实太过庞大难以覆盖。

我们其实考虑过用三章的篇幅来讨论 Trident，就像我们在 Storm 的核心组件（从第 2 章到第 4 章）中的解释方式类似。如果我们写的这本书是关于 Trident 的，那么一定会这么做，但实际上从内容对比来看，它和目前第 2 章到第 4 章的内容极其重复。毕竟 Trident 在本质上就是一个基于 Storm 的抽象类架构，所以我们只花了一章来讨论它，因为如果你了解了它的基本概念，其他概念都是相类似的。Trident 有很多的操作符是我们没有提到的，但它们的工作方式和我们提到的方式基本类似。所以如果你希望在方案上更倾向于选择 Trident 而不是 Storm，我们觉得提供的内容已经足够支撑你的判断了。

什么时候该采用 Trident？

你需要在合适的时候做出最正确的选择，相比较 Storm，Trident 增加了更高的复杂度。在 Storm 中，想要调试系统解决问题是相对来说比较轻松的事情，因为抽象层比较少，这也使得性能上会比 Trident 更有优势。如果你更关注性能和效率，那么建议你选择原生 Storm。那么什么时候才需要选择 Trident 呢？

❏ 理解"是什么"比理解"怎么做"更重要。
  • 你的一些算法在 Storm 中可能很难实现，但采取 Trident 的话会更容易映射下去，所以如果你需要大量的算法，而且在 Storm 上实现还会带来大量的维护工作，此时就建议选择 Trident。
❏ 你需要一次性处理。
  • 在第 4 章中，我们曾提到一次性处理的实现很困难，换句话说几乎不可能。但这样的说法并不合适，因为只有不可能的场景，而不是技术本身，只是实现上的难度而已。Trident 可以帮助你创建一个一次性处理的系统，虽然你也可以使用原生的 Storm 来实现，但可能导致更多的工作量。

❑ 你需要维护状态量。

- 当然，你也可以通过原生 Storm 来实现这样的维护，但是 Trident 在维护状态量上来说会更轻松，因为 DRPC 提供了一个更方便快捷的方式来实现状态量的查询。如果你的工作量少量来自于数据流水线（将数据从输入传输到输出，然后将该输出转入下一个数据流水线），大量来自于构建数据池查询，那么 Trident 和 DRPC 将是更为合适的方案。

抽象！在哪里都是抽象！

Trident 并不是唯一应用在 Storm 上的抽象架构，翻看一下 GitHub，你就会发现许多的项目都在尝试构建于 Storm 之上。老实说，大部分这些项目都很相似，如果你在拓扑结构上构建类似拓扑的工作结构，也可以创建属于你自己的 Storm 抽象架构，而且你自定义的工作流程可能更简洁。目前基于 Storm 构建比较实用的抽象架构，可以查看 Twitter 的用户 Algebird（https://github.com/twitter/algebird）。

Algebird 其实是一个 Scala 库，允许你编写可以"编译"并在 Storm 或者 Hadoop 上运行的抽象计算代码。为什么这很酷？因为你可以对各种算法进行编码，并且在批处理和流数据的上下文中重复调用。在我看来这真的太酷了！如果你对在 Storm 之上构建抽象架构感兴趣，我们强烈建议你查看一下该项目，你一定可以从中学到很多东西，即使你不需要编写任何可重复调用的算法。

好吧，这真的就是我们想要表达的全部内容，祝你好运，我们能为你做的到此结束！